CAD im Maschinenbau

Wirkungen, Chancen, Risiken

B. Wingert, W. Duus, M. Rader, U. Riehm

Mit 16 Abbildungen und 23 Tabellen

Springer-Verlag
Berlin Heidelberg New York Tokyo 1984

B. Wingert, W. Duus, M. Rader, U. Riehm

Kernforschungszentrum Karlsruhe, Abteilung für Angewandte Systemanalyse (AFAS)
Postfach 3640, 7500 Karlsruhe 1

CIP-Kurztitelaufnahme der Deutschen Bibliothek:
CAD im Maschinenbau: Wirkungen, Chancen, Risiken/von B. Wingert...
-- Berlin-, Heidelberg-, New York-, Tokyo: Springer, 1984.

ISBN-13: 978-3-540-13839-6 e-ISBN-13: 978-3-642-93276-2
DOI: 10.1007/978-3-642-93276-2

NE: Wingert, Bernd (mit Verf.)

2060/3020-543210

Vorwort

Der vorliegende Bericht enthält die Ergebnisse der letzten Phase der von der Abteilung für Angewandte Systemanalyse durchgeführten Untersuchung zum CAD-Einsatz im Maschinenbau. Dieses mehrjährige Projekt wurde ursprünglich vom damals noch so genannten "CAD-Projektträger" initiiert, um Erkenntnisse über die mit dem CAD-Einsatz verbundenen Chancen und Risiken zu erhalten.

Die Ergebnisse der Pilotstudie sind in einer Buchpublikation und einem CAD-Bericht dargestellt. Der CAD-Bericht ist nach zweimaliger Auflage vergriffen. Dies weist auf das Interesse hin, welches empirischen Untersuchungen über den CAD-Einsatz entgegengebracht wird. Die Ergebnisse der ersten Phase des neu konzipierten, sich nun ausschließlich auf den Maschinenbau beschränkenden Projektes wurden in einem internen Projektbericht den beteiligten Unternehmen und vielen interessierten Kollegen zugänglich gemacht.

Der nunmehr vorliegende Bericht faßt die Ergebnisse einer teilweise erheblich in die Tiefe gehenden Detailanalyse von CAD-Anwendungen im Maschinenbau zusammen. Darin haben wir versucht, die bisher gemachten Erfahrungen so darzustellen, daß insbesondere jene Unternehmen, die sich mit dem Gedanken tragen, CAD einzusetzen, und jene, die bereits auf diesem Weg sind, wichtige Aufschlüsse über CAD entnehmen können. Wir hoffen damit unseren Beitrag zu einer bedachten Technologieanwendung zu liefern.

Im folgenden möchten wir unseren Bericht mit einigen zusätzlichen Erläuterungen versehen, damit ihn der Leser besser einordnen kann. Wir glauben, daß vor allem potentielle Anwender von den berichteten praktischen Erfahrungen mit dem Einsatz von CAD im Maschinenbau profitieren können. Dabei denken wir bei "Anwender" nicht nur an die Technikexperten in den Unternehmen, sondern auch an die CAD-Benutzer sowie an andere Beteiligte, wie Vertreter des Betriebsrates. Den CAD-Experten, die uns bereitwillig ihre Zeit zur Verfügung stellten und offen ihre Erfahrungen berichteten, können wir mit diesem Bericht nur die Chance bieten, das Material für die kritische Einordnung ihrer eigenen Anwendung zu nutzen. Explizite Ratschläge dazu, wie sie ihre CAD-Vorhaben weiter entwickeln und vorantreiben sollten, können wir nicht liefern. Dafür können wir Hinweise auf kritische Faktoren geben, die auch bei einem weiteren Ausbau von CAD bewältigt werden müssen.

Die Lösung liegt nicht allein im technischen Konzept, sondern mindestens ebenso gewichtig in der Anerkennung der Eigenarten konstruktiver und zeichnerischer Tätigkeiten. Langfristig wird sich CAD nur mit den "Benutzern" weiterentwickeln lassen, ein Grundsatz, der von manchen CAD-Experten in ihrer verständlichen Präokkupation mit technischen Details gelegentlich vernachlässigt wurde. Es sei uns deshalb erlaubt, mit dem Dank, den wir auf diesem Wege den CAD-Experten und den anderen Teilnehmern an der Untersuchung abstatten, an diesen Grundsatz zu erinnern.

Die letzten Interviews zu diesem Bericht wurden im August 1982 durchgeführt. Mit dem Erscheinen der Ergebnisse sind bereits zwei Jahre verstrichen, zuviel Zeit wohl bei dem derzeitigen Tempo der Entwicklung. Wenn sich eine Untersuchung als "Begleitforschung" versteht, muß sie einen solchen Einwand ernst nehmen. Vor die Alternative gestellt, entweder eine schnelle Ergebnisdarstellung zu liefern, mit dem Risiko, wichtige Hinweise im Material zu übersehen, oder eine gründliche Auswertung vorzunehmen, mit der Folge, viele an CAD Interessierte vertrösten zu müssen, wählten wir den zweiten Weg. Nach dem Schreiben firmenspezifischer Fallstudien und statistischer Auswertungen mit ausgewählten Variablen konnten wir an die Abfassung eines internen Projektberichtes gehen (von gut fünfhundert Seiten). Erst auf dieser Grundlage wurde der vorliegende Bericht erstellt. Um jedoch dem selbstgesetzten Ziel nicht untreu zu werden, die erarbeiteten Ergebnisse möglichst umgehend an die beteiligten Unternehmen zurückzukoppeln, wurde kurz nach Abschluß der empirischen Erhebungen, im Januar 1983, ein Seminar mit einer ersten Präsentation einiger Ergebnisse durchgeführt. Die an der Untersuchung teilnehmenden CAD-Experten sowie sozialwissenschaftliche Kollegen waren eingeladen und großenteils vertreten. Da wir weiterhin keinen Bericht zum Technologiestand beabsichtigen, sondern zum Stand der Anwendungen, glauben wir die zweijährige "Verzögerung" vertreten zu können, im übrigen eine Zeitspanne, die bei technischen Projekten mit Berichtspflichten eher größer ist. Da dennoch für den an CAD Interessierten ein zweijähriger Verzug eine empfindliche zeitliche Lücke darstellen könnte, haben wir uns entschlossen, in Form eines "Epiloges" einige aktuelle Trends zu beschreiben. Diese Informationen wurden anläßlich der Abstimmung der unternehmensspezifischen Details der Ergebnisse mit den CAD-Experten im Frühjahr 1984 gewonnen. Die Gespräche fielen wiederum länger aus als von uns geplant, verständlich aufgrund des inzwischen gesammelten Sachwissens und - zugegeben - auch der Neugierde, wie es denn in den einzelnen Fällen weiterging. Mit diesem aktualisierenden Nachspann hoffen wir Einwände zu entkräften, die gelegentlich gegen solche Art Studien erhoben werden, daß sie nämlich bereits mit ihrem Erscheinen veraltet seien.

Wenn wir unseren eigenen Bericht als "Ergebnisbericht" deklarieren, dann bedeutet dies auch, daß sich in ihm "Theorie" nur als verstreute Einsprengsel findet. So sicher wir sind, daß uns Praktiker diese Sparsamkeit als Vorzug anerkennen, so gewiß ist andererseits, daß uns sozialwissenschaftliche Kollegen diesen Mangel eher als "Theorielosigkeit" vorhalten werden. Und dieses Etikett bedeutet in diesen Kreisen, zu denen wir uns ebenfalls rechnen, schon soviel wie Standpunktlosigkeit. Da wir im Bericht die fachwissenschaftliche Diskussion fast ganz ausgespart haben, seien - für ein Vorwort etwas unüblich - einige Überlegungen zu jenen Aspekten angedeutet, die wir nach unseren Erfahrungen in dieser Untersuchung einer theoretischen Bearbeitung für wert halten.

(1) Die empirischen Ergebnisse der Pilotstudie wurden von der ehemaligen Projektgruppe in "Mechanisierung geistiger Arbeit" mit einigen theoretischen Anmerkungen versehen (vgl. Bechmann u.a. 1979). An diese dort kaum mehr als angerissene Theoriediskussion wäre u.E. anzuschließen. Wir hatten das Konzept der Mechanisierung im Anschluß an den Technikbegriff von Luhmann (vgl. 1975) entwickelt, der sich selbst wieder an Husserl orientierte. An der Bestimmung von Technik als "kontextfreier Verweisung" sollte u.E. als tragendem Merkmal festgehalten werden. CAD trägt unübersehbar Züge solcher Mechanisierung der Arbeitsprozesse in der Konstruktion, aber die Problematik erschöpft sich nicht hierin. Dieses Konzept wäre deshalb zu ergänzen sowohl durch ein Konzept der Subjektivität als auch der Erfahrung. Beide Konzepte scheinen zu natürlichen Gegenspielern jener Prozesse zu werden, die sich derzeit mit CAD in den Konstruktionsbüros abspielen. Doch scheint uns Vorsicht am Platze, hier Antinomien aufzubauen, die letztlich nicht tragen.

Mechanisierung ist nicht schon für sich Ent-Subjektivierung, worauf uns insbesondere Hanns-Peter Ekardt hinwies, dem wir im übrigen neben einer tragfähigen Konzeption konstruktiver Arbeit viele wertvolle Diskussionen verdanken. Seine paradox scheinende Aussage, "... daß partielle Entsubjektivierung in Form von Mechanisierung die Bedingung der Möglichkeit für die Behauptung von Subjektivität in industriellen Arbeitsorganisationen ist" (1983, S. 144), scheint uns ein guter Ansatzpunkt, um der Wechselwirkung zwischen kontextfrei zu handhabenden Algorithmen, der persönlichen Verantwortung für die Anwendbarkeit der Prozeduren und ihrer Resultate und der Konstituierung von Subjektivität nachzugehen. Eine Gefahr ist freilich nicht von der Hand zu weisen, daß nämlich durch die möglich gewordene und faktisch auch zunehmende Komplexität von Software-Systemen der Rahmen, innerhalb dessen gehandelt werden kann und soll, immer weiter hinausgeschoben und immer unnachgiebiger stabilisiert wird. Im Extrem mag dann ein Konstrukteur zu jener Realität, die die Untauglichkeit seiner mithilfe von CAD entwickelten Konstruktionen erweisen könnte (z.B. über Versuche, über Testreihen für die Modellbildung und -validierung), gar keinen Zugang mehr haben. Wenngleich Erfahrung auch diese Grenze transzendieren kann - und sie im Sinne verantwortlichen Handelns transzendieren muß - so wird doch mit der je gewählten Arbeitsorganisation auch über die Chancen solcher Grenzüberschreitungen entschieden.

Eine weitere Grenze zieht herauf, die mit dem Begriff "expert systems" zu bezeichnen ist. Solche "Expertensysteme" legen es darauf an, neben einer Datenbank zu einem speziellen Bereich vor allem das Regel- und Methodenwissen in geeignete Algorithmen zu gießen. Diese Entwicklungen sind sicher noch nicht so weit gediehen, daß sie schon vor den Türen des Konstruktionsbüros stehen würden. Doch möge man sich anhand der Beschreibung, die etwa Feigenbaum (1980) für das für chemische Strukturanalysen eingesetzte DENDRAL gibt, einen Begriff von der möglichen Leistungsfähigkeit dieser Systeme machen. In der Diskussion um die Weiterentwicklung von CAD-Systemen wird der Einsatz von Expertensystemen auf der einen Seite als der entscheidende Durchbruch für die Leistungsfähigkeit von CAD angesehen (vgl. z.B. Yoshikawa 1983a), während auf der anderen Seite z.B. Beitz mahnt, daß der Einsatz von Programmsystemen solcher "Intelligenzstufen" die Gefahr in sich berge, "... daß die Innovationskraft und Kreativität des anwendenden Menschen stark zurückgehen, da dieser sich nur noch im Rahmen solcher Programmsysteme bewegt" (1983, S. 602). Unausweichlich wird damit eine Auseinandersetzung mit verschiedenen Formen des Wissens, auch mit den methodologischen Grundlagen der "Künstlichen Intelligenz". Ob dieser Terminus glücklich gewählt oder nicht, steht dahin. In der Form, wie er sich eingebürgert hat, hat er den Vorteil uns zu mahnen, sorgfältig auf die Konstituierung der Vergleichsaspekte zu achten. Solche Sorgfalt könnte für künftige Bemühungen, hier Grenzen der Mechanisierung herauszuarbeiten, eher von Vorteil sein.

(2) Bereits in der o.g. Publikation hatten wir uns mit der Frage nach den Grenzen der Mechanisierung auseinandergesetzt. Mußten die diesbezüglichen Überlegungen damals noch theoretische Konstruktionen bleiben, so sind wir heute in der Lage, dies auch empirisch nachzuweisen. Deutlich wird dies z.B. an der Rolle der entscheidenden Unternehmens-Umwelt, des Marktes. Er legt Grenzen der Mechanisierung fest. So werden etwa die mit viel Mühe programmierten Konstruktionsvarianten einfach nicht angenommen oder sie veralten so schnell, daß die Aktualisierung des Anwendungsprogramms nicht Schritt halten kann. Auch kann der Kunde so mächtig sein, daß er Sonderwünsche gegen alle Standardisierungsziele des Unternehmens durchsetzen kann.

Weniger deutlich ist eine solche Grenze am anderen, entgegengesetzten Kontext, der subjektiven Motivation und Kognition. Wir haben versucht, für diese Problematik das Konzept der "Mediatisierung" zu entwickeln, womit auf Brüche in der Vermittlung zwischen Handlungsabsichten und -ergebnissen aufmerksam gemacht werden soll. Unsere These ist, daß die "Handhabung" von Software-Routinen im Gegensatz zu einem Werkzeuggebrauch eine andere Handlungsstruktur impliziert. Es geht bei Software-Funktionen nicht mehr um ein sinnlich wirkungskontrolliertes Handeln, sondern um das Entwickeln oder bloße Abrufen vorgehaltener Definitionen, um mithilfe des Softwaresystems bestimmte Funktionen auszuführen. Eine technische Zeichnerin zeichnet bei Benutzung eines CAD-Programms nicht mehr, sondern sie läßt zeichnen. Doch trägt auch diese Veränderung ambivalente Züge. Solche Brüche in der Handlungskette lassen sich zwar auch bei konstruktiver Tätigkeit (in Abgrenzung zu zeichnerischer Tätigkeit) nachweisen. Doch führt hier die Fähigkeit moderner CAD-Programme, rechnerintern eine Geometrie aufzubauen, die im Prinzip über eine entsprechende NC-Kopplung real ausführbar ist, zu einer Art von "Vergegenständlichung", die in dieser Form bisher im Konstruktionsbereich nicht bekannt war. Es gibt durchaus neuere handlungstheoretische Konzeptionen, die prinzipiell in der Lage wären, diese Strukturen abzubilden (vgl. Volpert 1984). Auf jeden Fall wäre es u.E. zu kurz gegriffen, wollte man den dominanten Trend bei der Veränderung der Tätigkeits- und Handlungsstrukturen infolge CAD auf den allzu plausiblen Nenner bringen, daß die Arbeit "abstrakter" werde.

(3) Im Rahmen des Projektes bot sich die Möglichkeit, sich intensiver mit konstruktionswissenschaftlichen Ansätzen auseinanderzusetzen. In den kommenden Jahren kann man u.E. eine intensivere Wechselwirkung der Konstruktionswissenschaft sowohl mit soziologischen als auch psychologischen Konzepten erwarten. Die Frage ist, ob die Konstruktionswissenschaft den Gegenstandsbezug liefern kann, der sowohl in industriesoziologischen als auch arbeitspsychologischen Ansätzen ausgeblendet wird, dies nicht verstanden im Sinne eines absichtlichen außer acht lassens, mehr im Sinne eines spezifischen Unvermögens der einschlägigen Konzepte aufgrund ihrer "Gegenstandsoptik", die von der Disziplin bestimmt wird. Die Frage, wie sich hier eine Konvergenz einstellen könnte, ist nicht leicht zu beantworten, zumal anzunehmen ist, daß - wie Bromme und Hömberg feststellen (1980) - "... die psychologische Analyse von dem Entwicklungsstand der Wissenschaften über den jeweiligen Gegenstandsbereich abhängig ist" (S. 112). Die Konsequenz, die wir aus dieser Sachlage gezogen haben, geht dahin, mit der Rezeption der konstruktionswissenschaftlichen Ansätze zugleich eine Rekonstruktion des Gegenstandes (hier: Konstruieren) vorzunehmen und eine problemorientierte Theorie des Konstruierens aufzubauen, die dann sowohl mit einer bloß psychologischen, soziologischen oder konstruktionswissenschaftlichen Sicht nicht mehr zusammenfällt.

Gelingt dieses Vorhaben, dann ist mit einer schärferen Bestimmung jener Kriterien zu rechnen, die in die Gestaltung von "Mensch-Maschine-Schnittstellen" einzufließen haben. Bei diesem Problem, welches - ernstgenommen - nur interdisziplinär zu lösen ist, läuft man leicht Gefahr, am eigentlichen Kern vorbeizugreifen: Entweder man akzeptiert die übliche Rollentrennung und beschränkt sich als Sozialwissenschaftler auf die soziale Abfederung (Akzeptanz, Organisationsgestaltung), überläßt damit den informations- und konstruktionswissenschaftlichen "Technikern" das eigentliche Design. Oder man tritt selbst mit theoretischem Rigorismus auf den Plan, etwa unter der Fahne eines auch in den Sozialwissenschaften "modernen" Informationsverarbeitungsansatzes.

Beidemale, so scheint uns, verfehlt man den eigentlichen Punkt der Übersetzung von Aufgabenstrukturen in Designrichtlinien, wenn es nicht gelingt, die technologische

Tiefenstruktur im arbeitssoziologisch und -psychologischen Ansatz zu bewahren. Die Herausforderung, von der Analyse des CAD-Einsatzes und seiner Wirkungen zu Vorschlägen für die Gestaltung von CAD-Systemen überzugehen, bedarf neben technischer Phantasie ganz eigener analytischer und theoretischer Anstrengungen. Mit einem einmaligen Kraftakt, die gestaltungsrelevante Substanz aus unseren Analysen herauspressen zu wollen, ist es nicht getan. Umgekehrt wäre eine Chance verpaßt, wenn auf der Basis der vorgelegten detaillierten Aufgaben- und Anwendungsanalysen diese Herausforderung nicht angenommen würde.

(4) Als vierten Merkposten für eine theoretische Bearbeitung möchten wir die Frage der organisationssoziologischen Analyse der Konstruktion und der sich mit CAD vollziehenden Wandlungen anführen. Hierzu haben Berger und Offe (1977) einen interessanten Ansatz beigesteuert, indem sie am Beispiel der Industrieverwaltung auf zwei "Rationalisierungsstile", wie sie es nennen, hinweisen. Der eine orientiert sich an der Effizienz und versucht deshalb die Aufwand-Ertragsrelation zu maximieren; der andere orientiert sich an der Effektivität und soll die Stabilität z.B. der Produktionsfunktionen sichern. Seine Aufgabe liegt also mehr in der Gewährleistung, im Antizipieren von Risiken, im Ausschalten von Störfaktoren und in der Vorplanung, so daß die nachgelagerten effizienzorientierten Bereiche möglichst störungsfrei ablaufen können. So interessant dieser Ansatz ist, so glauben wir doch nicht, daß er das spezifische Verhältnis der Konstruktion zu den nachgelagerten Bereichen richtig erfassen kann. Dieses Verhältnis ist ähnlich wie der Konstruktionsprozeß selbst (vgl. Brunn 1973, Ekardt 1978) nach einem "Gegenstrom-Prinzip" organisiert. Die Konstruktion bestimmt zwar, was und ggfls. wie zu fertigen ist, sie läßt sich jedoch gleichzeitig von der Fertigung her verplanen. Den härtesten Termin in der Abwicklung eines Auftrages diktiert die Fertigung, nicht die Konstruktion. Diese richtet sich nach den dortigen Kapazitäten, bestimmt aber gleichzeitig, womit und wie lange diese Kapazitäten ausgelastet werden. CAD und insbesondere integrierte CAD-CAM-Konzepte, die heute schon partiell verwirklicht sind, eröffnen einen neuen Raum für die Bestimmung des Verhältnisses von Konstruktion und Fertigung. In zwei extreme Fragen gekleidet: Usurpiert die Konstruktion durch die mit CAD und CAM geschaffenen Möglichkeiten die Fertigung (und die ihr vorgelagerten Bereiche wie Arbeitsplanung) im Sinne einer Vorplanung? Oder: Durchläuft die Fertigung mit den auch für diesen Bereich weiter entwickelten Technologien (Stichworte NC, CNC, Fertigungsinseln) einen Prozeß der Verselbständigung und der eigenen Planungsverantwortung, auch eine Re-Qualifizierung, so daß sich die Konstruktion auf die Analyse der prinzipiellen Machbarkeit zurückziehen kann?

Soweit vier Fragen, die wir für eine theoretische Bearbeitung auswählen würden. Der nachfolgende Bericht enthält reichlich Material, um solche Analysen anzupacken.

Abschließend möchten wir allen Teilnehmern an unserer Untersuchung für die Zeit und Bereitschaft danken, bereitwillig Informationen gegeben zu haben. Viele Kollegen haben unsere Untersuchung unterstützt, indem sie kritische Fragen stellten oder nach detaillierten Schilderungen der methodischen und theoretischen Ansätze verlangten. Dem Projektträger "Fertigungstechnik", der ebenfalls im Kernforschungszentrum beheimatet ist, gilt unser Dank für viele Hinweise und Diskussionen und die Unterstützung des Projektes von Anfang an. In dem inzwischen eingerichteten CADCAM-Labor hatten wir wie andere CAD-Neugierige Gelegenheit, die neuesten Entwicklungen zu beobachten und Teile unserer Ergebnisse vorzutragen. Wir danken dem Sekretariat unserer Abteilung für das Schreiben der ersten Fassung des Berichtes. Die Schreibarbeiten nahmen gelegentlich die Qualität eines Streßtrainings an. Wir bitten nachträglich um Verständnis dafür, daß Argumente manchmal hin- und hergewendet (und entsprechend niedergeschrieben) werden müssen, bevor ihre Formulierung jene Gestalt angenommen hat, die Einsichten und Aha-Erlebnisse auszulösen vermag. Frau Gabriele Rastätter trug durch ihre engagierte Mitarbeit bei der Schlußredaktion und dem Schreiben des endgültigen Textes wesentlich dazu bei, daß der geplante Publikationstermin eingehalten werden konnte.

Karlsruhe, im August 1984

Die Autoren

Zusammenfassung

Der Bericht stellt die Ergebnisse der zweiten Phase einer Untersuchung der Abteilung für Angewandte Systemanalyse des Kernforschungszentrums dar, in der 12 CAD-Anwender, ein Nichtanwender sowie ein Unternehmen vertreten sind, welches sein CAD-Vorhaben vorläufig einstellte. Der Untersuchungsansatz verfolgte das Ziel, das gesamte Spektrum unterschiedlicher Anwendungen abzudecken; neben zwei Berechnungsanwendungen und drei Anwendungen mit einem Zeichnungserstellungsprogramm sind sieben Anwendungen vertreten, die der Variantenkonstruktion zuzuordnen sind. Im Gegensatz zu einer bereits 1978 abgeschlossenen Pilotstudie zu CAD beschränkte sich die 1980/81 durchgeführte erste Phase sowie die 1981/82 durchgeführte zweite Phase ausschließlich auf den deutschen Maschinenbau, der als einer der zukunftsträchtigsten Märkte für CAD-Systeme anzusehen ist. In Kapitel 1 werden neben den obigen Aspekten auch Informationen zu den untersuchten Programmen und zu den Gesprächspartner gegeben. Neben den von uns so titulierten "CAD-Experten" waren dies vor allem die CAD-Benutzer, die Konstruktionsleiter, Vertreter des Betriebsrates sowie gelegentlich die Leiter der Arbeitsvorbereitung.

Kapitel 2 geht auf verschiedene Aspekte des CAD-Innovations- und Implementationsprozesses ein. In einem einleitenden Abschnitt wird zunächst die Entwicklung der kaufmännischen und technischen EDV dargestellt, die als Hintergrund für ein Verständnis des auf CAD bezogenen Innovationsprozesses wichtig ist. Häufig ist CAD in den Anfängen ein willkommener Lückenbüßer für noch freie EDV-Kapazitäten. Es läßt sich aber ein gewisser Trend erkennen, für CAD und/oder andere technische EDV-Anwendungen eine eigene Rechner-Infrastruktur aufzubauen.

Bei den Anstößen zu CAD spielten nach unseren Befunden die unternehmensinternen Experten eine größere Rolle als außerbetriebliche Quellen. Dies mag sich in den kommenden Jahren mit einer weiteren Kommerzialisierung des CAD-Geschäftes ändern. Einrichtungen, in denen man Demonstrationen von CAD-Programmen verfolgen und eigene Probeanwendungen durchführen kann (so das CADCAM-Labor des Kernforschungszentrums) stellen eine wichtige Ergänzung der Informationsquellen dar.

In den weiteren Abschnitten des Kapitels 2 wird auf die Innovationsziele eingegangen, auf die beobachteten Entscheidungsprozesse zu CAD sowie auf kritische Faktoren bei der Einführung (Zeitaufwand der Einführung, Informationspolitik, Schulungsmaßnahmen, die Rolle verschiedener Unternehmensgruppen wie Benutzer, Betriebsrat, Konstruktionsleitung, EDV-Abteilung). Das Kapitel schließt mit einer kurzen Darstellung, in welchen Bereichen CAD zuerst eingesetzt wurde, wie der (damalige) Stand der Anwendungen war und welche Planungen entwickelt wurden.

In der zurückliegenden Untersuchungsphase wurden die Gesprächspartner gebeten, die Innovationsziele unter dem Aspekt der "Erreichbarkeit" einzuschätzen, so daß sich die Möglichkeit bot, diese Beurteilungen mit den früheren zur "Wichtigkeit" der Ziele zu vergleichen. Dabei zeigen sich systematische Unterschiede zwischen den einzelnen Gruppen. Die CAD-Experten halten - mit Ausnahme der tätigkeitsbezogenen Ziele - die "wichtigen" Ziele auch für "erreichbar". Die Konstruktionsleiter urteilen insgesamt zurückhaltender, was sich gleichfalls auf die Erreichbarkeit der kostenbezogenen Ziele bezieht. Dagegen sind sie bei einem Ziel wie "Ausgleich eines Arbeitskräftemangels" - vor Jahren noch ein viel diskutiertes Thema - optimistischer als ein Großteil der CAD-Experten. Im Vergleich zu den Konstruktionsleitern halten wiederum die CAD-Benutzer die tätigkeitsbezogenen Ziele mithilfe von CAD für leichter erreichbar, was sich gut z.B. an der Einschätzung der "Kontrolle des Arbeitsablaufes" ablesen läßt.

Insgesamt ergibt sich bei der Interpretation der Innovationsziele die Schwierigkeit, ein angemessenes Urteilsmodell zu entwickeln. Denn die Ziele sind auf der einen Seite weder nur als Pläne zu betrachten, deren Umsetzung strikt betrieben würde, noch als bloße Rechtfertigungen, wenngleich solche ideologischen Komponenten, gerade bei den kostenbezogenen Zielen, anhand der gegebenen Kommentare leicht auszumachen sind.

Die uns berichteten Entscheidungsprozesse zu CAD trugen in der Mehrzahl der Fälle Züge des Zufälligen. Nur in vier Fällen kann man von einem längerfristig angelegten und planvollen Vorgehen bei der Einführung und den damit zusammenhängenden Entscheidungen sprechen. Da inzwischen das Bewußtsein der nicht unerheblichen Systemkosten von CAD weiter entwickelt ist als zu Beginn der untersuchten Anwendungen, und da weiterhin allenthalben CAD-Berater ihre Dienste anbieten, ist für die Zukunft eher vor einem zu stark formalisierten Vorgehen zu warnen als zum Einhalten bestimmter Prozeduren zu raten. Mehr Systematik und Planung hätte in den untersuchten Anwendungen zwar manche Probleme beseitigt bzw. gar nicht entstehen lassen. Daraus folgt allerdings keineswegs, daß mehr Systematik in den Kriterien und mehr Rigorismus im Vorgehen per se die Qualität der Entscheidungsprozesse erhöhen würden. Es ist an eine Reihe von strategischen Gesichtspunkten zu erinnern, denen jeder Entscheidungsprozeß unterliegt, und die z.B. mit der Revidierbarkeit von Beschlüssen und der Planung eines angemessenen Zeitbudgets für die Entscheidungen zu tun haben.

Aus den in Kapitel 2 berichteten Ergebnissen seien noch folgende schlagwortartig angeführt: Die Informationspolitik wurde häufig zu oberflächlich betrieben, eine frühe Information über CAD aus u.E. übertriebenen Ängsten meistens unterlassen. Bei den Schulungsmaßnahmen war im allgemeinen wenig Methodik anzutreffen. Der zeitliche und organisatorische Aufwand, bis CAD als produktive Routineanwendung läuft, wurde in der Regel unterschätzt, in einzelnen Fällen erheblich. Die Beziehungen zum Betriebsrat waren in vielen Fällen gespannt. Die CAD-Experten vermuteten in einzelnen Fällen eine Haltung grundsätzlicher Obstruktion, wo echte Informationsbedürfnisse anzuerkennen waren. Umgekehrt nahm der Betriebsrat bei den Experten manchmal weitreichende Planungen an, wo eher Ratlosigkeit zu interpretieren war. Kritisch für den Erfolg einer Anwendung ist ebenfalls die Einbeziehung der Konstruktionsleiter. Sie sind nicht deshalb einzubeziehen, weil sie aufgrund ihrer Stellung im Betrieb ohnehin nicht zu übergehen sind, sondern weit wichtiger, weil ihre inhaltliche Kompetenz bei der Gestaltung von Software, Arbeitsplätzen und Arbeitsverfahren gefordert ist.

Kapitel 3 setzt sich mit der Frage der Wirtschaftlichkeit von CAD-Systemen auseinander. Dabei muß grundsätzlich zwischen drei Gesichtspunkten unterschieden werden: 1. Wirtschaftlichkeit als Kriterium in einem Entscheidungsprozeß, der in der Regel mehr Gesichtspunkte und Argumente verarbeiten muß als nur die Wirtschaftlichkeit. 2. Wirtschaftlichkeit als Kostenkalkül und 3. als eine spezifische Berechnungs- und Bewertungsmethode. Die Ergebnisdarstellung verfolgt in diesem Kapitel nicht das Ziel, ein eigenes Modell aus der Vielzahl der Hinweise zu entwickeln, sondern auf kritische Faktoren hinzuweisen. Einige Beispiele werden ausgeführt, um den prinzipiellen Weg zu zeigen, wie man eine Wirtschaftlichkeitsberechnung durchführen kann.

Insgesamt ist festzuhalten, daß für die Vorbereitung der Investitionsentscheidung zu CAD überwiegend Kostenvergleichsansätze gewählt wurden. In einem Falle wurde eine Nutzwertanalyse (mit nicht gerade sehr eindeutigen Ergebnissen) erarbeitet. Obwohl die von uns zu diesem Komplex befragten CAD-Experten die Problematik sehen, wenn man sich zu einseitig auf eine reine Kostenbetrachtung beschränkt, weichen sie von diesem Weg jedoch kaum ab. Die vom Führungsmanagement diktierten Auflagen und die eigene Identifikation mit dem Prinzip Wirtschaftlichkeit blockieren dies.

Wirtschaftlichkeit kann auch als empirischer Nachweis über die tatsächlich eingetretenen Effekte verstanden werden, z.B. hinsichtlich der Beschleunigung von Bearbeitungsvorgängen. In den untersuchten Anwendungen war zum damaligen Zeitpunkt nur in einem Fall eine derartige Untersuchung bereits durchgeführt worden. Dies ist auf dem Hintergrund des jeweiligen Standes der Anwendungen durchaus verständlich. Es drängt sich jedoch auch der Eindruck auf, daß ein solcher harter empirischer Test gar nicht angestrebt wird. Ist in einem Betrieb die CAD-Anwendung anerkannt, sieht man etwa den Nutzen, der in der mit CAD gelegentlich erzwungenen Neuordnung von Teilefamilien liegt usw., dann ist ein empirischer Nachweis häufig nicht mehr nötig. Insbesondere bei den CAD-Experten setzt sich zunehmend die Erkenntnis durch, daß CAD für einen Betrieb die Qualität einer Infrastruktur annimmt, die nicht einseitig unter Gesichtspunkten der Effizienz bewertet werden kann.

Kapitel 3 schließt mit einer kurzen Diskussion der Frage, ob sich durch CAD die Kostenrechnung in der Konstruktion veränderte. Ein allgemeiner und eindeutiger Trend zu einer differenzierteren Kostenerfassung und -verrechnung war dabei nicht zu erkennen. Das Problem wird jedoch gesehen, daß CAD mit den höheren Arbeitsplatzkosten nicht mehr wie eine "normale" Konstruktionsleistung verrechnet werden kann. Deshalb waren in knapp der Hälfte der Fälle Bestrebungen erkennbar, für CAD eigene Kostenstellen oder -ziffern einzurichten.

Kapitel 4 beschreibt den Wandel von Tätigkeiten, Aufgaben und Qualifikationen. Dieser Teil ist nicht nur der umfangreichste, sondern auch gewissermaßen das Herz der Untersuchung. Zunächst werden die Analysekonzepte erläutert, die in ihrem spezifischen Verhältnis zueinander gesehen werden müssen: Die "Tätigkeitsanalyse" (vgl. Abschnitt 4.2) nimmt eine querschnittliche Betrachtung der Gesamttätigkeit vor und stellt Veränderung in der Struktur und in den Anforderungen fest. Der inhaltliche Kontext für die individuelle Tätigkeit sind die jeweils abgewickelten Konstruktionsaufträge (vgl. Abschnitt 4.3), die nach einigen wenigen Merkmalen beschrieben werden, die aus der "Auftragsanalyse" gewonnen wurden. Diese Konstruktionsaufträge stellen gleichfalls den Rahmen für die "Aufgabenanalyse" dar, die ähnlich wie die Auftragsanalyse eine prozeßorientierte Perspektive einnimmt. Die entscheidende Frage ist hier, wie der einzelne seine Arbeitsaufgaben interpretiert und sie in eine Folge von Handlungen umsetzt (vgl. Abschnitt 4.4). Auf dieser Grundlage kann nachfolgend die "Benutzungsanalyse" aufsetzen (vgl. Abschnitt 4.5), die auch Merkmale der jeweiligen Aufgaben aufgreift, um damit die Besonderheiten der Benutzung verschiedenartiger CAD-Programme herauszuarbeiten. Schließlich können die Informationen in der abschließenden "Handlungsanalyse" zusammengeführt werden, in der der Versuch einer Rekonstruktion der Qualifikationen unternommen wird (vgl. Abschnitt 4.6). In der empirischen Erhebung griff dieser Teil wieder auf die in konkrete Konstruktionsaufträge eingebetteten Aufgaben zurück.

Bei der Veränderung der Tätigkeiten (vgl. Abschnitt 4.2) durch CAD ist zu beachten, daß erst eine geringe Durchdringung der Gesamttätigkeiten mit CAD festzustellen war, wobei jedoch starke Variationen auftreten. Nur bei den spezialisierten Zeichnungsanwendungen sowie den Berechnungsanwendungen traten Fälle auf, in denen die gesamte Tätigkeit von CAD bestimmt wurde. Bei der Analyse der Tätigkeitsveränderungen wurden ebenfalls konventionelle Aufgabenbearbeitungen berücksichtigt. In einem Unternehmen ergab sich ein idealer Vergleich insofern, als eine Detailkonstrukteurin sowohl als (alleinige) CAD-Benutzerin als auch als konventionell arbeitende Detailkonstrukteurin befragt werden konnte. Die Veränderungen der Tätigkeiten müssen im Zusammenspiel vor allem zweier Faktoren gesehen werden: zum einen das "Programm", zum anderen die "Arbeitsorganisation". Dabei sind u.a. folgende Tendenzen erkennbar: Trifft ein CAD-Programm mit eingeengtem Leistungsspektrum mit einem Konzept zusammen, nach dem die CAD-Bearbeitung als Dienstleistung für Konstruktionsgruppen erledigt wird, dann ist eine Einengung der Breite der Tätigkeiten und ein Rückgang der Anforderungen an Wissen und Erfahrung festzustellen. Die Schwierigkeit der Programmbedienung führt dazu, die "besseren" Kräfte als CAD-Anwender anzulernen. Gleichzeitig wächst der Anteil der CAD-Tätigkeiten an der Gesamttätigkeit. Geringe Veränderungen von Tätigkeit und Qualifikation können dann beobachtet werden, wenn CAD lediglich Teilbereiche der bisherigen Tätigkeit unterstützt, ohne daß gleichzeitig neue Organisationsformen für die Anwendung eingerichtet werden.

Bei der Analyse der Aufträge (vgl. Abschnitt 4.3), bei denen anteilig Aufgaben mit CAD bearbeitet werden, läßt sich keine Häufung auf bestimmte Auftragstypen feststellen. Sieben von elf Aufträgen wurden als Anpassungs- bzw. Variantenkonstruktion von den hier interviewten Konstruktionsleitern eingestuft. Das entspricht nach einer Erhebung des Forschungskuratoriums Maschinenbau relativ exakt dem Branchendurchschnitt. Allerdings haben die mit CAD bearbeiteten Aufträge eines gemeinsam: Es handelt sich überwiegend um "vertraute" Problemstellungen. Berechnungsverfahren werden auch bei "neuartigen" Aufträgen eingesetzt.

Bei der Aufgabenanalyse (vgl. Abschnitt 4.4) werden drei Aspekte aufgegriffen: 1. Wie verändert sich die Schnittstelle zwischen individueller Aufgabenbearbeitung und Gesamtauftrag? 2. Wie verändert sich die individuelle Arbeitsplanung? 3. Wie groß ist der Spielraum bei der Aufgabenbearbeitung? Es zeigt sich, daß insbesondere bei den Zeichnungsanwendungen eine neue Schnittstelle geschaffen wird, die jedoch nur teilweise durch das Programm, stärker durch die gewählte Dienstleistungsorganisation bedingt ist. Die in der Pilotstudie entwickelte Hypothese, daß mit CAD die individuelle Arbeitsplanung von einer Planung in der Arbeit zu einer Planung von der Arbeit übergeht, konnte bestätigt, gleichzeitig spezifiziert werden: Je stärker die CAD-Programme automatisiert sind, desto stärker muß die individuelle Arbeit "vorgeplant" werden.

Im Abschnitt 4.5 zur "Benutzungsanalyse" werden die Ergebnisse getrennt für die drei unterschiedenen Arten von CAD-Programmen dargestellt. Dabei sind bei den Zeichnungserstellungs-Programmen zwei Veränderungen deutlich: Zum einen die o.g. Veränderung der inneren Planungsstruktur der Tätigkeit, zum zweiten wird - damit zusammenhängend - das beim konventionellen Detaillieren und Zeichnen geläufige enge Wechselspiel zwischen Kognition und Tätigkeit "entzerrt". Darüberhinaus wird die Tätigkeit in zwei Bereiche aufgetrennt: in jene Aufgaben der Zeichnungserstellung, die mit CAD gemacht werden können, und jene, bei denen dies nicht geht. Diese Form einer programmbezogenen Tätigkeitsdifferenzierung ist bei den Berechnungsprogrammen wieder anders gelagert und war bei den Variantenkonstruktionsprogrammen nicht zu beobachten.

Bei den zwei untersuchten Berechnungs-Programmen handelt es sich um eher untypische Anwendungen, insofern es um den Einsatz sophistizierter Modelle geht. Deshalb wird in diesem Teil vor allem die grundsätzliche Bedeutung von Berechnen in der Konstruktion herausgearbeitet. Berechnen heißt, den Einsatz eines idealisierenden Modells als Lösungsprinzip bzw. -algorithmus für eine konkrete Aufgabe zu verantworten. Je komplexer die Berechnungsmethoden werden, desto eher entsteht eine Arbeitsteilung zwischen Modell-Spezialist und Konstrukteur. Damit stellt sich die Frage, wie die getrennten Verantwortlichkeiten wieder zusammengeführt werden können. Organisatorische Regelungen, die bestimmte Zurechnungen fixieren, können das Problem nur teilweise lösen. Denn inhaltlich bleiben Konstruktion und Modell verkettet.

Die Arbeits- und Benutzungssituation bei den Variantenprogrammen ist insofern anders gelagert als die bisher geschilderten Fälle, als (mit einer Ausnahme) die Auftragsbearbeitung für eine Produktgruppe oder einen Aufgabentyp vollständig vom einzelnen Konstrukteur erledigt wird. Die Schnittstelle zwischen CAD und anderen Bearbeitungsformen fällt hier nicht mit einer Arbeitsteilung zusammen. Die Spezifika der Programmbenutzung hängen bei Einsatz interaktiv-grafischer Systeme weniger vom CAD-Programm ab, sondern mehr vom jeweiligen Aufgabentyp. Insbesondere die beiden hier vertretenen Anwendungen in der Elektrokonstruktion stellen im Vergleich zur mechanischen Konstruktion Spezialfälle dar, denn der Konstrukteur, besser "Entwickler", wie er in diesem Bereich genannt wird, arbeitet bereits im konventionellen Falle mit weitgehend standardisierten Symbolen.

Bei den beiden automatischen Variantenprogrammen konnte sehr gut die Wechselwirkung zwischen CAD und Standardisierung beobachtet werden. In einem Falle war der betreffende Produktbereich schon so weit durchforstet, daß die CAD-Unterprogramme nach Abschluß der Algorithmisierungsarbeiten die Effizienz kaum noch steigern konnten. Im anderen Falle konnten bei der Vorbereitung des CAD-Einsatzes die Teilefamilien für die Betriebsmittelkonstruktion (z.B. Stanzwerkzeuge) so stark bereinigt werden, daß bereits auf diesem Wege erhebliche Rationalisierungseffekte erzielt werden konnten. Das CAD-Programm liefert dann nur noch einen komfortableren Zugriff. Ein erheblicher Teil der Effizienz kann neben der Durchforstung der Teile-Familien der dann vorliegenden Transparenz der Zusammenhänge, der Aufdeckung der Variationsgesichtspunkte und der Neuordnung und Standardisierung der Teile zugeschrieben werden. Die Entwicklung automatischer Variantenprogramme setzt aber einen erheblichen Arbeitsaufwand voraus. Diese Anstrengung lohnt sich nicht bei Teilen, deren Algorithmisierung und Programmierung zu aufwendig ist, oder bei solchen, bei denen der

Kunde ständig Sonderwünsche durchsetzen kann. Sinnvoll sind solche Programme also nur auf einem desaggregierten Niveau, nicht für komplexe Produkte, sondern für wiederkehrende, immer wieder ähnliche Teile, die gegenüber Markt und Fertigungstechnologie unverändert bleiben.

Die interaktiv-grafischen Systeme kommen den konventionellen Arbeitsroutinen weitgehend entgegen. Das läßt sich u.a. an der Tatsache ablesen, daß uns von diesen Benutzern, von einzelnen Vorschlägen abgesehen, kaum Wünsche zur Verbesserung der Systeme genannt wurden. Es fehlen - wie dies einer selbst formulierte - die Vergleichsmöglichkeiten. Interaktiv-grafische CAD-Software neuerer Bauart ist nicht mehr als ein eng umschriebenes Arbeitsmittel zu betrachten, sondern als ein System. Diese Systemqualität führt u.a. dazu, daß - trotz der augenscheinlich eleganten Arbeitsweise z.B. mit einem Menüfeld - ein Großteil der Aufmerksamkeit dem Operationsfeld gewidmet werden muß, der früher der Aufgabe selbst zukommen konnte. Vor allem auf diese elektronische Darstellung und das Arbeiten mit Symbolen anstatt mit Dingen bezieht man sich, wenn bei CAD und verwandten informationstechnischen Arbeitsmitteln auf eine wichtige Veränderung hingewiesen wird: Die Arbeit wird "abstrakter". Selbstverständlich zeigen auch unsere Ergebnisse, daß dies der Fall ist. Gleichwohl ist ein gegenläufiger Trend festzuhalten: Durch die Möglichkeit, bei modernen CAD-Systemen rechnerintern eine Geometrie aufzubauen, die über eine NC-Kopplung real ausführbar wird, gewinnen die Konstruktionsobjekte eine früher nicht gekannte Gegenständlichkeit. Diese bleibt freilich unanschaulich. Gelingt in der Zukunft eine wirklich automatische Kopplung, die in zwei Firmen noch mit einer Schnittstelle versehen war, dann werden die Handlungen des Konstrukteurs im CAD-System mit zusätzlichen Folgen belastet. Auch hierin ist ein bedeutungsvoller, derzeit noch eher unmerklicher Wandel des Charakters von Konstruieren festzustellen.

Für die in Abschnitt 4.6 dargestellte Handlungsanalyse wurde keine erschöpfende Beschreibung eines Qualifikationsprofils angestrebt, sondern eine mit den subjektiven Berichten der Befragten arbeitende Analyse typischer Anforderungen. Auf dem Hintergrund der Anforderungen für einen konventionell arbeitenden Konstrukteur und eine Zeichnerin zeigen die Berichte der CAD-Benutzer noch keine sehr klaren Konturen, was spezifische Anforderungen infolge CAD angeht (wie sie in der Benutzungsanalyse herausgearbeitet wurden). Dieser Befund ist damit zu erklären, daß Gegenstand der Befragung hier die gesamte Tätigkeit war. Aufschlußreich sind die Angaben zu "Gestaltungsleistungen", die teilweise aufgrund weitestgehender Vorgaben vorgelagerter Stellen in den Hintergrund treten, aber dann, wenn sie thematisiert werden, jene Merkmale betonen, die auch in neueren entwurfstheoretischen Konzeptionen herausgearbeitet wurden.

Kapitel 5 stellt zunächst fünf Thesen zu den Wirkungen von CAD dar. Diese dienen jedoch nur als thematischer Aufriß. Eine systematische Diskussion kann im Rahmen dieses Ergebnisberichtes nicht geführt werden. Doch lassen sich die Aussagen zu den verschiedenen CAD-Programmarten gut einem Leitgedanken zuordnen.

Bei den Zeichnungsanwendungen erscheinen vor allem die mit der "Mediatisierung" zusammenhängenden Fragen problematische Wirkungen von CAD zu umreißen. Mediatisierung soll die systemhafte Vermittlung zwischen Handlungsabsicht (des Programmbenutzers) und den Handlungsergebnissen bezeichnen. Bei den Berechnungsanwendungen stehen Fragen der Spezialisierung, der Erfahrungsbildung und der Verantwortung im Vordergrund. Bei den Variantenkonstruktionsprogrammen sind Fragen der Ablauf-Flexibilität und Standardisierung problematisch, also Aspekte, die einerseits mit dem Verhältnis des Unternehmens zum Markt zu tun haben, andererseits mit dem Verhältnis des einzelnen zu seinen Aufgaben. Teilweise sind die berichteten Befunde auch Beiträge zu einer Klarlegung des Wandels der Qualifikationsanforderungen bei CAD, so der Hinweis eines CAD-Experten, daß ein Benutzer bei Arbeit mit einem CAD-Programm seine Arbeitsschritte "begrifflich klären" müsse. Der einzelne Schritt müsse "formalisiert" und "verbalisiert" werden; insgesamt müsse der Benutzer mehr "strategisch denken".

Im folgenden Abschnitt 5.3 werden Aspekte der organisatorischen Einbettung von CAD dargestellt. Generell ist festzuhalten, daß das Bewußtsein über organisatorische Veränderungen, die mit CAD einhergehen, im Vorfeld bereits verwirklicht wurden oder parallel zu CAD ablaufen, noch wenig entwickelt ist. Weiter ist festzustellen, daß sich infolge von CAD keine generelle Arbeitsorganisation herausbildet. Es lassen sich alle möglichen Formen finden: Von der eigenen CAD-Abteilung über Dienstleistungsgruppen bis zu Arbeitsstationen in der Konstruktion, die der einzelne CAD-Benutzer - freilich nach Absprache bzw. Eintragung in einen Belegungsplan - in Anspruch nehmen kann. Jene Variante aber, die besonders mit dem Aufkommen von CAD propagiert wurde, nämlich ein echtes "CAD am Arbeitsplatz" (jeder hätte wie früher sein Zeichenbrett nun sein CAD-Terminal), war in keinem Fall anzutreffen.

Die bis dato feststellbaren Personalbewegungen (Abschnitt 5.4) zeigen, daß CAD die größten Auswirkungen außerhalb des eigentlichen Konstruktionsbereiches hat, insbesondere bei Kopplung von CAD-NC. Die Nettobilanz ist derzeit noch positiv. Personaleinsparungen werden überwiegend über die Fluktuation abgefangen. Externe Zeichnungsvergabe wird infolge CAD zurückgehen. Der feststellbare Trend, pro Konstruktionsauftrag mehr Aufwand zu betreiben, wird aller Voraussicht nach den Personaleinspareffekten entgegenwirken.

Kapitel 5 schließt mit einer kurzen Betrachtung der beruflichen Entwicklung dreier CAD-Benutzer. Die einzelnen "CAD-Karrieren" lassen erkennen, daß für einzelne Benutzer je nach betrieblichem Umfeld bei einer aktiven Strategie Chancen bestehen, die eigene Position zu verbessern. Selbstverständlich kann dies kein Ersatz für allgemeine Regelungen sein, die nur Gegenstand von Tarifverhandlungen sein können.

Im Kapitel 6 verlassen wir das Terrain der nüchternen Analyse empirischer Daten und greifen verschiedene Aspekte auf, zu denen wir unsere eigene subjektive Einschätzung geben. "Empfehlung" wollten wir diesen Teil nicht nennen. Eher sind es Hinweise und Aufforderungen, aus der Hektik des Tagesgeschäftes für einen Moment herauszutreten und die Reflexion auf einige grundsätzliche Fragen zu richten. Einige der diskutierten Fragen sind: Soll ein Unternehmen - da so viel über Technologiegestaltung diskutiert wird - noch einige Jahre zuwarten, bis es den ersten Schritt in die CAD-Technologie unternehmen kann? Muß es sich schon heute für CAD entscheiden oder gibt es noch andere Wege? Kann man die heutige CAD-Software mehr oder weniger unbesehen übernehmen oder sollte man vorher die eigene Aufgabenstellung genau analysieren? Mit welchem Gebiet soll man anfangen, wenn man sich entschlossen hat, CAD einzusetzen? Soll man CAD auf dem kommerziellen Rechner mitlaufen lassen oder ist es nicht besser, für CAD und den technischen Bereich eine eigene Rechner-Infrastruktur aufzubauen? Soll sich ein Unternehmen ein festes Programm vorgeben oder soll es mit CAD einfach mal anfangen? Gibt es ein ideales CAD-System?

Zu diesen Fragen werden verschiedene Ergebnisse nochmals aufgegriffen und einige grundsätzliche Argumente diskutiert. Diese Hinweise nicht als Ratschlag auszugeben, folgt u.a. aus der Erkenntnis, daß ein Forschungsprojekt seine Stärke nicht in der Übernahme von Verantwortung suchen sollte, sondern in der Differenzierung von Argumenten. Auch auf diesem Wege können die Ergebnisse praktisch wirksam werden.

Kapitel 7 ist ein Epilog. Dieser Teil wurde angefügt, um einige aktuelle Trends bei den untersuchten Anwendungen zu beschreiben. Die Darstellung muß allerdings sehr knapp bleiben, sonst müßte nach einer ausführlichen Analyse der neuen Daten der nächste Nachspann bereits in Angriff genommen werden.

Wenn wir die ganze Gruppe der CAD-Anwender betrachten, dann fallen zwei Tendenzen auf: Auf der einen Seite gibt es einige Anwender, die in den zurückliegenden zwei Jahren ihre CAD-Anwendungen zügig ausgebaut haben. Bei diesem Ausbau geht es vor allem um eine horizontale Ausdehnung, insofern CAD in immer neue Anwendungsgebiete bzw. Produktgruppen übernommen wurde. Dagegen ist die vertikale Integration von CAD z.B. die Verknüpfung interaktiv-grafischer Programme mit Finite-Elemente-Programmen, die Vorschaltung einer Netzgenerierung oder die Weiterverwendung der CAD-Geometriedaten für die NC-Programmierung und Arbeitsplanerstellung nicht so schnell vorangekommen, obgleich die Häufigkeit entsprechender Planungen zeigt, daß vor allem in dieser Verknüpfung Einspareffekte erwartet werden. Auf der anderen Seite gibt es einige Unternehmen, die ihre CAD-Anwendungen nicht in dem Tempo ausbauen konnten wie sie es vor Jahren noch erwartet hatten. Teilweise war die CAD-Entwicklungsmannschaft von anderen Aktivitäten (z.B. der NC-Programmierung) absorbiert, teilweise mußte die Situation nach nicht gerade erfolgreichen Implementationen erst wieder stabilisiert, neuer Kredit für CAD mußte erst wieder erarbeitet werden. Aufschlußreich ist ebenfalls der Fall des einen Nicht-Anwenders, der inzwischen seine früher eher skeptische Einschätzung gegenüber CAD zugunsten einer sehr forcierten Einsatzplanung aufgegeben hat.

Inhaltsverzeichnis

1 Überblick zum Projekt CAD im Maschinenbau

Für die Computer- und Softwarebranche stellt CAD zur Zeit einen der zukunftsträchtigsten Absatzmärkte dar mit teilweise explodierenden Umsatzzahlen. Es scheint fast unmöglich, einen Überblick über den Anbietermarkt zu behalten. Spur und Krause (1981) schätzen die Anzahl der graphisch orientierten CAD-Systeme auf dem Markt auf 150 bis 200. Doch ist dies nur ein Teil des ganzen Spektrums des Rechnereinsatzes in der Konstruktion. Hinzu kommen weitere wichtige Bereiche wie technische Berechnung, Angebotserstellung, Stücklisten- und Arbeitsplanverwaltung, technische Datenbank u.a..

Für die Unternehmen, die sich entschließen mit CAD zu beginnen, ist diese Technologie immer noch eine risikobehaftete, kostspielige Zukunftsinvestition, die meist keine schnelle Rentabilität verspricht. Trotzdem sind nach einer aktuellen Erhebung der IG Metall (1983, S. 18) bereits in 17% aller Metallbetriebe CAD-Anwendungen vorhanden, in Betrieben mit mehr als 2000 Beschäftigten bereits in jedem zweiten Betrieb. Das neue mit 530 Mio DM ausgestattete Förderprogramm der Bundesregierung zum CAD-Einsatz in der Mittelständischen Industrie wird ab 1984 zu einem weiteren Implementationsschub bei CAD-Systemen führen.

Schließlich stellt sich CAD für die Benutzer, also die Zeichner, Techniker, Konstrukteure und Ingenieure in den Konstruktionsbüros, als faszinierendes neues Arbeitsmittel dar, gleichzeitig aber auch als Bedrohung ihrer traditionellen Arbeitserfahrung und Qualifikationen, wenn nicht gar ihres Arbeitsplatzes überhaupt.

In diesem Bericht wird versucht, auf einige Fragen, die sich im Zusammenhang mit der Entscheidungsfindung für CAD, der Einführung von CAD und den Auswirkungen des CAD-Einsatzes stellen, eine Antwort zu geben. Grundlage dafür ist ein empirisches Forschungsprojekt zum CAD-Einsatz im Maschinenbau, das an der Abteilung für Angewandte

Systemanalyse (AFAS) des Kernforschungszentrums Karlsruhe durchgeführt wurde.

Im folgenden geben wir einige Erläuterungen zu diesem Projekt.

Bereits 1977/78 wurde aufgrund einer Anregung des damaligen CAD-Projektträgers eine Pilotstudie zum Stand der CAD-Anwendungen und deren Auswirkungen durchgeführt. Diese erste Bestandsaufnahme, fußend auf 14 untersuchten CAD-Anwendungen in Unternehmen unterschiedlichster Branchen, ist in zwei Publikationen dokumentiert (Bechmann u.a. 1978 und Bechmann, Vahrenkamp, Wingert 1979).

In der Hauptstudie wurde das Untersuchungsfeld auf den Maschinenbau, einer der wichtigsten CAD-Absatzmärkte der Zukunft, eingeschränkt. In einer ersten Phase wurden 1980/81 in 41 Unternehmen Interviews mit den CAD-Experten über 36 Programmanwendungen durchgeführt. Ein Ergebnisbericht (Wingert u.a. 1981) und verschiedene Aufsätze über diese Phase liegen vor (Duus und Rader 1981, Riehm und Wingert 1981, Wingert 1981, Rader 1982, Riehm und Rader 1982).

In der zweiten Phase der Hauptuntersuchung wurden aus den 41 Unternehmen der ersten Phase 14 ausgesucht und die dortigen CAD-Anwendungen nochmals im Detail untersucht. Dabei wurden nicht nur die CAD-Experten befragt, sondern auch Konstruktionsleiter, CAD-Anwender, Betriebsrat und gelegentlich auch die Leiter der Arbeitsvorbereitung. Einen Überblick über die Fragenkomplexe der einzelnen Interviews gibt Tabelle 1.1. Die Erhebung wurde von November 1981 bis August 1982 durchgeführt. Im Durchschnitt hielten wir uns dabei zwei Tage im jeweiligen Unternehmensteil auf. Über diese zweite Phase der Hauptuntersuchung wird im folgenden berichtet.

Neben der Einbeziehung unterschiedlicher Gesprächspartner in die Untersuchung, die jeweils aus ihrer besonderen Perspektive ihre Einschätzung der Probleme des CAD-Einsatzes schilderten, war die gezielte Auswahl eines möglichst breiten Spektrums von CAD-Anwendungen ein weiterer wichtiger Aspekt des Ansatzes unserer Untersuchung. Unser Ziel war also nicht, eine "repräsentative" Studie zum CAD-Einsatz im Maschinenbau vorzulegen, sondern die gesamte Breite des derzeitigen CAD-Einsatzes in jeweils typischen Anwendungskonstellatio-

Tabelle 1.1. Überblick zu den Fragekomplexen und Gesprächspartnern

CAD-Experte	Konstruktionsleiter	Konstrukteure / Zeichner / CAD-Benutzer
"Update" Fragen zur Entwicklung des Unternehmens und zur weiteren Entwicklung von CAD		
Innovationsliste	Innovationsliste	Innovationsliste
Einführungsanalyse - Entscheidungsprozeß - Information über CAD - Schulung - Organisatorische Änderungen - Verhältnis zu Betriebsrat	Einführungsanalyse wie CAD-Experte, aber verkürzt	Einführungsanalyse wie CAD-Experte, aber verkürzt
Wirkungen von CAD - Aufgabenbearbeitung - Mediatisierung - Routinearbeiten - Flexibilisierung - Arbeitsbelastung - Qualifikationen	Wirkungen von CAD wie CAD-Experte, aber verkürzt	
Wirtschaftlichkeit	Kostenerfassung in d. Konstruktion	Analyse der Gesamttätigkeit - Konstruktionstätigkeiten - Arbeitsorg. Tätigkeiten - Arbeitsmittel - EDV-Benutzung - Wissen und Erfahrung - Arbeitskontakte - Routinearbeiten
Betriebsrat	Organisation der Konstruktion - Aufbau- und Ablauforganisation - Personal, Qualifikation - Ausstattung, Normen - Art und Anzahl der Aufträge - Auftraggeber - Eingliederung von CAD	CAD-Benutzungsanalyse - Ergonomische Aspekte - Programmkenntnisse - Systemverhalten d. EDV - Systemsteuerung durch d. Benutzer
EDV-Einsatz allgemein - Informationsstand - Einsatzbereiche - Personaleffekte		
CAD-Einsatz - Informationsstand - Einführungsprozeß - Wirkungen von CAD	Auftragsanalyse Bearbeitung eines ausgewählten Auftrages m. CAD - Neuartigkeit - Komplexität - Festgelegtheit - externe Kontakte - Änderungen - Konstruktionsphasen	Aufgaben- und Handlungsanalyse Bearbeitung einer ausgewählten Aufgabe mit CAD - Bearbeitungsschritte - Kenntnis des Auftrages - Änderungserfordernisse - Kooperationserfordernisse - Festgelegtheit - zeitliche Einbindung - Planung, Vorbereitung - Arbeitskontakte - Koordinationserfordernis. - Qualifikationsanforderg.
Leiter d. Arbeitsvorb.		
Wirkungen von CAD - Aufgabenbearbeitung - Flexibilität - Organisation		

texte systematisch variieren. So konnten wir das gleiche CAD-Programm in unterschiedlich strukturierten Unternehmen untersuchen, oder wir konnten der Frage nachgehen, warum vergleichbare Unternehmen verschiedene CAD-Konzeptionen verfolgen.

Aus Tabelle 1.2., die einen Überblick über die untersuchten Unternehmen gibt, lassen sich solche Vergleichsgruppen zusammenstellen. So sind Unternehmen I und M von ihrer Größe und dem Produktspektrum vergleichbar. I wendet CAD an, während M dies (noch) nicht für sinnvoll hält. Ebenfalls ähnlich strukturierte Unternehmen sind die Unternehmen D, I und C. Es handelt sich um mittelständische Werkzeugmaschinenbauer mit vorrangig kundenorientierter Fertigung. Alle drei Unternehmen wenden das gleiche CAD-Zeichnungserstellungsprogramm an. Die verwirklichten Organisationslösungen sind jedoch in allen drei Unternehmen unterschiedlich.

Tabelle 1.2. Übersicht zu den untersuchten Unternehmen, gruppiert nach Programmtyp

Programmtyp	Firma	Beschäftigte in Taus.	Fertigungsart	Fachzweig	CAD-Hardware	CAD-Benutzer
Zeichnungs-erstellung	C	1 - 2	gemischt	Werkzeugm.	IBM	2
	I	1 - 2	Serie	Werkzeugm.	PDP 11/34	3 - 4
	D	kleiner 1	Einzel	Werkzeugm.	PRIME 550	1
	K	kleiner 1	Serie	and. Masch.+	HP 1000	Abbrech.
Autom.Varian-tenk.,mechan.	B	1 - 2	gemischt	sonst.Masch.++	SIEMENS	2
	L	7 - 17	Serie	sonst.Masch.	PRIME 550	4 - 6
Interaktiv-graf. Var.-kon.,mechan.	A	7 - 17	Serie	sonst.Masch.	PRIME 750	7
	F	7 - 17	Serie	sonst.Masch.	IBM	1
	J	7 - 17	Serie	sonst.Masch.	PRIME 550	4 - 6
Interaktiv-graf. Var.-kon.,Elektr.	G	1 - 2	Kleins.	Werkzeugm.	CV	3
	N	kleiner 1	Einzel	Werkzeugm.	PRIME 550	10
Berechnungs-programme	E	1 - 2	Einzel	Werkzeugm.	IBM	5
	H	kleiner 1	Kleins.	and. Masch.	HP 9845	3
Ohne CAD	M	1 - 2	Serie	Werkzeugm.	/	/

+ and. Masch. = andere Maschinen als Werkzeugmaschinen, z.B. Spritzgießmaschinen, Papierverarbeitungsmaschinen, etc.

++ sonst.Masch. = sonstiger Maschinenbau, aber keine Maschinen, z.B. Apparatebau, Wehrtechnik, KfZ-Zulieferer, Kugellager

Um dem Leser eine genauere Einschätzung unserer CAD-Anwendungen zu ermöglichen, sind im folgenden die untersuchten CAD-Programme aufgeführt und kurz charakterisiert. Es sei an dieser Stelle ausdrücklich darauf hingewiesen, daß das Anführen der Programmnamen hier wie auch im folgenden Text nur dazu dient, daß der Leser die jeweiligen CAD-Anwendungen besser einordnen und beurteilen kann. In keinem Fall ging es um eine Bewertung von Programmen. Eine CAD-Programm-Evaluation war nicht unsere Absicht und hätte eine gänzlich andere Untersuchungsstrategie erfordert.

Programmanwendungen der folgenden CAD-Programme wurden in die Untersuchung aufgenommen:

1. TPS10 — Ein relativ verbreitetes, in verschiedenen Ausbaustufen verfügbares Finite-Elemente-Programmsystem für Anwendungen aus der linearen und nicht-linearen Statik, Dynamik und Thermodynamik. Rechnerflexibel für 16 und 32 Bit-Rechner. Eine Anwendung untersucht.
2. DISKO-CAM45 — Komplexes Programmsystem zur Auslegung, Simulation, Berechnung und Zeichnung von Kurven-Koppelgetrieben im Dialog mit einem Tischcomputer HP 9845. Eine Anwendung untersucht.
3. DETAIL2 — Zeichnungserstellungsprogramm für rotationssymetrische Einzelteile mit automatischer Bemaßung. Die Beschreibung der Einzelteile erfolgt mittels einer an Grundelementen orientierten Eingabesprache und ist batchorientiert. Der mittlerweile verfügbare interaktive grafische Editor des Systems war zum Zeitpunkt der Untersuchung noch nicht im Einsatz. 3 Anwendungen untersucht.
4. PROREN1 — In der älteren von uns untersuchten Version ist PROREN1 ein Programmsystem zur Zeichnungserstellung bei Variantenkonstruktion. Für den Aufbau der Variantengruppen müssen FORTRAN-Programme geschrieben werden. Keine interaktiv-grafischen Möglichkeiten. 2 Anwendungen untersucht.
5. CADLAN — Integrierte und interaktive CADCAM-Software auf der Basis einer "Technik-Sprache" (CAD language), mit Hilfe derer sich das firmenspezifische Know How im System abbilden läßt. Dadurch hat der Anwender die Möglichkeit, abweichend von den Standardfunktionen die Systemeigenschaften beliebig zu gestalten. CADLAN verfügt über eine Methodenbank und eine digitale Zeichnungsablage mit Datenbank-Funktionen.
6. COMPUTER-VISION — Weltweit führendes CAD/CAM turn-key System. In unserem Fall eingesetzt in der Elektrokonstruktion. Eine Anwendung untersucht.
7. MEDUSA (CABLOS) — Interaktiv-grafisches CAD-Softwaresystem, bisher in der Regel auf PRIME-Computer implementiert. Einsatz für vorzugsweise Variantenkonstruktion. 3 Anwendungen untersucht, davon eine in der Elektrokonstruktion.

Es erscheint sinnvoll, für die untersuchten CAD-Anwendungen im Maschinenbau folgende Klassifikation vorzunehmen, die im Auswertungsteil dieses Berichtes dann immer wieder aufgenommen wird:

- Berechnungsprogramme (Nachrechnung, Auslegung),
- Zeichnungserstellungsprogramme,
- Variantenkonstruktionsprogramme.

Eine weitere Unterteilung der Variantenkonstruktionsprogramme nach Anwendungsfeld und Modus der Programmsteuerung zeigt die folgende Matrix.

Anwendung	Art der Steuerung	
	"automatisch", batchorientiert, Parametereingabe	"teilautomatisch" Dialogprogramme mit interaktiv-grafischen Möglichkeiten
Elektrokonstruktion		X
mechanische Konstruktion	X	X

Abbildung 1.1. Typen von Variantenkonstruktionsprogrammen, die untersucht wurden (x)

2 Der Innovations- und Implementationsprozeß

In diesem Kapitel werden eine Vielzahl von Einzelaspekten dargestellt, die sich auf das Innovations- und Implementationsgeschehen beziehen. Dieser umfängliche Berichtsteil ist entsprechend der zeitlichen Abfolge des Innovationsprozesses aufgebaut.

Es gibt viele Ansätze, in die der Innovations- und Implementationsprozeß theoretisch eingebettet werden kann. Anstatt solche Ansätze hier aufzugreifen, sei auf die frühere Fallstudie zu CAD (s. Bechmann u.a. 1979, insbes. S. 138-143 und 179-201) hingewiesen, in dem ein Rahmenkonzept entwickelt wurde. Ein solches Rahmenkonzept führt auf zwei wichtige Erkenntnisse hin: (a) Das von einem Unternehmen zu entwickelnde "Innovationsprogramm" steht im Spannungsfeld zwischen meist extern angebotenen technologischen Systemen und dem innerbetrieblichen Anwendungsfeld. Das Problem für das Unternehmen liegt darin, zwischen Technologie und Anwendungs-/Aufgabenfeld eine sinnvolle und praktikable Lösung zu finden. (b) Die verschiedenen Innovations- und Implementationsschritte (Innovationsprogramm, Umsetzung in Maßnahmen, Kontrolle der Wirkungen) müssen als ein iterativer Prozeß gesehen werden. Die Erkennung technologischer Möglichkeiten (z.B. ein bestimmtes CAD-Programm) kann zu einer Analyse der betrieblichen Aufgaben führen, mit der Folge, daß deren Eigenart klarer als bisher zutage tritt, so daß die Anforderungen an das technische System wieder modifiziert werden müssen, ineins mit den damit verknüpften Einsatzzielen und den zu erwartenden Effekten und Nebenfolgen. Dieses Rahmenkonzept wurde in den beiden Untersuchungsphasen 1980/81 und 1981/82 beibehalten. Insbesondere wurde für die zweite Phase die Möglichkeit genutzt, die ursprünglich formulierten Innovationsziele unter dem Gesichtspunkt ihrer Erreichbarkeit zu betrachten (vgl. Abschnitt 2.3). Die Innovationsziele wurden im Rahmen einer kurzen Nacherhebung 1984 abermals thematisiert, dieses Mal unter dem Aspekt der "faktisch eingetretenen Effekte" (vgl. Kapitel 7).

Zunächst wird in dem einleitenden Abschnitt die Entwicklung der kaufmännischen und technischen EDV dargestellt, die man als Hintergrund für die CAD-Innovation verstehen kann. In den drei darauffolgenden Abschnitten werden die Anstöße, Ziele und Entscheidungsprozesse geschildert, die mit CAD in den von uns untersuchten Unternehmen zusammenhängen. Insbesondere mit den Entscheidungen ist ein gewisser Rahmen abgesteckt für die nachfolgenden Schritte. Aspekte des Einführungsprozesses werden in dem dann folgenden Abschnitt diskutiert. Dabei geht dieser Abschnitt auf die mehr organisatorischen und sozialen Fragen der Einführung ein (z.B. die Informationspolitik, Schulungsmaßnahmen, Konflikte mit verschiedenen Unternehmensgruppen usw.), während im nächsten Abschnitt die Erstanwendung dargestellt wird, also der Bereich, der für die Erstanwendung von CAD ausgewählt wird, als auch die Anwender, die als Erstbenutzer die ersten Erfahrungen sammeln. Ein Abschnitt über den Stand der CAD-Anwendungen und die weiteren Planungen (sc. zum Zeitpunkt unserer Untersuchung) schließt dieses Kapitel ab.

Die im nächsten Kapitel dargestellte Problematik der Wirtschaftlichkeit von CAD-Systemen hätte selbstverständlich auch in dem Rahmen dieses Innovationsteils Platz gehabt, wurde aber gesondert herausgestellt, weil die Wirtschaftlichkeit als Ziel, Entscheidungsgrund und Bewertungskriterium des Einsatzerfolges eine besondere Rolle spielt.

2.1 Entwicklung der kaufmännischen und technischen EDV

Die Nachfrage nach EDV-Anlagen wurde in den 60er Jahren zu einem regelrechten Boom, der nicht nur durch Erstkäufe gekennzeichnet war, sondern in erheblichem Maß auch durch Folgeinvestitionen. Charakteristisch war, daß nach meist sehr kurzer Zeit die Anforderungen an die EDV in den Unternehmen wuchsen, und entsprechend wurden auch die EDV-Anlagen aufgestockt. Im Laufe der Zeit schälten sich in den Unternehmen eigenständige EDV-Abteilungen heraus, die aus verschiedenen Gründen zu wichtigen Abteilungen avancierten. Zum einen wurden die Leistungen, die die EDV-Abteilung anbot, immer größer, zum anderen wurde die EDV für andere im Unternehmen - oft auch für die Vorstandschaft - zur "Black-Box". Sicherlich spielte bei der Einrichtung eigener Abteilungen auch der Wunsch eine wesentliche Rolle, über Spezialisten zu verfügen, die ausschließlich für Auswahl, Anpassung, Wartung oder Weiterentwicklung von EDV-Geräten und -Programmen zuständig sind. Dem häufig euphorischen Einstieg in die EDV folgte nämlich in vielen Firmen eine Phase der Ernüchterung, in der sie erkennen mußten, daß sie in ihrer Auswahl auf das falsche Pferd gesetzt hatten (Stichworte: Ausbaubarkeit, Kompatibilität der Hardware/Software, Betriebssysteme und Anwendungsprogramme).

2.1.1 Die technische EDV in den untersuchten Unternehmen

Die technische EDV umfaßt im wesentlichen drei größere Bereiche:

a) CAD-Anwendungen,
b) NC-Programmierung,
c) Arbeitsvorbereitung, Arbeitsplanerstellung, Stücklisten.

Zu den CAD-Anwendungen zählen sowohl die Berechnungen als auch die Grafikanwendungen in der Form kleinerer Inselprogramme und größerer interaktiver (Varianten-) Konstruktionsprogramme. Sind diese Bereiche und auch die NC-Programmierung noch recht eindeutig in die technische EDV einzuordnen, entstehen bei den Aktivitäten in der Arbeitsvorbereitung und auch in der Angebots- oder Offertabteilung des öfteren Zuordnungsprobleme. In mehreren Fällen lief zunächst etwa die Stücklistenverwaltung im Bereich der kommerziellen EDV mit (N, E, D), in einigen Unternehmen denkt man aber daran, diese Aktivitäten der technischen EDV zuzuschlagen (N, D). Eine ähnliche Zwitterstellung nimmt die Angebotserstellung ein. Die Regel ist, daß die Unternehmen eigene Angebotsabteilungen haben, allerdings erfolgt die Angebotserstellung unterschiedlich. Im Unternehmen F etwa wird für ein Angebot die Entwurfskonstruktion rechnergestützt in der Abteilung Produktkonstruktion angefertigt; Kundenkontakte werden von eigenen Vertriebsingenieuren wahrgenommen, der fachliche Teil der Angebotskonstruktion bleibt jedoch im technischen Bereich der Unternehmung. In Unternehmen N ist geplant, der Offertabteilung einen eigenen Rechnerzugriff zum technischen Bereich zu ermöglichen, um die Angebotskalkulation zu erstellen. Derzeit zählen diese Aktivitäten noch voll zum kaufmännischen Bereich der Firma. In absehbarer Zeit wird man sich aber wohl nicht nur dort Gedanken über die Zuordnung dieser Abteilungen machen müssen.

Die allgemeine Softwaresituation war nur am Rande Gegenstand der Untersuchung. Tendenziell läßt sich aber feststellen, daß die Aufgabengebiete in zwei Richtungen erweitert werden. Neben den schon (fast) klassischen Bereichen wie Lohn- und Jahresabrechnung, Finanzbuchhaltung oder Stücklistenverwaltung werden auf der einen Seite zunehmend solche Tätigkeiten integriert, die mehr in die Fertigungsbereiche der Unternehmen hineinzielen, wie etwa Arbeitsvorbereitung mit Netzplantechnik (Termin und Kapazitätsplanung) oder Betriebsdatenerfassung. Die andere Stoßrichtung geht in den kaufmännischen Bereich, wo verstärkt die Angebotsabteilung eine Rechnerunterstützung erfahren soll (N, F). Mit diesen Tätigkeiten entwickelt sich die kaufmännische EDV immer mehr zu einem (Planungs)-Instrument im dispositiven Bereich, im Gegensatz zu den Anfängen, als hauptsächlich die Nachrechnung im Vordergrund der EDV-Aktivitäten stand. An dieser Stelle wird auch die Verknüpfung zur technischen EDV deutlich. Eine Angebotskalkulation ist darauf angewiesen, in möglichst kurzer Zeit möglichst detaillierte Unterlagen zur Verfügung zu haben, woraus sich die Forderung nach einer effektiven Verbindung zwischen der Konstruktions-/Entwicklungsabteilung und der Angebotsabteilung ableiten läßt. Konkret gehen die Überlegungen dahin, daß etwa die Offertabteilung auf Teilergebnisse der Konstruktion (Stücklisten, Bestellisten etc.) mittels Rechner zugreifen kann (Beispiel: N), um eine Angebotskalkulation durchzuführen.

2.1.2 Hardwareausstattung bei technischer EDV/CAD

Betrachtet man zunächst die Möglichkeiten der Grundkonzeption bei CAD-Systemen, so fallen zwei Alternativen ins Auge, die auch die Hardware-Konfiguration mitbestimmen:

1. Turn-Key-Systeme
2. "frei" konfigurierbare Systeme.

Bei der Einführung von CAD stellt sich für jedes Unternehmen das Problem, ob die CAD-Software auf den vorhandenen Rechnern installiert werden soll, oder ob für CAD nicht doch ein eigener Rechner beschaffen werden soll.

Wie Tabelle 2.1. zeigt, verfügen nur vier Unternehmen über einen Rechner, der hauptsächlich für die CAD-Bearbeitung vorgesehen ist.

Darunter sind zwei kleinere Anwendungen mit DEC- bzw. HP-Minirechnern, nur Unternehmen G und I haben größere eigenständige "CAD-Rechner" installiert, darunter ein Turn-Key-System und ein frei konfigurierbares System. Bis auf zwei Unternehmen haben aber alle einen oder mehrere separate Rechner für technische Aufgaben einschließlich CAD. Allerdings müssen E und G bei bestimmten Arbeiten auf den kommerziellen Rechner zurückgreifen (etwa FEM-Berechnungen bei E). Eher eine Ausnahme stellt die Entscheidung dar, die CAD-Software auf dem vorhandenen Großrechner zu installieren. Dies geschah in den Unternehmen E und G für FEM-Programme, bei B und C für kleinere grafische Anwendungen und nur in F für ein interaktiv-grafisches CAD-System.

Tabelle 2.1. Art der Rechnerbenutzung für Bearbeitung der CAD-Aufgaben

Art der Rechnerbenutzung	vorgefunden in Unternehmen
Rechner für technische Anwendungen, einschließlich CAD	A, D, E, G, H, I, J, K, L, N
Eigener Rechner für CAD-Anwendungen	G, H, I, J
Mitbenutzung des kommerziellen Rechners	B, C, E, G, F

Als Rechner werden für die technische EDV neben den Produkten von Siemens und IBM, auf die als zentraler Großrechner zugegriffen werden kann, als spezielle dezentrale "Kleinrechner" vornehmlich Produkte anderer Hersteller eingesetzt, allen voran PRIME und DEC. Daneben sind Produkte von HP, Data General und Wang vertreten. Für diesen Bereich werden Rechner gewünscht, die als Kleinrechner eine 32 bit-"Architektur" haben, über ein virtuelles Speichersystem verfügen und Dialogbetrieb ermöglichen. Außerdem soll der Anschluß der benötigten Peripheriegeräte leicht möglich sein. Ein weiteres wichtiges Kriterium ist die Ausbaufähigkeit, die Aufwärtskompatibilität verlangt. Ein Beispiel soll die Notwendigkeit verdeutlichen.

Ein Unternehmen begann 1979 mit der Installation eines Rechners, der vornehmlich für CAD gedacht war und mit einer Speichergröße von 128 KB[1]) ausgestattet war. In 1980 war eine Verdopplung des Hauptspei-

[1]) KB = Kilobyte; 1 KB = 1024 Byte.

chers auf 256 KB notwendig, 1981 folgte wiederum eine Verdoppelung auf 0,5 MB[1]). Die in 1982 vorgenommene Aufstockung auf 1 MB reichte zum Zeitpunkt des Gespräches auch nur noch bedingt aus, so daß an eine weitere Vergrößerung gedacht war. Diese "Aufwärtsentwicklung" war im vorliegenden Fall mit relativ geringen Kosten und vergleichbar wenig Aufwand möglich!

2.2 Anstöße zur Einführung von CAD

2.2.1 Die Bedeutung der Anstöße zur CAD-Einführung

CAD gehört im Maschinenbau noch nicht zur selbstverständlichen Ausstattung des Konstruktionsbüros. Ein Grund liegt darin, daß viele betriebliche Innovatoren und insbesondere die Konstruktionsleitungen noch nicht von der Anwendungsreife von CAD überzeugt sind. Um die erforderliche Reife zu erzielen, müssen betriebliche Erfahrungen in die Weiterentwicklung von CAD eingearbeitet werden. Da diese Erfahrungen nur in einem längeren Prozeß zu gewinnen sind, ist die Weiterentwicklung anwendungsreifer Systeme und damit die Diffusion von CAD langsamer als nach landläufiger Meinung zu erwarten wäre.

In den untersuchten Unternehmen kamen die Hauptimpulse zur Auseinandersetzung mit CAD denn auch nicht aus den Konstruktionsabteilungen, sondern häufiger aus Fachabteilungen für technische Berechnung. Und hier spielten vor allem solche Mitarbeiter eine wichtige Rolle, die bereits während des Studiums mit CAD zu tun gehabt hatten. In einer Reihe von Fällen führten enge Bindungen zu Hochschulen dazu, daß Unternehmen die Rolle des Pionieranwenders von CAD-Programmen übernahmen.

Durch die ersten Anstöße zur Beschäftigung mit CAD werden bestimmte Erwartungen erzeugt und erste Impulse für die Aufnahme der Innovationsvorhaben gesetzt.

---

[1]) MB = Megabyte; 1 MB = 1024 KB.

2.2.2 Interne Anstöße

Das Promotorenmodell von Witte (1972) zählt Bedingungen auf, die für die Durchsetzung von Innovationen in Unternehmen erforderlich sind. Die dafür notwendige Konstellation wird bezeichnet als Promotorengespann, bestehend aus "Fachpromotoren", die sich durch fachliches Wissen auszeichnen, und "Machtpromotoren", die die erforderliche Macht besitzen, um die Innovation im Unternehmen durchzusetzen. Die beiden Faktoren können selbstverständlich in einer Person vereinigt sein, obwohl dies eher die Ausnahme darstellen dürfte.

Dieses Modell läßt sich auf CAD nicht undifferenziert anwenden, da beispielsweise bezüglich der Art des Fachwissens differenziert werden müßte. Es hat wenig Sinn, eine datenverarbeitungstechnisch elegante Lösung zu finden, die den Bedürfnissen der Konstruktionsabteilung nicht gerecht wird. In Hinblick auf die Machtkomponente ist es auch nicht so, daß ein hinreichend hoch in der Unternehmenshierarchie angesiedelter Promotor einer Technologie einen hierarchisch zwar niedriger angesiedelten, aber dennoch für das Funktionieren des Unternehmens wichtigen Stelleninhaber, wie beispielsweise den Konstruktionsleiter beliebig überstimmen kann. Trotz dieser Einwände läßt sich das Modell von Witte für die Differenzierung der beiden Faktoren Macht und Fachwissen verwenden.

In drei Fällen (I, K, N) gingen die wesentlichen Impulse zur CAD-Einführung von einem Angehörigen der Geschäftsleitung aus. Zwar hat eine

Tabelle 2.2. Interne Anstöße zur Beschäftigung mit CAD (n=11)

	Mitarbeiter in genannten Bereichen gaben wesentliche Anstöße für CAD in folgenden Fällen	Aus genannten Bereichen kam Unterstützung für CAD-Vorhaben in folgenden Fällen
Vorstand, Geschäftsführung bzw. Mitglied der Geschäftsführung	I, K, N	C, D, F
Ein der Geschäftsführung unterstellter Mitarbeiter	L, C, F	
Leiter der Konstruktion bzw. Stellvertreter	D, G, H, N	
Leiter der Technischen Berechnung o.ä.	A, B, I	

derartige Situation für CAD den günstigen Effekt, daß finanzielle und organisatorische Rahmenbedingungen für die Einführung geschaffen werden, auch die Autorität des Förderers kommt der Einführung zugute, doch kann diese Situation auch Nachteile für CAD haben:

- Es besteht die Gefahr, daß der Machtpromotor Erwartungen an CAD richtet, die durch Demonstrationen auf Fachmessen erzeugt wurden. Im Anwenderunternehmen herrschen jedoch andere Randbedingungen vor, so daß die Leistungen von Demonstrationen im Praxisfall nicht reproduziert werden können (so in K).
- Den wenigsten Führungskräften sind die Einzelheiten der im Unternehmen eingesetzten Konstruktions- und Produktionsverfahren bekannt, so daß die Gefahr der Unvereinbarkeit der Verfahren mit CAD-Programmen real ist. Mögliche Folgen sind Akzeptanzprobleme oder zumindest vorübergehend der ineffektive Einsatz.

Diese Gefahren lassen sich bis zu einem gewissen Grade vermeiden, wenn sich der "Machtpromotor" rechtzeitig die Mitarbeit fachlich qualifizierter Unternehmensangehöriger zur Erstellung und Umsetzung der CAD-Konzeption sichert. In einigen Fällen spielten Abteilungsleiter oder Hauptabteilungsleiter eine wichtige Rolle bei der Beschäftigung der Unternehmen mit CAD (z.B. A, H, J). Handelt es sich (wie in H) um den Konstruktionsleiter, ist dies natürlich eine günstige Voraussetzung für den Erfolg der Innovation.

Um zu verdeutlichen, daß allein das Vorhandensein von Fach- und Machtpromotor nicht ausreicht, sei auf ein Beispiel verwiesen. Hier (in Unternehmen D) gingen wichtige Impulse für die Beschäftigung mit CAD von einem früheren Stellvertreter des Konstruktionsleiters aus, der auch die Unterstützung der Geschäftsführung hatte. Der Konstruktionsleiter hatte aber Bedenken, die zur Verzögerung der CAD-Einführung führten.

Probleme dieser Art können verstärkt entstehen, wenn die wesentlichen Impulse von einem konstruktionsfremden Bereich, etwa der EDV-Abteilung ausgehen. Darauf wird im Rahmen des Abschnitts 2.5.9 eingegangen.

2.2.3 Externe Anstöße und Informationsquellen zu CAD

Von einem rein externen Anstoß zu CAD kann man sprechen, wenn Angehörige eines Unternehmens von einer Quelle außerhalb des Unternehmens darauf aufmerksam gemacht wurden, daß CAD für das Unternehmen eine sinnvolle Innovation sein könnte. Eine derartige Situation gab es lediglich bei der Einführung von Finite-Elemente-Methoden in einem Unternehmen zu einer Zeit, da der Einsatz dieser Methoden für Probleme des Maschinenbaus sehr selten war. In den übrigen Unternehmen waren externe Stellen häufig eine wichtige zusätzliche Informationsquelle zu CAD. Die entscheidenden Impulse für die Einführung gingen jedoch von Stellen innerhalb des Unternehmens aus.

Die wichtigsten externen Quellen für Anstöße zur Beschäftigung mit CAD waren die Universitäten, zu denen oft langjährige Kontakte der Unternehmen bestanden. Neue Mitarbeiter, die an der Entwicklung von CAD-Software beteiligt waren oder zumindest erste Erfahrungen mit CAD-Anwendungen gewonnen hatten, kamen häufig direkt von diesen Hochschulen. Die von den Hochschulen entwickelten CAD-Programme stellten denn auch für eine Reihe von Unternehmen den ersten Einstieg in die CAD-Technologie dar. Die Bedeutung der Universitäten als Quelle für Anstöße zur Auseinandersetzung mit CAD dürfte jedoch abnehmen, da sie nicht mehr eine überragende Rolle bei der CAD-Entwicklung für kommerzielle Anwendungen spielen. Im übrigen wurde auch der Vertrieb der in die Hauptuntersuchung aufgenommenen und von Universitäten entwickelten CAD-Programme inzwischen kommerzialisiert.

Tabelle 2.3. Externe Anstöße für die Beschäftigung mit CAD

Informationsquelle	Anzahl der Nennungen+
Universitäten	5
EDV-Firmen	2
Seminare, Messen, Arbeitskreise	4
Kunden	1

+Mehrfachnennung war möglich; Anzahl aller Nennungen zu dieser Frage n=9

Eine weitere wichtige Informationsquelle zu CAD waren Fachtagungen und Seminare. Sie haben den Vorteil, in konzentrierter Form eine Vielzahl von Informationen zu bieten. Sie setzen seitens der Teilnehmer als Konsumenten der Informationen keinen besonderen Arbeitsaufwand voraus, bieten andererseits keine fertigen Lösungen für die CAD-Probleme der Unternehmen. Ein Hauptnutzen dürfte in der Vermittlung von Kontakten liegen.

Fachzeitschriften und Fachliteratur stellen potentiell eine reichhaltige Informationsquelle zu CAD dar, doch setzt ihre systematische Ausschöpfung einen ungleich höheren Aufwand der Unternehmen voraus als etwa die Teilnahme an einem Seminar oder einer Präsentation.

Erfolgreiche CAD-Anwendungen in anderen Unternehmen könnten als Beispiele zur Nachahmung anregen. Häufig ist es jedoch so, daß nur Anwendungen aus der eigenen Branche oder gar aus dem eigenen Fachzweig als auf den eigenen Betrieb übertragbar anerkannt werden. Dabei kann von der Vergleichbarkeit der Produkte nur sehr bedingt auf die Übertragbarkeit von CAD-Lösungen geschlossen werden. Von größerer Tragweite dürften Faktoren sein wie die Qualifikation der Benutzer, die Benutzungshäufigkeit, die Häufigkeit der bearbeitbaren Fragestellungen, organisatorischer Aufbau und Arbeitsteilung bei der Konstruktionsarbeit usw. Es empfiehlt sich für Unternehmen, den Blick nicht auf ihren eigenen Fachbereich einzuengen, sondern darüber hinauszublicken, um die kritischen Faktoren bei einer CAD-Einführung zu erkennen. Eine recht ergiebige Informationsquelle in dieser Hinsicht dürften Benutzergruppen für Anwender von gleichen Programmen oder Systemen sein. Gute Erfahrungen wurden offenbar hiermit in den USA von Benutzern des Systems von COMPUTERVISION gemacht (vgl. dazu etwa Delvac 1982).

2.2.4 Folgerungen

Nach den vorliegenden Ergebnissen sind interne Quellen für die Auseinandersetzung mit CAD vorherrschend. Dies liegt vermutlich am frühen Zeitpunkt der ersten Beschäftigung in den Unternehmen: Die kommerziellen Vertreiber, die durch Werbung oder Demonstrationen externe Anstöße geben, gab es noch nicht. Zudem können Unternehmensangehörige besser als Außenstehende beurteilen, ob CAD als Prozeßinnovation eine sinnvolle Investition darstellt oder nicht. Die erste Anregung im Unternehmen löst ein mehr oder weniger intensives Nachdenken aus.

Allerdings waren, wie in späteren Kapiteln noch gezeigt wird, technologische Gesichtspunkte und Rationalisierungsziele in diesem Reflexionsprozeß vorherrschend. Die augenscheinlich erfolgreichsten Anwendungen waren denn auch diejenigen, bei denen es gelang, die Konstruktionsleitungen aktiv am Innovationsgeschehen zu beteiligen. In Zukunft werden vermutlich Anbieter von CADCAM-Systemen in diesem Prozeß der Stimulierung einer Auseinandersetzung mit CAD als Innovationspotential eine größere Rolle spielen. Auch Einrichtungen, in denen man Demonstrationen von CAD-Programmen ansehen und eigene Probeanwendungen durchführen kann (z.B. das CADCAM-Labor des Kernforschungszentrums Karlsruhe), stellen eine wichtige Ergänzung dar.

2.3 Innovationsziele zu CAD

2.3.1 Innovationsziele und Erreichbarkeit

Mit der zweiten Phase der Hauptuntersuchung ergab sich zum ersten Mal die Möglichkeit, die ursprünglich für den CAD-Einsatz in den Unternehmen formulierten Innovationsziele unter dem Aspekt der Erreichbarkeit zu prüfen. Es liegt nahe, zum einen CAD bloß als technisches Mittel zu sehen, welches nach Maßgabe artikulierter Ziele eingesetzt würde, zum anderen die "Erreichbarkeit" als empirischen Test auf den Realitätsgehalt der Ziele aufzufassen. Beide Sichtweisen sind im Lichte der Ergebnisse zu relativieren. Die Vermittlung geschieht nicht ohne Brüche.

Die Sichtweise, CAD sei ausschließlich ein Mittel, mit dem bestimmte Ziele umgesetzt werden, hat - wie früher dargelegt (Wingert u.a. 1981) - nur mit Einschränkung Gültigkeit. Die wesentlichen Einwände gegen ein derartiges Modell sind:

a) CAD ist aufgrund des Systemcharakters nur schwer eingrenzbar.

b) Die Einführung von CAD ist lediglich ein Teil eines Prozesses der Organisationsveränderung, bei dem es im Extremfall um den Bestand des Unternehmens gehen kann. Derartige Betriebsziele können nicht mehr im Rahmen eines einfachen Ziel-Mittel-Modells interpretiert werden.

c) Das Ziel-Mittel-Modell wird häufig für Ziele angewendet, deren Erreichbarkeit außer Frage steht. Der Ausgang des mit CAD verbundenen Innovationsgeschehens ist jedoch prinzipiell offen.

Ziele stellen nur zum Teil Einschätzversuche für Erreichbarkeit dar. Sie sind auch das Ergebnis innerbetrieblicher Abstimmungsprozesse, so daß sie teilweise Rechtfertigungscharakter haben und sich in vorhandene Unternehmensideologien einordnen lassen ("technologischer Fortschritt", "Wirtschaftlichkeit"). Es gibt eine Reihe von Gründen, weshalb Ziele, die in diesem Abstimmungsprozeß eine mehr oder minder bedeutende Rolle gespielt haben, nicht erreicht werden können:

- Einzelne Ziele können sich als unvereinbar miteinander herausstellen (z.B. "Senkung der Kosten in der Konstruktion" mit "Verbesserung der Arbeitsbedingungen in der Konstruktion").
- Manche Ziele fungieren im Entscheidungsprozeß mehr als Rechtfertigungen denn als Handlungsentwürfe für zukünftige Maßnahmen. Werden solche Ziele nicht erreicht, obwohl sich die Innovation durchsetzt, werden sie gewöhnlich "totgeschwiegen".

  Erweist sich die Innovation jedoch insgesamt als Fehlschlag, werden derartige Ziele bei der Endabrechnung mit ins Feld geführt (das Ziel des Wirtschaftlichkeitsnachweises innerhalb einer bestimmten Frist fällt typischerweise in diese Kategorie).
- Andere Ziele sind unwichtig für Innovationsentscheidungen, lassen sich aber durchaus mit der Innovation erreichen ("Mitnehmereffekt"). Beispiele hierfür sind die Ziele, die auf eine bessere Kontrolle des Arbeitsablaufs hinauslaufen.
- Denkbar ist auch, daß es innerhalb eines Unternehmens über einzelne Ziele unter den Entscheidungsbeteiligten Dissens gibt (z.B. ob CAD zur Verbesserung der Entscheidungsbasis in der Konstruktion beitragen kann).

Wenn auch diese kurze Analyse bereits zeigt, daß die Wichtigkeit eines Innovationszieles im Entscheidungskontext nicht gleichbedeutend ist mit der Anstrengung, dieses Ziel auch zu erreichen, so darf auf der anderen Seite nicht angenommen werden, eine Rangreihe von Zielen sei nur Ausdruck von machtpolitischen oder sonstigen Umständen, auf die der einzelne Befragte Rücksicht nehmen muß. Ziele wären in dieser Sicht nichts weiter als eine Art von Rhetorik. Die soziologische Analyse darf deshalb bei allem Eifer, mit der Interesseneinflüsse und ideologische Überformungen von Zielen aufzudecken sind, das Faktum, daß entschieden und nach Maßgabe konsentierter Ziele gehandelt werden muß, nicht übersehen. Deshalb ist die Frage nach der Erreichbarkeit der Ziele keineswegs überflüssig, auch wenn der Interpretationsspielraum bei der Frage, ob ein bestimmtes Ziel erreicht wurde oder nicht, manchmal groß ist.

Fast alle Befragten hatten zum Zeitpunkt der zweiten Phase der Untersuchung gewisse Erfahrungen mit CAD gesammelt, sei es als Verantwortlicher für die Einführung, als Leiter der Abteilung, in der die Anwendung stattfindet, oder als Benutzer. Andererseits lief kaum eine Anwendung so lange, daß man annehmen konnte, sämtliche Veränderungen wären bereits eingetreten (eine Ausnahme ist vielleicht die FEM-Anwendung in Unternehmen E). Die Interviewpartner wurden also gebeten, auf dem Hintergrund realer Erfahrungen eine Einschätzung der Erreichbarkeit der vorgegebenen Ziele abzugeben. Damit wurden folgende Absichten verknüpft:

- Die Einschätzungen der Erreichbarkeit der Ziele sollten Hinweise auf Auswirkungen und praktische Schwierigkeiten im Verlauf der Implementation geben.
- Die angestrebten Ziele sollten - soweit vertretbar - mit den tatsächlichen Veränderungen verglichen werden.
- Ein Vergleich zwischen den vom Management vertretenen Zielen mit den sich auf der Mitarbeiterebene einstellenden Effekten sollte ermöglicht werden. Darüber hinaus geht es um einen Vergleich dieser übergeordneten Ziele mit denen, die von untergeordneten Stellen verfolgt werden, und die möglicherweise "realistischer" sind.

Gegenüber der ersten Phase der Hauptstudie wurde für die zweite Runde die Liste der möglichen Ziele nur geringfügig geändert (s. Abbildung 2.1). So fehlten in der ersten Phase bei den Kosten die Items "Senkung der Fertigungskosten" und "Senkung der Personalkosten in der Arbeitsvorbereitung". Bei der Rubrik "Qualität" fehlte die Aussage "Erhöhung der Qualität der Produkte". Das Item "Ausnutzen der staatlichen Förderung" wurde in der zweiten Phase nicht aufgenommen, ebenso die "Verwertung einer Entwicklung aus dem Konzern" (siehe bei Beschaffungsmarkt).

Ausgefüllte Innovationslisten liegen für die 12 Anwenderunternehmen vor, wobei in manchen nicht alle Gesprächspartner solche Listen bearbeiteten. Die statistische Basis für die Abbildung 2.1 sind:

- 12 Listen aus der Hauptstudie zur "Wichtigkeit" der Ziele, von den CAD-Experten;

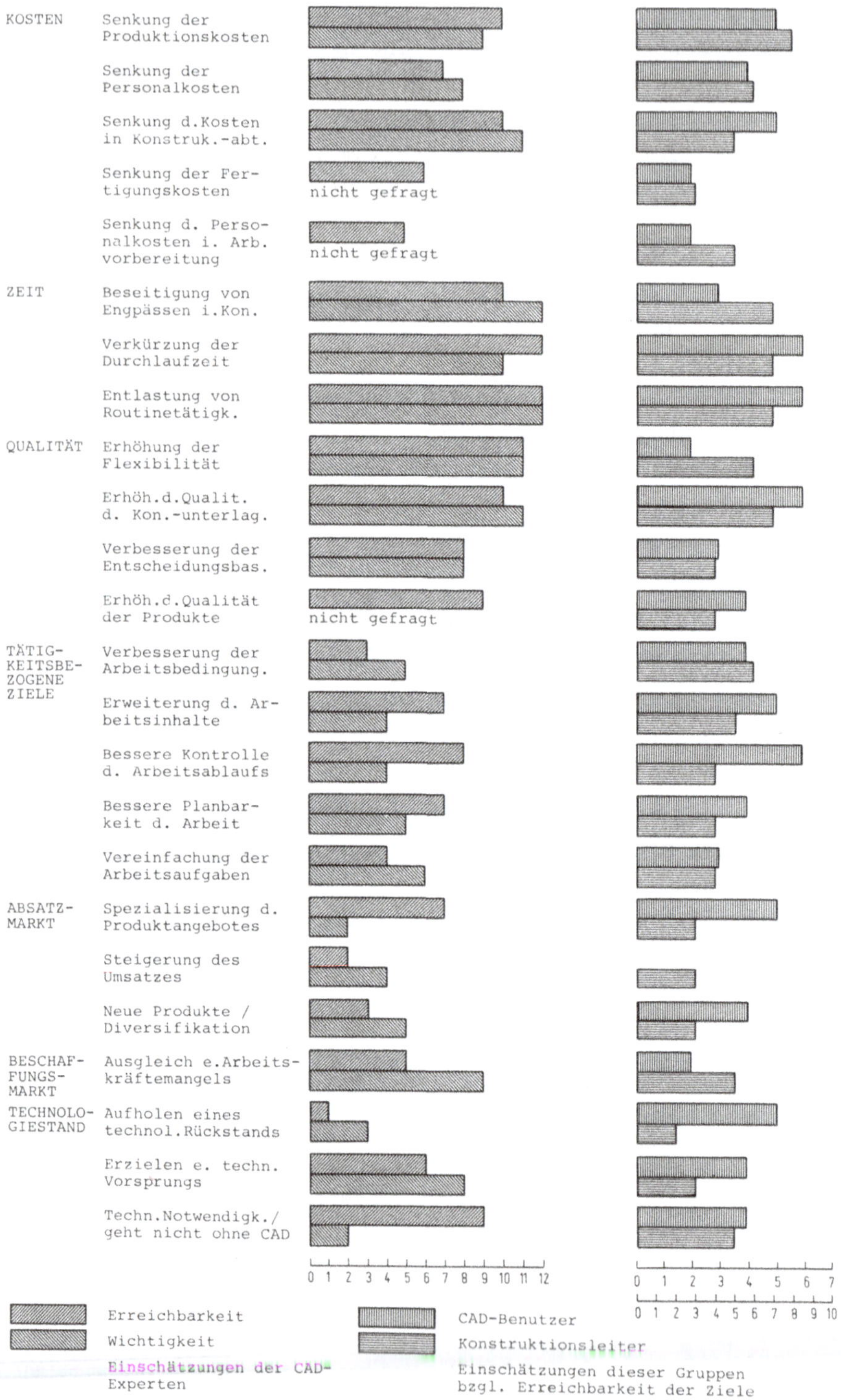

Abbildung 2.1. Einschätzung der Innovationsziele nach Wichtigkeit und Erreichbarkeit

- 12 Listen aus der zweiten Phase zur "Erreichbarkeit" der ausgesagten Effekte, von den CAD-Experten;
- 10 Listen zur "Erreichbarkeit" von den Konstruktionsleitern, zweite Phase der Hauptstudie und
- 7 Listen zur "Erreichbarkeit" von den CAD-Benutzern.

Die Einstufungen erfolgten jeweils auf einer vierstufigen Skala, mit der zusätzlichen Möglichkeit, ein Ziel als "nicht bedacht", "nicht anwendbar", "irrelevant" einzuordnen. Für die nachfolgende Auswertung wurde die Skala jeweils halbiert, d.h. lediglich die Nennungen für "wichtig" oder "erreichbar" werden betrachtet.

Abbildung 2.1. gibt eine Übersicht über die jeweiligen Anteile der Befragtengruppen, die ein Ziel für "wichtig" oder "erreichbar" hielten. Die Ziele wurden zu 7 thematischen Gruppen zusammengefaßt. Die Auswertung erfolgt besonders unter nachstehenden Gesichtspunkten:

- Vergleich der Ziele in bezug auf Wichtigkeit und Erreichbarkeit;
- Aufzeigen von auffälligen Unterschieden zwischen den Befragtengruppen;
- Aufdecken von programmspezifischen Abweichungen.

2.3.2 Gruppenbezogene Auswertung der Ziele zu CAD

a) Vergleich Wichtigkeit und Erreichbarkeit beim CAD-Experten

Insgesamt verhalten sich die CAD-Experten konsistent in bezug auf ihre Einstufungen zur Wichtigkeit und zur Erreichbarkeit. Die größten Differenzen gibt es bei der Gruppe der tätigkeitsbezogenen Ziele. Die Wichtigkeit der Ziele "Erweiterung des Arbeitsinhaltes", "Bessere Kontrolle des Arbeitsablaufes" und "Bessere Planbarkeit der Arbeit" tritt deutlich hinter deren Erreichbarkeit zurück. Ähnliches gilt für die Ziele "Spezialisierung des Produktangebots" und "Technische Notwendigkeit, geht nicht ohne CAD". Umgekehrt rangiert die Wichtigkeit des Zieles "Ausgleich eines Arbeitskräftemangels" deutlich vor der Erreichbarkeit nach Meinung der CAD-Experten. Insgesamt ergibt sich damit, daß sehr wichtige Ziele auch für erreichbar gehalten werden.

b) Vergleich zwischen CAD-Experten und Konstruktionsleitern

Insgesamt sind die Konstruktionsleiter bezüglich der Einschätzung der Erreichbarkeit der vorgegebenen Ziele zurückhaltender als die CAD-Experten. Für diesen Befund bieten sich als Interpretationen an:

- Die Konstruktionsleiter werden weniger als die CAD-Experten mit der Innovation identifiziert und identifizieren sich selbst weniger mit ihr. Sie sind denn auch nicht so stark verpflichtet, an die Realisierbarkeit von Zielen zu glauben.
- Die Konstruktionsleiter sind besser als die CAD-Experten in der Lage, die bereits eingetretenen Effekte in der Konstruktion zu beurteilen.
- Die Konstruktionsleiter sind in bezug auf die Beurteilung der Auswirkungen von Technologien generell "konservativer" als die CAD-Experten. Sie orientieren sich weniger an "Technikideologien" als am Sachzwang der täglichen Geschäfte.

Abgesehen von der generellen Tendenz in Richtung auf eine geringere Einschätzung der Realisierungschancen, weichen die Konstruktionsleiter noch wie folgt von den CAD-Experten ab:

- Nur die Hälfte der Konstruktionsleiter meint, CAD könne zu einer Senkung der Kosten in der Konstruktionsabteilung beitragen, während die CAD-Experten dieses Ziel mit deutlicher Mehrheit für sowohl wichtig als auch erreichbar halten.
- Eine Minderheit der Konstruktionsleiter hält die Ziele "Verbesserung der Entscheidungsbasis" und "Erhöhung der Qualität der Produkte" für erreichbar. Bei den CAD-Experten ist jeweils die Mehrheit der Meinung, daß diese Ziele erreichbar seien.
- Im Gegensatz zu den CAD-Experten hält eine Mehrheit der Konstruktionsleiter eine Verbesserung der Arbeitsbedingungen in der Konstruktionsabteilung durch CAD für denkbar.
- Die von den CAD-Experten bezüglich Wichtigkeit und Erreichbarkeit widersprüchlich eingestuften Ziele "Bessere Kontrolle des Arbeitsablaufs" und "Bessere Planbarkeit der Arbeit" stufen die Konstruktionsleiter mehrheitlich als "nicht erreichbar" ein.
- Bezüglich der Erreichbarkeit des Ziels "Ausgleich eines Arbeitskräftemangels" durch CAD, das häufig als wichtig für die Innovationsentscheidung bezeichnet wurde, sind die Konstruktionsleiter am zuversichtlichsten. Aber auch von ihnen hält nur die Hälfte dieses Ziel für erreichbar.

c) Vergleich zwischen CAD-Experten und CAD-Benutzern

Im Gegensatz zu den Konstruktionsleitern sind die CAD-Benutzer in ihren Einschätzungen nicht generell "konservativer" als die CAD-Experten. Dafür gibt es unter den CAD-Benutzern eine größere Homogenität der Einstufungen in bezug auf abweichend beurteilte Ziele wie "Erhöhung der Flexibilität", das von den CAD-Experten in bezug auf Wichtigkeit und Realisierbarkeit mit großer Mehrheit bejaht wird, während die große Mehrheit der Benutzer das Ziel nicht als "erreichbar" einstuft. Ähnliches gilt für die Eignung von CAD für die Steigerung des Umsatzes des Unternehmens, die von keinem der CAD-Benutzer bejaht wird. Dagegen hält es eine Mehrheit der CAD-Benutzer für denkbar, einen technologischen Rückstand gegenüber der Konkurrenz aufzuholen. Diese zuletzt genannten Einstufungen stehen im Gegensatz zu Einstellungen, die in manchen Unternehmen vorhanden waren und die Antworten der CAD-Experten prägten: "Jede Investition muß zu einer Steigerung des Umsatzes beitragen" und "Das Unternehmen ist technologisch führend". Die CAD-Benutzer sind diesen Ideologien dagegen nicht verpflichtet.

Die große Mehrheit der Benutzer hielt auch das Ziel "Kontrolle des Arbeitsablaufs" für erreichbar, was aber weniger auf die aktuelle Situation als auf Befürchtungen hinweist.

d) Vergleich zwischen Konstruktionsleitern und CAD-Benutzern

Größere Unterschiede bezüglich der Erreichbarkeit von Zielen zwischen Konstruktionsleitern und CAD-Benutzern gab es bei folgenden Zielen:

- "Erhöhung der Flexibilität": Eine Minderheit der CAD-Benutzer teilt die Auffassung der Mehrheit der Konstruktionsleiter, daß dieses Ziel erreichbar sei.
- Die Mehrheit der CAD-Benutzer hält eine Kontrolle des Arbeitsablaufs durch CAD für erreichbar, was die Mehrheit der Konstruktionsleiter verneint.
- Mehr CAD-Benutzer als Konstruktionsleiter sind der Meinung, daß man mit CAD eine Spezialisierung des Produktangebots erzielen könne.
- Der Auffassung, daß CAD zu einer Umsatzsteigerung beitragen könne, ist kein CAD-Benutzer, während immerhin eine Minderheit der Konstruktionsleiter dieses Ziel für erreichbar hält.

e) Betrachtung der Einzelziele

Auswirkungen auf die Kosten werden den Kommentaren nach erst nach Realisierung der von vielen Unternehmen angestrebten NC-Kopplung erwartet: fünf Befragte machten spontan Kommentare mit diesem Inhalt. Im übrigen scheint es einen Druck zu geben, mit CAD auch wirklich Kosteneffekte zu erzielen: Ein Konstruktionsleiter merkte an, daß die Produktionskosten sinken müßten, weil die ganze Sache im anderen Falle umsonst gewesen sei. Und ein CAD-Experte bemerkte, die Personalkosten müßten geringer werden, sonst gäbe es "einen auf den Deckel". Daß die Senkung der Personalkosten nicht einer Senkung der Gesamtkosten gleichzusetzen sei, hoben zwei Interviewpartner hervor. Einer drückte dies drastisch so aus: "Die werden vom Computer gefressen".

Bei den zeitbezogenen Zielen gibt es eine weitgehende Einigkeit, daß diese erreichbar seien. Lediglich bezüglich des Ziels "Beseitigung von Engpässen in der Konstruktion" gibt es eine gewisse Skepsis vor allem der CAD-Benutzer. Vereinzelt fand sie auch in Kommentaren Ausdruck, daß es schwierig sei, für die Konstruktion gute Kräfte zu bekommen. Ein CAD-Experte merkte beim Ziel "Entlastung der Mitarbeiter von Routinetätigkeiten" an, daß dies ein altes Argument für CAD sei. Hiermit war wohl auch gemeint, daß das Ziel eine ideologische Komponente habe, wie es am Anfang dieses Kapitels beschrieben wurde. Deutlich wurde dies auch durch Kommentare, die die Bedeutung dieses Ziels relativierten. So wurde eingeräumt, daß CAD geeignet sei, etwa Zeichenroutine oder Rechenroutine abzunehmen, dabei aber eingewandt, daß neue Routine entstehe. Ein CAD-Benutzer drückte dies besonders pointiert aus: "Der Computer ist ein Routineapparat".

Die Einstufungen zur Erreichbarkeit der qualitätsbezogenen Ziele weisen eine große Bandbreite auf: lediglich beim allgemein formulierten Ziel "Erhöhung der Qualität (der Konstruktionsunterlagen)" war sich die Mehrheit der Interviewpartner einig, daß es erreichbar sei. Der Begriff "Flexibilität" wurde offenbar auf zweierlei Art und Weise interpretiert: Flexibilität des Unternehmens in bezug auf Kundenwünsche und Flexibilität der Benutzer in bezug auf Wahl der Arbeitsmittel. Die unterschiedlichen Einschätzungen sind vermutlich teilweise darauf zurückzuführen. Die von den meisten Interviewpartnern für wahrscheinlich gehaltene Verbesserung der Qualität der Konstruktionsunterlagen bestand in einer größeren Gleichmäßigkeit, einer Nivellierung der Unterschiede und im Verdrängen der "individuellen Handschrift" der Zeichner bzw. Konstrukteure. Einer der CAD-Experten ging so weit, diese Verbesserung als "ganz dicke" zu bezeichnen. Allerdings meinte ein CAD-Experte, die Qualität sei vor CAD ausgesprochen gut gewesen und habe seit der Einführung sogar gelitten! Die Heterogenität der Reaktionen auf das Ziel "Erhöhung der Qualität der Produkte" ist möglicherweise auf die unterschiedlichen Programmarten zurückzuführen: einer der Befragten wies darauf hin, daß man eine derartige Qualitätsverbesserung durch die Abwägung mehrerer Alternativen erzielen könnte. Der CAD-Experte eines Unternehmens mit Einsatz eines interaktiven Grafikpaketes meinte, es seien diesbezüglich bereits erste Erfolge sichtbar. Ein dritter Experte verneinte überhaupt eine Beziehung zwischen CAD und Produktqualität. Um diese zu steigern, bedürfte es vielmehr der Einstellung zusätzlicher Kräfte.

In der Gruppe der tätigkeitsbezogenen Ziele gab es keines, das mehrheitlich von allen Befragtengruppen für erreichbar gehalten wurde. Die CAD-Experten waren bezüglich des Beitrages von CAD zur Verbesserung der Arbeitsbedingungen deutlich skeptischer als die Konstruktionsleiter und Benutzer. Dies drückte sich auch in den Kommentaren aus, die von einem ironisch gemeinten "nur äußerlich" über "hier nicht" bis zur Feststellung reichten, daß technische Zeichner dadurch arbeitslos würden. Die Eintragungen der Konstruktionsleiter waren zum Teil mit Kommentaren verbunden, wie "ganz allgemein" oder "man sollte nie 'niemals' sagen". Dies läßt den Schluß zu, daß es sich für die Konstruktionsleiter - und vermutlich auch für die Benutzer - um ein Ziel mit Rechtfertigungscharakter handelte. Man hat der Einführung von CAD zugestimmt, weil es dadurch zu einer Verbesserung der Arbeitsbedingungen kommen sollte. Ähnlich verhält es sich vermutlich mit dem Ziel "Erweiterung des Arbeitsinhalts", das von CAD-Benutzern bezüglich der Erreichbarkeit höher eingestuft wurde als von den Konstruktionsleitern und CAD-Experten. Die Kommentare zu diesem Ziel deuten darauf hin, daß sich die Erweiterung auf die Arbeitsmittel bezog. Sie war einer der positiven Aspekte der neuen Technologie, der die bereits angesprochenen, potentiell negativen Aspekte für die Benutzer wie "Kontrolle" aufwog. Dem Ziel "Vereinfachung der Arbeitsaufgaben" wurde für die Investitionsentscheidung keine hohe Priorität eingeräumt, was möglicherweise darauf zurückzuführen ist, daß dies lediglich ein "abgeleitetes" Ziel war, um andere, höher eingestufte zu erreichen (z.B. "Senkung der Kosten in der Konstruktionsabteilung").

Beim absatzmarktbezogenen Ziel "Steigerung des Umsatzes" gibt es bei keiner Gruppe eine Mehrheit, die eine Erreichbarkeit bejaht. Dort, wo es genannt wurde, spielte es allenfalls eine Rolle als Rechtfertigung: im Unternehmen erwarte man von jeder Investition einen Beitrag zur Steigerung des Umsatzes, sonst werde nicht investiert. Die anderen beiden Ziele bezogen sich auf die Sicherung der Konkurrenzfähigkeit des Unternehmens. Eine Straffung der Angebotspalette kann ein Unternehmen in die Lage versetzen, preisgünstiger anzubieten. CAD war in manchen Fällen der Hebel, um diese Straffung durchführen zu können. Allerdings hat eine solche Maßnahme auch die Kehrseite, daß man nicht mehr jedem Kundenwunsch gerecht werden kann. Manche Unternehmen sahen aber gerade im Eingehen auf Kundenanforderungen eine besondere Stärke, um ihren Marktanteil zu sichern. Die Auswirkungen von CAD auf die Flexibilität und Innovationsfähigkeit sind mehrschichtig (vgl. Abschnitt 5.2), so daß es sich hierbei um ein Ziel handeln dürfte, dessen Erreichbarkeit umstritten ist.

Zwei Ziele, die sich auf den Beschaffungsmarkt beziehen, wurden bezüglich der Wichtigkeit so niedrig eingestuft, daß in der zweiten Phase der Untersuchung auf ihre Vorlage verzichtet wurde. Dem Ziel "Ausgleich eines Arbeitskräftemangels" wurde hingegen in der ersten Phase hohe Priorität eingeräumt. Auch in der öffentlichen Diskussion spielte es eine zentrale Rolle. Dagegen war in der zweiten Untersuchungsrunde die Mehrheit nicht der Auffassung, daß sich dieses Ziel mit CAD erreichen ließe. Dies scheint darauf zurückzuführen sein, daß sich die untersuchten Anwendungen nur im geringen Maße für Konstrukteurstätigkeiten eigneten. So wiesen drei Interviewpartner darauf hin, daß es einen Personalengpaß bei Konstrukteuren gäbe und nicht bei technischen Zeichnern. Ein CAD-Experte wies darauf hin, daß durch die Zunahme von Unternehmenszusammenbrüchen viele Zeichner freigesetzt würden. Ein weiterer Interviewpartner war der Auffassung, daß für CAD eher die Neueinstellung von Spezialisten erforderlich wäre. Es scheint so, als stünden die Unternehmen bei der Beseitigung der vorhandenen Engpässe in der Konstruktion vor der Wahl, zusätzliches Personal zu beschäftigen oder neue Technologie einzusetzen. Offenbar wird CAD längerfristig als die kostengünstigere Lösung betrachtet.

Bezüglich des Technologiestandes wurde von vielen CAD-Experten und Konstruktionsleitern darauf hingewiesen, daß ihr eigenes Unternehmen gegenüber der Konkurrenz sowieso nicht im Rückstand sei, weshalb das

Ziel "Aufholen eines Rückstandes" nicht anwendbar sei. Das Ziel "Erzielen eines Vorsprunges" hatte die am Anfang dieses Kapitels beschriebenen "ideologischen" Züge: das Unternehmen gehöre bezüglich der technologischen Ausstattung zu den Vorreitern. Die Einstufungen zur Erreichbarkeit fielen demgegenüber etwas zurück. Dies mag zum einen darauf zurückzuführen sein, daß man den Technologiestand der Konkurrenz nicht kannte, was ein Konstruktionsleiter ausdrücklich erwähnte, und zum anderen darauf, daß die Konkurrenz ebenfalls CAD einsetzte, wie in den Gesprächen mit den CAD-Experten gelegentlich deutlich wurde. Es geht also eher darum, auf der Höhe der Technik zu sein. Das Kriterium "Technische Notwendigkeit, es geht nicht ohne CAD" wurde deutlich höher eingestuft als die Wichtigkeit für die Investitionsentscheidung. Dabei bieten lediglich zwei Anwendungen wirklich Möglichkeiten, die ohne EDV nicht bestanden. Die hohen Einstufungen sind deshalb in dem Sinne zu interpretieren, daß die Zeit reif ist, um CAD einzuführen: Es geht nicht mehr ohne CAD.

2.3.3 Schlußfolgerungen

Es gibt fünf Ziele, deren Wichtigkeit bzw. Erreichbarkeit kaum umstritten war:

- Senkung der Produktionskosten;
- Senkung der Personalkosten;
- Verkürzung der Durchlaufzeiten;
- Entlastung der Mitarbeiter von Routinetätigkeit und
- Erhöhung der Qualität der Konstruktionsunterlagen.

In den ersten beiden Fällen besteht ein starker Druck, die Kosten zu senken, obwohl kurzfristig weder Effekte eingetreten sind noch erwartet wurden: man setzt hier vieles auf die in Aussicht gestellte NC-Kopplung und auf längerfristige Effekte, z.B. Produktivitätssteigerungen bei den CAD-Benutzern gegenüber konventionell arbeitenden Zeichnern. Ähnliches gilt für das Ziel "Verkürzung der Durchlaufzeiten". Die hohe Zustimmung für die Wichtigkeit und Erreichbarkeit des Ziels "Entlastung von Routinetätigkeit" soll offenbar zur Rechtfertigung insofern dienen, als demonstriert werden muß, daß auch die Mitarbeiter von der Investition einen Gewinn haben. Bei den Konstruktionsunterlagen erwartet man keine radikale Verbesserung, sondern eher eine größere Gleichmäßigkeit der Qualität, was die Arbeit nachgelagerter Bereiche sicher vereinfacht.

Insgesamt ergibt sich der Eindruck, daß kurz- bis mittelfristig nur wenige Effekte von CAD, insbesondere auf die Kosten, erwartet werden, obwohl hier ein gewisser Erfolgszwang besteht. Es scheint eher so, als würden die Beteiligten die Zeit für den Einstieg in die CAD-Technologie als gekommen betrachten, um damit längerfristig die angesprochenen Ziele zu erreichen.

Eine Auswertung der Innovationsziele hinsichtlich programmspezifischer Unterschiede ergab keine durchgehenden Tendenzen. Daraus folgt, daß sich die Innovationsziele nur bedingt an den spezifischen Merkmalen der Programme bzw. der Einsatzbereiche orientieren.

2.4 Entscheidungsprozesse zu CAD

2.4.1 Einleitung

In jedem Einführungsprozeß für eine technische Innovation lassen sich eine Reihe von "Meilensteinen" benennen, die für die Unternehmen jeweils eine Entscheidung bedeuten:

- Die prinzipielle Entscheidung, CAD überhaupt einzuführen;
- die Entscheidung über das CAD-Konzept des Unternehmens;
- die Entscheidung über die Zuständigkeit für die CAD-Einführung und damit verbunden die Entscheidung darüber, wer am Einführungsprozeß beteiligt werden soll;
- die Entscheidung für ein bestimmtes CAD-System;
- die Entscheidung über den Erstanwenderbereich (s. Abschnitt 2.6).

Dabei müssen wir zwischen zwei Ebenen von Entscheidung unterscheiden:

a) Die Entscheidung als explizite oder implizite Wahl zwischen mehreren Alternativen, und

b) die Entscheidung als eine soziale Veranstaltung, wobei mehr oder weniger formalisierte Verfahren der Abstimmung und Entscheidungsfindung zur Anwendung kommen.

Dies bedeutet, daß die Entscheidung nicht immer sichtbar wird, was sich auch in der Datenlage aus der Untersuchung zu den eingangs erwähnten Entscheidungen niederschlägt. Im Verlauf des Einführungsvorgehens werden laufend weitere, nachgeordnete Entscheidungen gefällt, die in Abschnitt 2.5 behandelt werden.

Im folgenden werden wir in erster Linie drei Sachverhalte abhandeln:

- Spielraum des CAD-Experten bei der Entscheidung;
- Kompetenz und Vorgaben der Geschäftsleitung zu CAD;
- angewandte Verfahren zur Entscheidungsfindung.

Zunächst wird an Hand von zwei Beispielen aufgezeigt, wie unterschiedlich diese Entscheidungsprozesse zu CAD ablaufen können, um anschließend einzelne Aspekte dieser Prozesse einer genaueren Betrachtung zu unterwerfen.

2.4.2 Zwei Beispiele zu den Entscheidungsprozessen

Bei den beschriebenen Entscheidungsprozessen handelt es sich in beiden Fällen um das gleiche Programm. Das erste Beispiel ist eher typisch für die Entscheidungen zu den früher kostengünstig angebotenen Hochschulentwicklungen. Das zweite Beispiel stellt bei derartigen Programmen eher eine Ausnahme dar, ist aber inzwischen typisch für die Prozesse, die vor der Auswahl der anspruchsvolleren, interaktiv-grafischen Systeme ablaufen. Auch das Unternehmen im ersten Beispiel wandte bei der Auswahl eines interaktiv-grafischen Pakets ein ähnliches Verfahren an.

<u>Fall I:</u> Die Einführung von CAD in diesem Unternehmen ging weitgehend auf die Initiative des früheren CAD-Experten zurück, der erstmals auf einem Seminar im Rahmen einer größeren Tagung mehr zufällig mit CAD bekannt wurde. Zwei Jahre später ergab sich die Gelegenheit zum Kauf von Software zu einem sehr geringen Preis. Mit der dafür beschafften Hardware belief sich die Investitionssumme auf unter 20.000 DM. In diesem Fall gab es keine formelle Entscheidung zu CAD, obwohl der Firmeninhaber darüber informiert wurde und die Einführung wohl guthieß. Die Hauptziele dieser Anwendung waren, erste Erfahrungen mit CAD zu sammeln und psychologische Barrieren bei den Mitarbeitern abzubauen, um später mit einem größeren System voll in die CAD-Techno-

logie einsteigen zu können. Die Anwendung bezog sich auf eine oberflächlich betrachtet recht einfache, routinemäßige Tätigkeit, von der man annahm, daß die Konstrukteure es begrüßen würden, wenn sie von CAD übernommen würde. In der Praxis zeigte sich, daß diese Tätigkeit doch nicht ganz so einfach war wie man angenommen hatte. Das Programm produzierte denn auch gelegentlich unbrauchbare Ergebnisse, was eine Kontrolle durch die Benutzer erforderlich machte. Nach dem Weggang des CAD-Experten wurde diese Anwendung nicht ernsthaft weiterverfolgt, zudem war klar, daß ein größeres System grünes Licht erhalten würde. Die befragten Benutzer wiesen zwar auf die Schwächen des Programms hin, waren aber der Meinung, daß sich CAD durchsetzen würde. Es scheint also, als wäre durch diese Anwendung zumindest kein großer Schaden angerichtet worden.

<u>Fall II:</u> Auch in diesem Unternehmen ging die Einführung von CAD wesentlich auf die Aktivitäten des CAD-Experten zurück. Dieser war früher direkt der Geschäftsleitung unterstellt und erhielt im Laufe der Zeit die Leitung einer eigenständigen Abteilung für technische Berechnungen. Der Einführung von CAD im engeren Sinne ging die Einführung eines FEM-Paketes voraus. Etwa zeitgleich mit der Einführung dieses Pakets fand die erste Beschäftigung mit CAD statt. CAD hatte einen "Paten" in der Person des Vorstandsmitgliedes für Technik, der vermutlich die erforderlichen Investitionsentscheidungen in diesem Gremium vorangetrieben hatte. Die ersten Informationsquellen des CAD-Experten zu CAD waren die Fachliteratur und Fachtagungen. Es folgten Kontakte zu den Hochschulen und EDV-Herstellern.

Zur Vorbereitung der CAD-Einführung wurde in den Konstruktionsabteilungen eine Tätigkeitsanalyse durchgeführt. Ein Ergebnis war, daß man es zu 60 bis 70% mit Variantenkonstruktion zu tun habe. Im Anschluß an diese Analyse wurde bei den Herstellern eine "Systemprüfung" durchgeführt. Die Ergebnisse dieser beiden Untersuchungen wurden in einem Bericht festgehalten, wobei man zwei Alternativen entwickelte:

1. Ein langsamer Ausbau der technischen Datenverarbeitung, beispielsweise in Richtung der Dialogfähigkeit;
2. Die Ausstattung von Pilotgruppen mit CAD.

Die Entscheidung erfolgte zugunsten der zweiten Alternative, wobei man beschloß, PROREN1 und DETAIL2 einzuführen. In die "Systemprüfung" waren 18 Programme für verschiedene Zwecke einbezogen worden.

Für die Anschaffung von DETAIL sprach vor allem die Tatsache, daß man es in der Konstruktion zu 60% mit rotationssymmetrischen Teilen zu tun hatte. Die Auswahl der Erstanwenderbereiche erfolgte mithilfe einer Entscheidungsmatrix, die 10 Kriterien berücksichtigte (u.a. EDV-Erfahrung, Anteil der Variantenkonstruktion, Anteil rotationssymmetrischer Teile). Die Benutzer von DETAIL wurden durch freiwillige Meldungen rekrutiert, bei den Erstanwendern von PROREN soll dies ähnlich sein, obwohl hierzu widersprüchliche Angaben vorliegen. Vorgesehen ist, daß letzten Endes alle 20 Mitarbeiter einer Konstruktionsabteilung mit PROREN arbeiten sollen.

Die Einführung von CAD wurde hier recht sorgfältig geplant, insbesondere in bezug auf die Schulungsmaßnahmen. Bei der Neubesetzung der Position des Konstruktionsleiters achtete man darauf, daß der Kandidat CAD-Kenntnisse mitbrachte. Die DETAIL-Anwendung, die von uns nicht untersucht werden konnte, gilt in Fachkreisen als erfolgreich. Es ist noch zu früh, um ein Urteil über die PROREN-Anwendung abzugeben. Allerdings wurden hier Programmschwächen sichtbar, deren Überbrückung eine wesentliche Voraussetzung für die Akzeptanz des Programmes durch die Anwender und damit für den Erfolg sein dürfte.

Wie schon angedeutet geht die Tendenz der Unternehmen bei ihren Entscheidungen über CAD deutlich in die Richtung eines Vorgehens nach dem Muster des zweiten Beispiels. Dies ist zum einen sicher mit den hohen Kosten von interaktiv-grafischen Systemen verbunden, zum anderen auch mit der Erkenntnis, daß die Einführung von CAD mit Folgelasten verbunden ist, die ebenfalls recht beträchtlich sein können.

2.4.3 Entscheidungen zu CAD

Die <u>prinzipielle Entscheidung</u>, CAD einzuführen, wurde für fast alle Anwendungen von der Unternehmensspitze gefällt. In zwei Unternehmen (B, I) wurden begrenzte Anwendungen vor einer derartigen Entscheidung erprobt. Dabei kann in beiden Fällen davon ausgegangen werden, daß die Geschäftsleitung dieser Erprobung im Grundsatz positiv gegenüberstand.

Bereits die <u>Entscheidung über das CAD-Konzept</u> wurde jedoch nachgeordneten Stellen oder einzelnen Mitarbeitern überlassen. In drei Unternehmen wurde das CAD-Anwendungskonzept in Arbeitskreisen zwischen dem CAD-Experten und Vertretern der vom Einsatz betroffenen Bereiche abgestimmt. Versuche, eine solche Abstimmung herbeizuführen, fanden in einem der drei Unternehmen statt, ohne zu einem Konsens zu führen.

Die Unternehmen, die eine Ausdehnung der CAD-Anwendungen durch die Anschaffung eines interaktiven Grafikpaketes in Betracht gezogen hatten (z.B. B, E), tendierten dazu, einen breiteren Mitarbeiterkreis an den damit verbundenen Entscheidungen zu beteiligen.

In einem Unternehmen (E) wurde dies damit begründet, daß man das Risiko und die Verantwortung teilen wolle. In allen anderen Unternehmen fielen die Entscheidungen durch die CAD-Experten, wobei diese in den meisten Fällen die Unterstützung eines in CAD besonders engagierten Mitgliedes der Geschäftsleitung hatten.

Die Entscheidung über die Zuständigkeit für die CAD-Einführung scheint im allgemeinen sehr frühzeitig, meist vor der Entscheidung über das endgültige Anwendungskonzept oder über das CAD-System gefallen zu sein. In der Mehrzahl der Fälle erhielt der CAD-Promotor diese Zuständigkeit, und er besaß auch bezüglich des konkreten Konzeptes genaue Vorstellungen. In einigen Unternehmen fand eine Abstimmung zwischen den konstruktionsfremden CAD-Experten und einem Vertreter der Konstruktionsleitung statt, auch aus der Einsicht heraus, daß das Einverständnis der Konstruktionsleitung eine wichtige Voraussetzung für den Erfolg einer Anwendung ist.

Für die Entscheidung über ein bestimmtes CAD-System wurde regelmäßig der größte Aufwand betrieben, was angesichts der finanziellen Investition verständlich ist. Die Zuständigkeit lag meist bei den CAD-Experten oder bei Arbeitskreisen, die für diesen Zweck gebildet wurden.

Vier Unternehmen spielten die Rolle des Pilotanwenders, so daß hier keine echten Alternativen erwogen wurden. In einem weiteren Unternehmen wurde relativ frühzeitig eine Wahl des Geschäftsführers getroffen, so daß ebenfalls nicht von einem Abstimmungsprozeß gesprochen werden kann. In sieben weiteren Unternehmen fanden bzw. finden Auswahlverfahren statt. Auch hier war im Verlauf der Zeit ein deutlicher Trend sichtbar, andere Betroffene als nur den CAD-Experten am Auswahlverfahren zu beteiligen.

Die Beteiligung von Betroffenen an der Systemauswahl ist auch weniger problematisch als die Durchführung einer Problemanalyse, die die Macht und Kompetenz der Leiter der analysierten Bereiche berührt. Ist die Entscheidung für eine bestimmte Technologie gefallen, zwingt sie die Anwenderfirma in die Problemanalyse hinein: Man muß die Entscheidung fällen, in welchem Bereich CAD als erstes eingesetzt wird.

Da CAD-Systeme nicht für sämtliche Konstruktionsaufgaben geeignet und manche auf ganz eng umschriebene Probleme begrenzt sind, erübrigt sich manchmal die Entscheidung über den Anwendungsbereich: Programme für die Erstellung von Zeichnungen von rotationssymmetrischen Teilen kann man nur dort anwenden, wo hinreichend viele dieser Teile anfallen. In Fällen, in denen die Konstruktionsleiter nicht an den Entscheidungen zu CAD beteiligt waren, kam es zu Konflikten, die sich beispielsweise darin äußerten, daß die gewünschten Mitarbeiter für die Anwendung vorenthalten wurden. Auf der anderen Seite war es möglich, mit Hilfe des an den Entscheidungen aktiv beteiligten Konstruktionsleiters in einem Unternehmen eine "Durststrecke" zu überstehen, in der die Arbeit mit CAD noch nicht so effizient war wie bei einem herkömmlich arbeitenden Konstrukteur.

2.4.4 Der Spielraum des CAD-Experten

Der Erfolg einer CAD-Implementation hängt nicht zuletzt davon ab, inwieweit es gelingt, die Anwendung auch organisatorisch in das Anwenderunternehmen einzubetten. Um dies zu gewährleisten, können gravierende Änderungen erforderlich sein, die in die Kompetenzbereiche von leitenden Mitarbeitern der Unternehmen eingreifen.

Nun ist der CAD-Experte in den seltensten Fällen in der Unternehmensspitze angesiedelt und die Chancen, Änderungen durchzuführen, hängen auch von seiner Bereichszugehörigkeit und seiner Stellung innerhalb der betrieblichen Hierarchie ab. Es gibt eine Bandbreite von denkbaren Regelungen, um die mit der Einführung von CAD verbundenen organisatorischen Probleme zu lösen:

- Man kann den CAD-Experten mit weitgehenden Vollmachten ausstatten, auch organisatorische Dinge zu entscheiden.
- Man kann dem CAD-Experten die Auflage geben, organisatorische Änderungen einvernehmlich mit den Leitern der betroffenen Unternehmensgliederungen abzustimmen.

- Schließlich kann man eine Entscheidung zu dieser Sache unterlassen und es der Durchsetzungskraft des CAD-Experten überlassen, die von ihm für erforderlich gehaltenen Veränderungen in die Wege zu leiten.

Die Extremsituation, in der ein CAD-Experte über Vollmachten für organisatorische Änderungen verfügt, dürfte eine seltene Ausnahme bilden, zumal der CAD-Experte meist nicht gleichzeitig Organisationsexperte ist. Denkbar ist dieser Fall allenfalls dort, wo die Initiative zur Einführung von CAD im wesentlichen von der Konstruktionsleitung ausgeht (ansatzweise in N).

Die wahrscheinlich sinnvollste und auch häufigste Regelung (10 Fälle) war die, die Durchführung von organisatorischen Änderungen der einvernehmlichen Abstimmung zwischen CAD-Experten und den betroffenen Abteilungsleitern zu überlassen. Es bleibt dann dem Verhandlungsgeschick und der Sachkompetenz des CAD-Experten überlassen, seine eigenen Vorstellungen in solchen Abstimmungsprozessen durchzusetzen. In den Unternehmen, in denen die CAD-Konzeption vom CAD-Experten sorgfältig vorbereitet wurde, scheint dies gelungen zu sein und zwar insbesondere dort, wo stärker professionelle Einführungsstrategien (in vier Fällen) angewandt wurden.

In einem Unternehmen stand die Geschäftsleitung CAD sehr positiv gegenüber, der CAD-Experte konnte jedoch seine Vorstellungen gegenüber dem Konstruktionsleiter nicht durchsetzen. Dadurch wurden die Unzulänglichkeiten des Programmes sehr viel später offenbar als in dem Fall, daß das Konzept des CAD-Experten zur Ausführung gelangt wäre. Die negativen Erfahrungen mit dem Programm während der Einführungsphase führten zum Beschluß, ohne den Nachweis der Wirtschaftlichkeit dieser Anwendung keine Ausweitung von CAD zu genehmigen. Wäre es gelungen, die Konstruktionsleitung für die Vorstellungen des CAD-Experten zu gewinnen, wären die negativen Erfahrungen wahrscheinlich geringer gewesen und die Anwendung insgesamt erfolgreicher. Recht ähnlich ist die Situation in Unternehmen ohne Regelung. In jenem Unternehmen, das die CAD-Anwendung später abbrach, wurde der CAD-Experte eigens eingestellt, um das weitgehend vom Geschäftsführer festgelegte Konzept umzusetzen. Dem Experten blieb nur ein geringer Spielraum, und die Wahl des Rechners erwies sich als suboptimal. Darüber hinaus war der Konstruktionsleiter CAD gegenüber skeptisch eingestellt, so daß die Anwendung von ihm nicht unterstützt wurde und nach Weggang des Geschäftsführers nicht weiterverfolgt wurde.

Die geschilderten Fälle zeigen, wie wichtig es ist, eine Verfahrensweise zu finden, um im Zuge der Einführung von CAD die Durchführung von notwendigen organisatorischen Umstellungen in der Konstruktion zu gewährleisten. Ist der Konstruktionsleiter nicht zu überzeugen, muß ein Modus gefunden werden, die strittige Frage zu regeln, sei es ein Beschluß übergeordneter Gremien oder sei es ein Kompromiß einer Vermittlungsstelle. Nur darf diese Frage nicht ungeregelt bleiben.

2.4.5 Kompetenz der Geschäftsführung in bezug auf CAD

In drei Unternehmen schien die Geschäftsführung bezüglich CAD über kein besonderes Wissen oder keinen Sachverstand zu verfügen: man sei "technisch unbeleckt", wie es ein CAD-Experte ausdrückte. Die Einführung von CAD lag hier denn auch in den Händen des CAD-Experten.

Die Situation in fünf weiteren Unternehmen war insofern etwas anders, als die Geschäftsleitungen wußten, das es so etwas wie CAD gibt. Dies bedeutete aber nicht, daß sie genaue Vorstellungen über die Einsatzgebiete oder das Leistungsvermögen besaßen. In drei von diesen Unternehmen schien man dem Sachverstand des CAD-Experten zu vertrauen und ließ ihm weitgehend freie Hand bei der CAD-Einführung. In einem weiteren Unternehmen kam es wegen der ungenauen Vorstellungen des Geschäftsführers zu CAD zu einer unangemessenen Lösung für die Bedürfnisse des Unternehmens und in einem letzten Fall wurden schwer zu erfüllende Auflagen gemacht. In den übrigen fünf Unternehmen war ein Angehöriger der Unternehmensspitze auch fachlich kompetent in CAD.

2.4.6 Angewandte Verfahren zur Entscheidungsfindung

Im Zusammenhang mit CAD ist denkbar, daß Entscheidungen durch Vorstudien zu den folgenden Problemfeldern vorbereitet werden:

- Analyse der Situation im Konstruktionsbereich: Welche Engpässe und Problemfelder gibt es? Welche Lösungsmöglichkeiten gibt es hierfür?
- Analyse der technischen Potentiale: Wie müßte ein geeignetes CAD-System aussehen? und: Welche Leistungen bieten angebotene CAD-Systeme?

Als ein Verfahren, das Elemente der Aufgabenanalyse mit der technischen Analyse verbindet, kann die Entwicklung eines Anforderungskataloges für ein CAD-System angesehen werden, wobei die Anforderungen in erkannten Problemlagen der Konstruktion zu verankern sind. Werden solche Anforderungen in technischer Hinsicht präzisiert, ist gleichzeitig eine Grundlage für die Auswahl eines geeigneten CAD-Systems geschaffen. Zwei Dinge sind jedoch hier zu beachten: Auf der einen Seite darf nicht übersehen werden, daß es häufig gerade nicht die DV-technischen Komponenten von CAD sind, die die entscheidenden Effekte bringen, sondern "ordnungspolitische" Vorleistungen und begleitende Maßnahmen wie Standardisierung oder eine Reorganisation der Arbeitsabläufe in der Konstruktion. Auf der anderen Seite gibt es eine Wechselwirkung zwischen betrieblich zu fordernden Lösungen und angebotenen technischen Möglichkeiten; diese stimulieren gewissermaßen die Phantasie und weiten den Katalog gewünschter Funktionen aus, wobei im einzelnen fraglich ist, ob man sie wirklich braucht (z.B. 3D-Darstellung)[1]. Für andere sehr naheliegende Probleme (z.B. Unterstützung bei der Suche nach Wiederholteilen) werden Systemlösungen kaum angeboten.

In der betrieblichen Praxis fanden wir im Vorfeld der CAD-Anwendung kaum echte Analysen der Situation und der Aufgaben vor, d.h. im Sinne eigener empirischer Erhebungen. Man scheut den Aufwand, zählt bestenfalls - wie in einigen Unternehmen beobachtet - Zeichnungen nach Formaten usw. geordnet, um grob abzuschätzen, ob sich ein CAD-Einsatz lohnen würde, oder man verläßt sich auf Herstellerangaben, deren unbesehene Übernahme für die eigene Situation riskant werden kann. Oft gibt es in der Konstruktionsabteilung einen chronischen Personalengpaß, der die Einführung von CAD zwar als Entlastungsmöglichkeit nahelegt, gleichzeitig aber verhindert, die eigene Situation genauer unter die Lupe zu nehmen, um eine wirklichkeitsnahe Abschätzung zu erarbeiten. Aufgrund der uns gegebenen Schilderungen

---

[1]) 3D - verkürzte Redeweise für "dreidimensionale" Darstellung. Programme mit einer 3D-Fähigkeit bauen rechnerintern eine dreidimensionale Geometrie auf, die erlaubt, beliebige Ansichten in perspektivischer Darstellung zu generieren. Allerdings ist zu beachten, daß diese Geometrie mit einem Kantenmodell, einem Flächenmodell oder einem Volumenmodell arbeiten kann, wobei nur im letzteren Fall echte Schnitte erzeugt werden können. Bei genügender Rechengeschwindigkeit können mit 3D-Software auch Bewegungsbilder erzeugt werden, die z.B. für eine Kollisionsprüfung nützlich sein können. 2D bedeutet "zweidimensional", also Darstellung nur in einer Ebene.

ergibt sich der Eindruck, man sucht für CAD das "richtige" Anwendungsfeld anstatt für gegebene dringende Probleme eine geeignete CAD-Lösung zu entwickeln. So kann es leicht dahin kommen, daß man - wie ein CAD-Experte das eigene Vorgehen ironisch kommentierte - in die CAD-Anwendung "hineinschlittert".

In einem Unternehmen wurden recht detaillierte Analysen durchgeführt, die als Ergebnis zwei Alternativkonzepte für einen CAD-Einstieg aufzeigten. Dieses Vorgehen stellt in der Stichprobe und wohl auch allgemein eine Ausnahme dar.

Die meisten anderen Unternehmen beschränkten sich auf "Marktdurchforstungsprogramme" (so ein CAD-Experte) oder Vergleichsstudien über die angebotenen Systeme (fünf Fälle). Auch bei allen Anwendungen von Finite-Elemente-Paketen fanden Vergleiche statt (im Rahmen der Detailstudie wurde nur eine Anwendung untersucht, aber mindestens drei weitere Unternehmen hatten FEM-Pakete im Einsatz). Die Entscheidung in einem Unternehmen, sich an der Entwicklung eines interaktiven Paketes zu beteiligen, resultierte aus der Erkenntnis, daß es am Markt nichts Geeignetes gab. Ein solches Engagement wäre sicher häufiger zu beobachten, wenn ein geringerer Manpower-Einsatz für eine derartige Eigenentwicklung nötig wäre.

2.4.7 Schlußfolgerungen

Da die Entscheidungsprozesse im Zusammenhang mit CAD je nach Unternehmen anders gelagert sind und anders ablaufen, ist es nach unserer Meinung nicht sinnvoll, Patentrezepte anzubieten oder gar verordnen zu wollen. Auch die in der Literatur angebotenen Kriterienlisten sind nur sinnvoll als Anregung (vgl. Brand und Glatz 1983), nicht als Ersatz für eigenes Nachdenken. Eine zu weitgehende Differenzierung kann leicht zu einem gegenteiligen Effekt führen, nämlich nicht zu einem fein kalibrierten Abwägeprozeß, sondern aufgrund des dann doch gescheuten Aufwandes zu einer pauschalen ad-hoc-Entscheidung. Deshalb seien im folgenden lediglich vier Merkposten für den CAD-Entscheidungsprozeß aufgeführt, die allerdings strategischen Charakter haben.

- Der Entscheidungsprozeß ist nach unseren Erfahrungen so zu organisieren, daß zwei Fehler nicht gemacht werden: Auf der einen Seite sollte man nicht nichts entscheiden, also alles offen lassen, den Gang der Ereignisse abwarten oder die CAD-bezogenen Entscheidungen in anderen verstecken. Auf der anderen Seite sollte der Entscheidungsfindungs- und Abstimmungsprozeß nicht zu formalisiert sein, so daß etwa ein Plan rigide durchgezogen wird, obwohl sich die Problemlage längst verändert hat. Da der Gewinn eines Entscheidungsverfahrens gerade darin liegt, daß nicht immer erneut darüber zu diskutieren ist, wie entschieden werden soll, ist die Gefahr eines inflexiblen Vorgehens immer gegeben. Sie hat noch eine spezifisch soziale Seite:

- Es muß eine Regelung für die Revidierbarkeit von Beschlüssen und Plänen gefunden werden. Die Mahnung ist so trivial wie ihre Erfüllung unwahrscheinlich ist. Denn das Problem liegt nicht so sehr darin, daß bei neuen Informationen alte Beschlüsse u.U. zu revidieren sind, sondern daß gleichzeitig die Interessenbesetzung der Beschlüsse revidiert werden muß. In einem Entscheidungsklima, in dem jedes "Nachgeben" als Sieg eines Kontrahenten interpretiert wird, kann eine sachlich fundierte Entscheidung nicht reifen.

- Eine weitere Hürde liegt darin, den Entscheidungsprozeß so zu gestalten, daß einerseits die Bedürfnisse und Einwände der von CAD Betroffenen (also vor allem die späteren Benutzer, Abteilungs-/Gruppenleiter) berücksichtigt werden, ohne daß andererseits der Abstimmungsaufwand ins Unermeßliche steigt und die Entscheidung zu lange hinausgeschoben oder blockiert wird. Hierin drückt sich ein weiteres Problem aus:

- Häufig kann man sich für Entscheidungen mehr Zeit nehmen als es die vordergründige Dringlichkeit der Termine zuzulassen scheint. Doch kann auch eine CAD-Entscheidung nicht beliebig lange hinausgezögert werden. Es müssen also Verfahren für die Regelung strittiger Punkte, die Terminierung des Abwägens und die Nichtbeachtung von Zweifeln gefunden werden. Ein Argument etwa, daß es sinnvoll sei, vor der eigenen CAD-Lösung die weitere technologische Entwicklung abzuwarten, ist immer richtig. Seine konsequente Anwendung führt jedoch dazu, sich für CAD nicht zu entscheiden. Selbstverständlich kann dies befristet eine sinnvolle Entscheidung sein.

Insgesamt ist festzuhalten, daß die planvolle Vorbereitung der CAD-Entscheidung, die Kriteriengewichtung nach einem bestimmten Modell oder die Einhaltung eines Verfahrens nicht garantieren, daß ein Betrieb die "richtige" Entscheidung trifft. Selbstverständlich gibt es keine allgemeingültigen Maßstäbe für diese Richtigkeit. Dennoch müssen im einzelnen Falle solche Maßstäbe gefunden, muß ihr Geltungsbereich abgesteckt werden. Wenn nun eine Entscheidung sowohl durch die Art ihres Zustandekommens als auch durch ihre Folgen legitimiert und als "erfolgreich" dargestellt werden kann, und wenn aber gleichzeitig gerade die Folgen prinzipiell offen und problematisch sind, dann folgt daraus, daß sich Entscheidungen, wie sie bei CAD fällig sind, durch den Prozeß ihres Zustandekommens qualifizieren müssen. Wie nun allerdings in einem Feld, in dem verschiedene "claims" bereits abgesteckt und machtpolitische und argumentative Fallen sorgfältig ausgelegt wurden, ein geradliniger, transparenter, kurz "rationaler" Entscheidungsweg gefunden werden kann, entzieht sich einer Beratung.

2.5 Aspekte des Einführungsvorgehens

2.5.1 Einführungsprobleme bei CAD

Vor dem Einsatz von CAD ist immer ein gewisser Einführungsaufwand erforderlich. Dies gilt auch für Turn-Key-Systeme und für einfach erscheinende "Inselprogramme". Vielfach wird diese Notwendigkeit nicht erkannt, so daß der Einführungsaufwand und die Kosten für diese Einführung in aller Regel von den Unternehmen zu niedrig angesetzt werden.

Das Fehlen von Planung für den Einführungsprozeß zwingt die Unternehmen zum reaktiven Vorgehen beim Auftreten unvorhergesehener Schwierigkeiten. Vielversprechender sind Ansätze, die ein flexibles Reagieren in einem festen Rahmen eines Einführungsvorgehens ermöglichen. Zu den Bestandteilen dieses Einführungsvorgehens gehören eine Regelung der Zuständigkeit für die Einführung sowie für die Aufgaben im Verlauf der Einführung. In diesem Kapitel behandeln wir die folgenden Punkte:

- Regelung der CAD-Einführung;
- kritische Ereignisse im Ablauf der CAD-Einführung;
- Informationspolitik, sowie damit eng verbunden
- Schulungsmaßnahmen.
- Die Rolle des Betriebsrats.
- Anwender und deren Einstellungen zu CAD.
- Probleme mit den Konstruktionsleitern und
- Probleme mit der EDV-Abteilung.

2.5.2 Die CAD-Projektgruppe als eine Möglichkeit zur Bewältigung des Einführungsaufwandes

Man kann dem Problem der organisatorisch-sozialen Einführung von CAD auf verschiedene Weise begegnen:

- Eine "Lösung" wäre, lediglich das System zu beschaffen und alles andere offen zu lassen.
- Die Einführung wird den Benutzern selbst überlassen, da diese als hinreichend qualifiziert betrachtet werden.
- Eine bestimmte Person kann für die CAD-Einführung zuständig sein. In kleineren Unternehmen war dies die Person, die auch als CAD-Experte fungierte.
- Eine bereits bestehende Organisationseinheit übernimmt die Einführung von CAD.
- Eine Projektgruppe wird zum Zwecke der Einführung gebildet.
- Fremdpersonen, wie z.B. Unternehmensberater, übernehmen die Einführung.

Bis auf einen Fall, in dem ein neuer Mitarbeiter als Verantwortlicher für die CAD-Einführung eingestellt wurde, bewältigten sämtliche Unternehmen unserer Untersuchung die CAD-Einführung mit dem bereits vorhandenen Personal. Nur in zwei Betrieben wurden die Planungs- und Einführungsarbeiten für CAD ausschließlich von den späteren Anwendern geleistet, wobei dies das Vorhandensein bestimmter Qualifikationen bei den Anwendern voraussetzte.

In den übrigen Unternehmen wurden die Einführungsarbeiten von CAD-Projektgruppen erledigt, die aus bis zu sechs Personen bestanden. Die Angehörigen in zwei Unternehmen (D, A) waren nur mit einem Teil ihrer Arbeitszeit mit CAD befaßt. Für die Zusammensetzung der Projektgruppe gibt es zunächst folgende Alternative:

- Man kann die Mitglieder aus einer bestehenden Organisationseinheit rekrutieren, z.B. Konstruktionsabteilung, EDV-Abteilung, Abteilung für technische Berechnung (so z.B. in J, L).
- Die Mitglieder der Projektgruppe können auf Basis der erforderlichen Qualifikationen oder auch nach Maßgabe des Betroffenseins durch CAD aus verschiedenen Organisationsgliederungen rekrutiert werden (so z.B. in F).

In den Projektgruppen sind überwiegend Hochschulqualifikationen vertreten, während die Mehrzahl der Anwender Techniker oder technische Zeichner sind. Zur Überbrückung des "Interface" zwischen diesen beiden Gruppen hat ein Unternehmen (F) ausdrücklich Konstrukteure in die Arbeit der Projektgruppe einbezogen. In sechs der Anwenderunternehmen erfolgte die Einführung durch eine CAD-Projektgruppe oder einen Projektbeauftragten im Konstruktionsbereich. In den übrigen sechs Unternehmen lag die Zuständigkeit zumeist bei Spezialuntergliederungen für technische Berechnungen außerhalb des Konstruktionsbereiches.

Der Einführungsaufwand variierte stark nach Programmen. Vor allem bei "Pionieranwendungen" mußten unvorhergesehene Programmänderungen vorgenommen werden. Manche Anwendungen erfordern die Erstellung von Menüs oder von Algorithmen. Gerade der Aufwand für derartige Aufgaben wird oft bei Vorüberlegungen zu den Kosten von CAD stark vernachlässigt. Dies galt insbesondere für die DETAIL-Anwendungen, aber manche Unternehmen (z.B. A), die PROREN kostengünstig erworben hatten, scheuten wegen des erforderlichen Aufwandes (in A auf fünf Mannjahre beziffert) vor der betrieblichen Implementation zurück.

Die Frage, ob eine derartige Projektgruppe vorübergehenden oder permanenten Charakter hat, hängt u.a. davon ab, ob eine Weiterentwicklung des vorhandenen CAD stattfindet oder nicht. Eine dauerhafte Gruppe ist auch dann erforderlich, wenn die vorhandene CAD-Konfiguration lediglich an sich wandelnde Erfordernisse angepaßt werden soll.

Da mit Ausnahme von zwei Fällen (D, H) in allen Firmen die Aufgabe der Softwarepflege bei der alten CAD-Projektgruppe verblieb und in einigen Unternehmen (z.B. B, E, L) an eine Ausweitung von CAD, beispielsweise durch Anschaffung eines interaktiv-grafischen Systems gedacht war, gab es bei den Unternehmen der Detailstudie eine deutliche Tendenz zur Verfestigung der CAD-Projektgruppen.

Ein weiteres Merkmal zur Charakterisierung der CAD-Einführung ist der Professionalisierungsgrad der Einführergruppe. Mit einem "professionalisierten" Einführungsvorgehen wird die planvolle Einführung durch eine entsprechend qualifizierte Gruppe bezeichnet, deren Hauptaufgabe diese Einführung zumindest zeitweise ist. Die Qualifikationen beziehen sich auf sämtliche technischen und organisatorischen Aspekte der Einführung und müssen nicht notwendigerweise in der Gruppe selbst vertreten sein. Sie muß lediglich in der Lage sein, Mitarbeiter mit den entsprechenden Qualifikationen in die Einführung einzubeziehen, beispielsweise um das Konstruktionswissen für die Erstellung von Algorithmen zu gewinnen.

Ein professionalisiertes Einführungsvorgehen gab es in der Stichprobe allenfalls in vier Unternehmen (J, F, N, L). In zwei Unternehmen, die bestehende CAD-Lösungen ausdehnen wollen, findet ein Übergang zu einem mehr planvollen Vorgehen aufgrund der gewonnenen Erfahrungen statt. Partizipative Gestaltungsverfahren für CAD-Arbeitsplätze oder -Software gibt es in der Stichprobe lediglich ansatzweise; eine gezielte Strategie gibt es in keinem Fall. Dies mag auf mangelndes Wissen oder Kompetenz in diesem Bereich, auf das Fehlen erfolgreicher Beispiele, auf das Bestreben der CAD-Experten, die Fäden in der Hand zu behalten, oder auf die Ängste der CAD-Experten vor den Folgen möglicher eigener Fehler zurückzuführen sein.

Die erfolgreiche CAD-Anwendung setzt fast immer die Kooperation mit Angehörigen des Konstruktionsbereiches voraus. Einige Anwendungen verlangen eine bestimmte Vertrautheit mit dem CAD-Programm, um Wirtschaftlichkeit zu erzielen, d.h. eine Aufgabe der CAD-Einführung besteht darin, die Konstrukteure von der Anwendung zu überzeugen, obwohl die konventionelle Aufgabenbearbeitung zunächst noch rationeller erscheinen mag.

Bei Anwendungen von Berechnungsprogrammen, die im Konstruktionsbereich neue Möglichkeiten schaffen, besteht ein Problem der CAD-Projektgruppe darin, die Konstrukteure, die die zugrundeliegenden Verfahren nicht im Detail kennen, von den Vorteilen der Inanspruchnahme der Programmleistungen zu überzeugen. Die neuen Verfahren haben gegenüber den herkömmlichen Abschätzverfahren den Vorteil der größeren Genauigkeit, setzen aber fast immer eine Arbeitsteilung zwischen Konstrukteuren und Programmanwendern voraus, da sie eine theoretische Einarbeitung erfordern. In den beiden Fällen der Stichprobe mit Anwendungen von Berechnungsprogrammen wurde keine gezielte Strategie angewendet, um die Vorbehalte der Konstrukteure abzubauen. Dies geschah durch die praktische Anwendung in "schwierigen" Fällen, wo herkömmliche Methoden versagt hatten. Solche Demonstrationen trugen in diesen Fällen dazu bei, daß die Programme die Anerkennung der Konstrukteure gewannen.

Allgemein läßt sich sagen, daß die Einführung von CAD umso besser geplant und sorgfältiger durchgeführt wird, je höher die Anschaffungskosten sind.

Auch hier ist es nicht möglich, Faustregeln für die Zusammensetzung von CAD-Projektgruppen anzugeben. Festzustellen bleibt, daß das Problem existiert und einer Regelung bedarf, weil

- der Aufwand für die Einführung von CAD so hoch ist, daß er von einem einzelnen nicht zu bewältigen ist, und
- ein Wartungs- und Pflegeaufwand für Hard- und Software in jedem Fall vorhanden ist.

Ein kritischer Faktor ist sicher die Vertretung der Interessen der Konstruktionsabteilung, die auf jeden Fall in der Projektgruppe vertreten sein sollte (vgl. auch Abschnitt 2.5.8). Eine einmal gebildete Projektgruppe mag auch - obwohl nur für eine bestimmte Zeit eingerichtet - ein Eigenleben entwickeln und sich zu einer "CAD-Abteilung" auswachsen, wie in zumindest vier Fällen bereits geschehen (A, F, J, N, teilweise E). Gelingt es solchen CAD-Abteilungen, sich auf Dauer in dem Spannungsfeld zwischen EDV, Konstruktion und Fertigung zu etablieren, dann kommt dies sicher der Kontinuität und Weiterentwicklung von CAD zugute, wenngleich dieser interne Differenzierungsprozeß nicht ohne Spannung abläuft.

2.5.3 Der zeitliche Aufwand für die CAD-Einführung

Ein geringer Einführungsaufwand ist für manche Unternehmen sicher ein wichtiges Kriterium für die Wahl eines CAD-Systems, da sie ihre Mitarbeiter wegen des permanenten Zeitdrucks nur ungern von Konstruktionsaufgaben für die CAD-Einführungsarbeiten befreien. Gerade die "Insellösungen" schienen geringen Einführungsaufwand zu versprechen, so daß die Unternehmen meinten, mit ihrer Anschaffung kein großes Risiko auf sich zu nehmen. Sowohl bei diesen Insellösungen als auch bei Turn-Key-Systemen war jedoch in der Praxis ein beträchtlicher Aufwand von Unternehmensseite erforderlich, um sie routinemäßig einsetzen zu können.

- In einem Unternehmen mit einer Zeichnungsanwendung verging ein Zeitraum von zwei Jahren, ehe Softwarefehler ausgemerzt waren, betriebsspezifische Anpassungen sowie Anpassungen an Normen und Vorschriften abgeschlossen werden konnten.

- Im einzigen untersuchten Unternehmen mit Anwendung eines Turn-Key-Systems mußten immer noch ca. sechs Monate aufgewendet werden, um betriebliche Anpassungsarbeiten vorzunehmen.

Für die Implementierung eines - oberflächlich betrachtet - verhältnismäßig einfachen Programms in einem Unternehmen mußten ein bis zwei Jahre aufgewendet werden, und für PROREN wurde in L erheblicher Schulungsaufwand (mehrere Mitarbeiter mit je drei Wochen) investiert, zusätzlich zur Zeit, die für Algorithmisierungsarbeiten aufgewendet wurde.

Um zu zeigen, in welchen Zeiträumen sich die Überlegungen und Einführungsprozesse abspielen können, sei ein Beispiel gegeben, obwohl mit Sicherheit anzunehmen ist, daß dieses in Zukunft eher untypisch sein wird. Denn es ist einfacher, Erfahrungen anderer nachzuvollziehen als eigene Erfahrungen zu gewinnen. In diesem Unternehmen begann man 1978 über die weitere Entwicklung der technischen Datenverarbeitung nachzudenken, wobei sich intuitiv die Einsicht herausbildete, daß die Zukunft bei CAD/CAM liegen würde. Ein Jahr später wurde ein Arbeitskreis eingerichtet, in dem die Leiter der Konstruktionsbereiche, Mitglieder aus dem Rechenzentrum und der Geschäftsleitung vertreten waren, selbstverständlich unter Führung des CAD-Experten, der mit seinem Engagement die Sache vorantrieb. Dieser Arbeitskreis sollte eine Studie vorlegen und ein mögliches CAD-Konzept entwickeln. Ende 1980 war diese Aufgabe erledigt, so daß man sich der Auswahl einer geeigneten Software widmen konnte. Die Hardwareaufgabe war untergeordnet, denn Strategie war, mit CAD nicht einfach Konstruktionszeichnungen nachzuvollziehen, sondern den Konstruktions<u>prozeß</u> mit interaktiven Programmen zu führen und zu unterstützen und in Zukunft auszubauen. Deshalb schied auch ein Turn-key-System aus. Anfang 1981 konnte man schließlich zu günstigen Konditionen ein 2D-Paket testen und bereits wenige Monate später in den produktiven Betrieb mit fünf Arbeitsplätzen einsteigen. Auch in diesem Fall, der insgesamt ein zielstrebiges Vorgehen erkennen läßt - das im übrigen auf einer etablierten technischen Datenverarbeitung aufbauen konnte - vergingen doch immer noch gut drei Jahre bis zum ersten produktiven Einsatz eines interaktiven CAD-Programms.

2.5.4 Informationspolitik

Die entscheidenden Faktoren für die Beurteilung der Informationspolitik zu CAD durch die Mitarbeiter sind der Zeitpunkt und der Inhalt, d.h. wann wurde worüber informiert! Gewünscht wird vor allem eine Aufklärung über die tatsächlichen Möglichkeiten und Grenzen der Technik, die für die meisten Mitarbeiter zunächst fremdartig und als Bedrohung des Arbeitsplatzes erscheint.

Eine bewußte, zielgerichtete Informationspolitik gehört zu den Bestandteilen "professionellen" Einführungsvorgehens. Aber auch in den Unternehmen, in denen die Informationspolitik ein fester Bestandteil des Einführungsvorgehens der CAD-Projektverantwortlichen war (z.B. in L), wurde diese von den angesprochenen Mitarbeitern bemängelt. Dafür bieten sich u.a. als Erklärungen an:

- Der Zeitpunkt der Information ist falsch gewählt. Informationen werden zu einem Zeitpunkt gegeben, wenn sie für die Mitarbeiter noch nicht relevant sind. Sie werden deshalb nicht wahrgenommen.
- Informationen werden von "innerbetrieblichen Multiplikatoren" nicht weitergegeben, da sie diesen nicht als "wichtig" erscheinen.

Insgesamt mangelt es der Informationspolitik der Unternehmen zu CAD an zwei Merkmalen:

- zu wenig Information und
- zu wenig Strategie beim Informieren.

Die Tendenz geht jedoch mit der Einführung von komplexeren, interaktiven Systemen zu einer bewußteren, zielgerichteten Informationspolitik, da man aus den eher negativen Erfahrungen der Vergangenheit Lehren zieht. Die bisherige Vernachlässigung der Informationsarbeit ist sicher zum Teil auf das Bestreben zurückzuführen, vorzeitige Konflikte zu vermeiden. Durch derartige Konflikte könnte die CAD-Einführung verzögert oder gar verhindert werden.

Diese Einschätzung richtet sich insbesondere aus an den Betriebsräten, von denen die CAD-Experten häufig Gegnerschaft zu CAD befürchten. Die Betriebsräte wurden generell in Sachen CAD als nicht besonders kompetent eingeschätzt. Allerdings führte diese Einschätzung nicht dazu, daß die Betriebsräte von den CAD-Beauftragten mit Informationen versorgt wurden: nur in den Unternehmen mit "professionellem" Einführungsvorgehen gab man sich in der Regel die Mühe, auch den Betriebsrat zu informieren.

Die geringe Priorität der Informationspolitik ist sicher auch auf die hauptsächlich technische Orientierung und Ausbildung der CAD-Beauftragten der Unternehmen zurückzuführen. Ihr Hauptziel besteht darin, CAD zum "Funktionieren" zu bringen. Ähnlich wie bei den Problemen der organisatorischen Gestaltung wird die Bedeutung der Informationsarbeit erst im Verlauf der CAD-Einführung sichtbar, z.B. durch Widerstand von Personen, die sich subjektiv als unzureichend informiert betrachten.

Dies kann zum einen der Fall sein, wenn diese Personen bestimmte Informationen nie erreicht haben oder zum anderen, wenn diese Personen nicht unmittelbar mit CAD arbeiten und deshalb nicht informiert wurden. Dies trifft z.B. auf Konstrukteure zu, die auf die Ergebnisse von Berechnungsprogrammen zurückgreifen sollen. Sind ihnen die in den Programmen enthaltenen Verfahren nicht bekannt, so sind Bedenken gegen die Anwendung verständlich und können nicht überraschen.

Insgesamt war die Informationspolitik der Unternehmen im Bestreben, "keine schlafenden Hunde zu wecken", stark von Zurückhaltung geprägt. Aber auch dort, wo eine bewußte Unterrichtung der Mitarbeiter erfolgte, war dies keine Gewähr dafür, daß diese nicht bemängelt wurde. So wurde in einem Unternehmen ein Schulungskonzept sogar mit fachkundiger Unterstützung eines Psychologen ausgearbeitet. Dieses Konzept sah die Einladung des Betriebsrats zur Teilnahme an vorzeitigen Gesprächen vor. Gleichwohl meldete dieser Bedenken gegen die Einführung von CAD an, da er seiner Meinung nach viel zu spät informiert worden sei.

Ein Dilemma einer frühzeitigen Information liegt darin, daß sich die CAD-Experten aus nicht ganz unverständlichen Gründen scheuen, über CAD Mitarbeitern oder Betriebsräten vorzutragen, wenn sie selbst noch kein abgewogenes Konzept vorweisen können oder sich mit wenig überzeugenden Papierdemonstrationen begnügen müssen. Wird jedoch erst dann informiert, wenn ein Konzept solide Formen angenommen hat, ein Pilotbetrieb auf einer Anlage sogar vorgezeigt werden kann, dann kann man es Mitarbeitern nicht verdenken, wenn sie sich überrumpelt fühlen und zu der Haltung neigen, daß alles schon entschieden sei. Wägt man die Vor- und Nachteile ab, dann ist das Risiko einer Akzeptanzkrise aufgrund verspäteter Informationen wohl höher einzuschätzen als das Risiko, das CAD-Konzept unter dem Einfluß divergierender Meinungen modifizieren zu müssen.

Insgesamt kann man sich folgende Haltung zu eigen machen: Eine noch so gute Informationspolitik kann ein "schlechtes" CAD-System nicht besser machen. Aber ein gutes CAD-System kann an einer unzureichenden Informationspolitik scheitern.

2.5.5 Schulungsmaßnahmen

Die unter "Schulung" subsummierten Maßnahmen der Unternehmen sind vom Umfang und der Qualität her sehr unterschiedlich, so daß sich eine Differenzierung empfiehlt:

- Information, die aus bloßer Unterrichtung und/oder Demonstrationen besteht. Die Aneignung des erforderlichen Wissens für die praktische Arbeit mit CAD bleibt den Mitarbeitern überlassen.
- Einweisung besteht aus der Vermittlung ausreichender Kenntnisse für eine praktische CAD-Anwendung, aus einer Art "Bedienungsanleitung". Der theoretische Hintergrund des Programmes bleibt weitgehend im Dunkeln, die Algorithmen ebenfalls. Vermittelt werden also die Bedienung des Programms und oberflächliches Hintergrundwissen.
- Schulung soll schließlich solche Maßnahmen bezeichnen, die gründliche Kenntnisse über Bedienung und Ablauf von CAD vermitteln. Die Schulung ist im Gegensatz zur Information und zur Einweisung methodisch angelegt und hat auch das Erkennen der Grenzen von CAD sowie die Vermittlung von Hintergrundwissen, d.h. zum allgemeinen EDV-Modell, zum Ziel.

In zwei Fällen (B, D) gab es lediglich eine Einweisung in der Form einer mehr oder weniger ausführlichen Bedienungsanleitung. Dabei handelte es sich um recht einfach gelagerte Programme. In einem weiteren Unternehmen (C) erhielt die Anwenderin zusätzlich zur Bedienungsanleitung noch einige Grundkenntnisse zur EDV. In diesem Fall wurde die Schulung individuell auf die Anwenderin zugeschnitten.

In den beiden Unternehmen mit Anwendungen von Berechnungsprogrammen wurden die Anwender zunächst beim Softwarehersteller geschult. Eine Nachschulung erfolgte in einem der Fälle im Unternehmen.

In sechs Unternehmen wurden CAD-Schulungen von den Angehörigen der CAD-Projektgruppen durchgeführt. Diese hatten ihrerseits überwiegend an Schulungen der Anbieter teilgenommen. Einige der sechs Unternehmen haben bereits mehr Mitarbeiter für die CAD-Anwendung geschult als derzeit aus Kapazitäts- oder Programmleistungsgründen realistischerweise arbeiten können. In derartigen Fällen besteht die Gefahr, daß das Wissen über die Anwendung mangels Einsatz verkümmert (in einem Fall explizit erwähnt, in zwei weiteren Fällen angedeutet).

Auch bei der Schulungsarbeit empfiehlt es sich, eine Erfolgskontrolle durchzuführen. Trotz einer differenzierten, auf das Anwendungskonzept zugeschnittenen Schulung wurden in einem Unternehmen Schulungsmaßnahmen von den Anwendern stark kritisiert. Ihre Kritik richtete sich zum einen gegen das Anwendungskonzept, das eine Zusammenarbeit zwischen Konstrukteuren und EDV-Fachleuten vorsah. Ihrer Meinung nach wäre es besser gewesen, die Konstrukteure mit EDV-Kenntnissen auszustatten und sie mit den wesentlichen Aufgaben zu betrauen. Zum anderen richtete sich die Kritik gegen die Schulungsinhalte, die zu wenig Bezug zur täglichen Arbeit gehabt hätten. Die Kritik war dem CAD-Experten offensichtlich nicht bekannt, da er mit dem Schulungserfolg zufrieden war. Hier gab es keine Rückkopplung zu den Anwendern, um zu kontrollieren, ob auch die beabsichtigten Ziele erreicht worden waren.

Im Falle der interaktiven Grafikpakete ist es vermutlich unmöglich, mit einer relativ kurzen Schulung die Kenntnisse zu vermitteln, die für ein rationelles Arbeiten erforderlich sind. Diese Kenntnisse können erst durch die häufige Anwendung angeeignet werden. So bestand die Schulung in einem Unternehmen hauptsächlich aus der Vermittlung von Kenntnissen zur analytisch-konstruktiven Geometrie als Einführung in die Prinzipien und Möglichkeiten des Programmpakets. Auch hier war man in der CAD-Projektgruppe mit dem Schulungserfolg zufrieden. Allerdings wurde auch berichtet, daß einigen Konstrukteuren die Anwendung zu umständlich erschien, und daß sie das Programm deshalb nicht benutzten. Offenbar war es nicht gelungen, die Konstrukteure davon zu überzeugen, vorübergehend einen gewissen Mehraufwand in Kauf zu nehmen, um die CAD-Anwendung zu erlernen. Es wurde nicht geprüft, ob die Schulung in diesem Punkt erfolgreich gewesen war.

Das Beispiel verdeutlicht, daß eine Schulung noch keineswegs die versierte und kompetente Benutzung des Systems gewährleisten kann. Es sind vielmehr drei Stufen der Kompetenz zu unterscheiden, die ausführlich im Abschnitt 4.5 geschildert werden:

- Das Begreifen und die Fähigkeit zur Bedienung des Systems.
- Das Stadium, in dem der Benutzer sich dem System "gewachsen" fühlt, es also einigermaßen handhaben kann.
- Der Zustand der Beherrschung ist schließlich erreicht, wenn der Anwender das System versiert und kompetent benutzen kann.

An dieser Stelle reicht es als Faustregel festzustellen, daß etwa drei Mal so viel Zeit für die Aneignung des Systems aufgewendet werden muß wie für die Schulung. Das Zwei- bis Dreifache dieses Zeitaufwandes ist wiederum für die Beherrschung erforderlich.

Dies galt in der Untersuchung auch für die Programme, die für ihre Handhabung nur geringe Anforderungen an den Anwender zu stellen schienen. Auch sie richteten weitergehende Anforderungen an die Anwender als ursprünglich angenommen, z.B. hinsichtlich der Kompetenz, die Plausibilität von Ergebnissen beurteilen, Fehler in der Ausgabe erkennen und korrigieren zu können.

Für sämtliche Schulungsmaßnahmen gilt:

- Man sollte eine Erfolgskontrolle für Schulungs- und Einweisungsmaßnahmen durchführen, um nachzuprüfen, ob man die Ziele, die man mit derartigen Maßnahmen beabsichtigt hat, auch tatsächlich erreicht hat.
- Der CAD-Experte sollte über eigene Benutzungserfahrungen verfügen, d.h. vor Ausarbeitung der Schulungsmaßnahmen zumindest für einige Tage das Programm selbst praktisch benutzt haben und nicht nur im Rahmen von Software- und Algorithmisierungsarbeiten.

2.5.6 Die Rolle des Betriebsrats

Die Haltung der meisten Betriebsräte zu CAD ist als ambivalent zu kennzeichnen: Auf der einen Seite befürchtet man für die Arbeitnehmer nachteilige Auswirkungen auf die Arbeitsbedingungen, die Gesundheit, eine Entwertung der erworbenen Qualifikationen oder im schlimmsten Fall den Verlust des Arbeitsplatzes, auf der anderen Seite sieht man CAD als Chance für das Unternehmen, konkurrenzfähig zu bleiben. In einer ganzen Reihe von Unternehmen gingen die CAD-Experten jedoch von einer potentiellen Gegnerschaft der Betriebsräte zu CAD aus. Ein Anhaltspunkt dafür ist die Tatsache, daß in fünf der zwölf Anwenderunternehmen auf Wunsch der CAD-Experten unsererseits keine Gespräche mit Vertretern des Betriebsrates geführt werden konnten. In einem Unternehmen wurden wir allerdings ausdrücklich gebeten, mit dem Betriebsrat zu sprechen.

In einem der fünf Unternehmen hat der Betriebsrat die Mitarbeiter in einer kritischen Broschüre ausführlich zu CAD informiert. Dies wurde zunächst von der CAD-Projektgruppe als Ablehnung von CAD gedeutet. Später wurde jedoch Einvernehmen mit dem Betriebsrat in Sachen CAD angestrebt. Allerdings gab der Betriebsratsvorsitzende nun an, kein Interesse mehr an CAD zu haben.

In einigen Unternehmen strebte der Betriebsrat im Zuge der CAD-Einführung den Abschluß einer Betriebsvereinbarung zur Bildschirmarbeit an. Überhaupt stellte der Bildschirm als ein Bestandteil der CAD-Arbeitsplätze neben dem Aspekt der Kontrolle durch den Computer einen der ganz wenigen Orientierungspunkte für die Betriebsräte dar. Damit soll die Bedeutung der Bildschirmarbeit als potentielle Gefahr für die Gesundheit der CAD-Benutzer keineswegs unterbewertet werden, doch dürften mögliche Auswirkungen auf die Qualifikationen oder Anforderungen bezüglich Konzentrationsfähigkeit mindestens ebenso wichtig sein.

Das fehlende Bewußtsein für diese Probleme ist zum Teil auf die fehlende Unterstützung durch die örtliche Gewerkschaftsorganisation zurückzuführen, die bisher nicht ausreichend über die CAD-Technologie informiert war. Dies liegt zum einen an der Neuheit der Technologie und daran, daß wenige gesicherte Erkenntnisse vorliegen. Zum anderen liegt es auch daran, daß der Angestelltenbereich, zu dem die Konstruktionsbereiche gehören, in der zuständigen Gewerkschaft, IG-Metall, lange Zeit mitgliedermäßig schwach vertreten war. In der Zukunft wird sich dies sicher ändern, da einerseits technische Angestellte in größer werdender Anzahl erkennen, daß sie von Rationalisierungsmaßnahmen erfaßt werden. Andererseits hat der Hauptvorstand der IG-Metall erhebliche Anstrengungen unternommen, um eine gewerkschaftliche Position zu CAD/CAM auszuarbeiten (vgl. Roth, S. 1983).

Einwände des Betriebsrates richteten sich in der Mehrzahl der Unternehmen, in denen diese vorkamen, gegen mögliche negative Auswirkungen von Bildschirmarbeitsplätzen auf die Gesundheit und auf Möglichkeiten, mit der EDV Leistungskontrollen durchzuführen. Tabelle 2.4. gibt eine Übersicht über die Folgen, die im Zuge der CAD-Einführung nach Ansicht der Betriebsräte auf jeden Fall vermieden werden sollten.

Tabelle 2.4. Mögliche negative Folgen in der Sicht der Betriebsräte

Thematisierte Folgen	Anzahl der Nennungen +)
Negative Auswirkungen der Bildschirmarbeit (insbes. auf Gesundheit)	6
Arbeitsplatzverluste, Personaleinsparung	5
Verlust / Abwertung herkömmlicher Qualifikationen	2
Leistungskontrolle durch EDV	2
Abgruppierung der Tätigkeiten	1
Einführung von Schichtarbeit	1

+) Mehrfachnennung möglich; Anzahl Gesprächspartner n=7

Es ist nun keineswegs so, daß die Betriebsräte einen einsamen Kampf gegen die Einführung von CAD bzw. für die Entwicklung sinnvoller Arbeitsformen führen müßten. So gibt es Anknüpfungspunkte mit den Interessen anderer am CAD-Geschehen Beteiligter, z.B. den Konstruktionsleitungen, etwa auf der Grundlage folgender Aussagen:

- Für die Forderung, jeden Mitarbeiter bei persönlicher Bereitschaft auszubilden, oder für eine andere, die CAD-Anwendungen dezentral einzuführen, gibt es in den Konstruktionsabteilungen sicher Koalitionspartner.

- Die Flexibilität gegenüber dem Markt kann durch die Einführung eines CAD-Systems, das zur Straffung der Produktion zwingt, Schaden nehmen.

- Die Explikation von Konstruktionswissen kann Konstruktionserfahrung nicht ersetzen.

2.5.7 Die Benutzer

Sämtliche untersuchten Anwendungen befanden sich im Anfangsstadium, so daß die befragten Benutzer noch einen gewissen Sonderstatus innerhalb ihrer bisherigen Organisationsgliederungen genossen. Obwohl hiermit manchmal gewisse Privilegien verbunden waren, gab es auch Unternehmen, in denen es sehr schwer fiel, Freiwillige für die Erstanwendung zu finden. Dazu gehörten ein Unternehmen mit einer Anwendung des Zeichnungserstellungsprogrammes für rotationssymetrische Teile, in dem man zunächst einen Benutzer aussuchte, der den Problemen der Einführungsphase nicht gewachsen war. Eine Zeichnerin mit überdurchschnittlichen Fähigkeiten mußte quasi zur Pionieranwendung "verdonnert" werden, wobei sie sowohl finanzielle als auch inhaltliche Forderungen durchsetzen konnte. Eine ihrer wesentlichen Forderungen war, daß sie nicht ausschließlich mit dem CAD-Programm arbeiten und nach Abschluß der Programmeinführung eine andersartige, hochwertige Tätigkeit übernehmen sollte.

In einigen Fällen war das Bestreben, den eigenen Arbeitsplatz längerfristig zu sichern, ein entscheidendes Motiv, sich "freiwillig" für die Anwendung zu melden.

Von den befragten Benutzern hatten sich nach deren Angaben zwei freiwillig für die Anwendung gemeldet. In einem Fall war dem Anwender die Teilnahme an der CAD-Einführung zunächst nicht gestattet, was für ihn mit ein Grund war, das Unternehmen zu verlassen. Er kehrte erst wieder, nachdem ihm die Teilnahme an der CAD-Anwendung ermöglicht wurde. In mindestens einem weiteren Fall war es der ausdrückliche Wunsch des CAD-Benutzers, mit CAD zu arbeiten, und bei weiteren Anwendern ergibt sich der Eindruck, daß sie gerne mit CAD arbeiten. So wurden in A, J und N ganze Anwendergruppen ausgebildet.

In einem Unternehmen wurden die besten Lehrlinge eines Jahrgangs für die CAD-Anwendung ausgesucht. Man ging davon aus, daß junge Leute besser mit EDV zurechtkämen als ältere, ohne jedoch damit eine Erfolgsgarantie in der Hand zu haben. In einem anderen Unternehmen ging man zwar davon aus, daß längerfristig alle Angehörige bestimmter Konstruktionsgruppen mit CAD arbeiten sollten, suchte aber für die Erstanwendung besonders "sorgfältige" Mitarbeiter aus, die nicht unbedingt schnell sein sollten. In drei Fällen wurde als Erstanwender die Sachbearbeiter ausgewählt, zu deren Aufgabengebiet die nunmehr mit CAD zu bearbeitende Aufgabe gehört hatte.

Es gab auf seiten der Benutzer eine Reihe von Vorbehalten gegenüber CAD, die aber vorerst nicht zu offenen Konflikten geführt hatten:

- CAD produziert in manchen Fällen fehlerhafte Unterlagen, die manuell korrigiert werden müssen.
- CAD erfordert vom Konstrukteur einstweilen einen größeren Arbeitsaufwand als die konventionelle Bearbeitung.
- Die fortgeschrittenen Methoden der Berechnungsprogramme sind den meisten Konstrukteuren nicht vertraut. Sie können denn auch die Validität der Ergebnisse nur mit Schwierigkeit beurteilen.

Derartige Vorbehalte führten in manchen Fällen dazu, daß CAD nicht oder nur sporadisch angewendet wurde, wobei Entschuldigungen fielen wie, man habe die Anwendung "vergessen" oder "zu wenig Zeit gehabt". Ausgesprochene CAD-Euphorie gab es bei keinem Benutzer mehr. Gleichwohl herrschte bei den meisten die Meinung vor, daß sich CAD längerfristig durchsetzen würde. Dieser Eindruck wird bestätigt, wenn man die Einstellungen der CAD-Benutzer zum Einsatz der EDV in der Konstruktion ganz allgemein betrachtet (vgl. Abbildung 2.2.).

Die Einstellungen wurden mithilfe einer 13 Aussagen umfassenden Liste zum EDV-Einsatz erfaßt. Die CAD-Benutzer wurden gebeten, das Ausmaß ihrer Zustimmung zur jeweiligen Aussage auf einer fünf-stufigen Skala auszudrücken, mit einem Pol für "Zustimmung", einem anderen für "Ablehnung". Listen liegen für 13 Benutzer aus 11 Unternehmen vor: in zwei Unternehmen wurden jeweils zwei Anwender befragt. Die Aussagen orientieren sich in ihrer Formulierung absichtlich an gängigen Meinungen oder Alltagstheorien sowie an den üblichen Werbeargumenten der Anbieter. Es wurde darauf geachtet, daß die Aussagen in etwa ausgewogen sind: etwa die Hälfte hat jeweils Folgen zum Gegenstand, die von den Anwendern eher als positiv bzw. eher als negativ empfunden werden dürften. Allerdings sind eine Reihe von Folgen weder eindeutig positiv noch ausschließlich negativ. So klingt z.B. die Aussage "Man wird mit der Zeit immer abhängiger vom Computer" zunächst negativ; doch betrachtet man sie näher, dann bedeutet sie auch, daß der Computer eine hinreichende Zuverlässigkeit erlangen muß, ehe man sich in dessen Abhängigkeit begeben kann. Die Aussagen wurden vorher keiner Validierungsprobe unterzogen; es handelt sich also um eine ad-hoc-Liste. Die Abbildung 2.2. gibt die Einstufungen der befragten Anwender zu den Aussagen dieser Liste wieder. Die Auswertung erfolgte einerseits auf die einzelnen Aussagen bezogen, andererseits auf die eingesetzten Programme bezogen. Wir geben die Ergebnisse in Form von Verteilungen wieder, weil in dieser Form das Meinungsspektrum am besten dargestellt werden kann. Verteilungskoeffizienten würden zuviel Information reduzieren.

Formulierung der Aussagen	Anzahl und Verteilung der Nennungen				
Computer stellen höhere Anforderungen an Konzentration und Sorgfalt	9	4	0	0	0
Mit der Zeit wird man immer abhängiger vom Computer	3	9	1	0	0
Durch den Computer kann man in der gleichen Zeit mehr erledigen als früher	5	5	2	0	1
Man kann wegen des Computereinsatzes ein breiteres Aufgabenspektrum bearbeiten	4	5	2	2	0
Computer entlasten das Personal von Routinearbeit	6	4	0	0	3
Computer helfen, menschliche Fehler zu vermeiden	1	7	2	0	3
Computer machen die Arbeit unpersönlich	3	6	1	3	0
Computer gefährden Arbeitsplätze	0	6	1	3	3
Mit Computern kann man flexibler arbeiten	4	3	0	4	1
Computer verursachen Mehrarbeit	1	3	2	3	4
Computer ermöglichen, daß die Arbeit stärker kontrolliert wird	3	4	1	5	0
Computer sind ein teures Spielzeug und bringen nur wenig Nutzen	0	2	0	5	6
Computer nehmen einem viel Verantwortung ab	0	1	0	4	7
	+ starke Zustimmung				− starke Ablehnung

Abbildung 2.2. Einstellung zum Computereinsatz bei CAD-Benutzern

Überwiegend auf Zustimmung stoßen die folgenden Aussagen:

- Computer stellen höhere Anforderungen an Konzentration und Sorgfalt.
- Man wird mit der Zeit immer abhängiger vom Computer.
- Durch den Computer kann man in der gleichen Zeit mehr erledigen als früher.
- Man kann wegen des Computereinsatzes ein breiteres Aufgabenspektrum bearbeiten.
- Computer entlasten das Personal von Routinearbeit.
- Computer helfen, menschliche Fehler zu vermeiden.
- Computer machen die Arbeit unpersönlich.

Die folgenden Aussagen sind bei den Anwendern umstritten, d.h. etwa gleich viele stimmen ihnen zu und lehnen sie ab:

- Computer gefährden Arbeitsplätze.
- Mit Computern kann man flexibler arbeiten.
- Computer verursachen Mehrarbeit.
- Computer ermöglichen, daß die Arbeit stärker kontrolliert wird.

Schließlich stoßen zwei Aussagen überwiegend auf die Ablehnung der CAD-Anwender:

- Computer sind nur ein teures Spielzeug und bringen nur wenig Nutzen.
- Computer nehmen einem viel Verantwortung ab.

In der Bilanz erwarteten die Benutzer vom Computereinsatz mehr Vorteile als Nachteile. Eher negativ waren lediglich die Erwartungen, daß die Arbeit unpersönlicher werde und daß man immer abhängiger vom Computer werde. Höhere Anforderungen können einerseits für den Benutzer eine höhere Belastung darstellen, bedeuten aber andererseits auch eine Herausforderung. Hier, wie auch beim Anteil der Routinetätigkeiten an der Gesamttätigkeit, kommt es darauf an, für den einzelnen das subjektiv "richtige" Verhältnis zu finden bzw. ihm den Freiraum zu geben, dieses Verhältnis selbst zu bestimmen.

Die Einstellungen der Benutzer zu den vier umstrittenen Aussagen waren sicher stark durch subjektive Erfahrungen geprägt. So erforderten die CAD-Anwendungen in der Anfangszeit häufig Mehrarbeit, deren

Notwendigkeit aber später entfiel. Ob CAD für einen Benutzer einen Flexibilitätsgewinn bedeutete, hing konkret von der jeweiligen Anwendungssituation ab. In einigen Unternehmen gab es Vereinbarungen im Zuge der Einführung von CAD, keine Entlassungen vorzunehmen, während in anderen Unternehmen offen davon gesprochen wurde, technische Zeichner oder Arbeitsvorbereiter einzusparen. Den Versicherungen von seiten einiger Unternehmensleitungen, daß CAD nicht zur Leistungserfassung und -kontrolle verwendet würde, steht die Tatsache gegenüber, daß dies technisch ohne weiteres möglich ist.

Nach weiteren Analysen ergab sich, daß die Einstellungen der Anwender durch drei Faktoren bestimmt sind:

1. Die öffentliche Meinung, z.B. als Ergebnis der Medienberichterstattung. Sie wird nach einer Studie der Gesellschaft für Mathematik und Datenverarbeitung (GMD) (Lange 1983) von der Bevölkerung als eher negativ für den Computer eingeschätzt. Die gesamte öffentliche Meinung wird nach dieser Studie eher als "zwiespältig" betrachtet, wobei dies nicht als Polarisierung der Bevölkerung in die Lager der vorbehaltslosen Befürworter und der absoluten Gegner zu deuten ist: "Nicht die Nation ist in ihren Einstellungen zum Computer in zwei Blöcke gespalten, sondern die Mehrheit ihrer Bürger ist in sich gespalten und ambivalent. Wir verstehen unter Ambivalenz die gleichzeitige Erwartung von positiven und negativen Auswirkungen des Computereinsatzes auf der individuellen Ebene" (Lange 1983, S. 8).

2. Die persönlichen Eigenschaften, z.B. eine grundsätzlich positive Einstellung zu neuen Technologien. Diese äußert sich z.B. bei manchen Benutzern im ausdrücklichen Wunsch, mit EDV zu arbeiten. Die CAD-Experten stellten gelegentlich Mutmaßungen darüber an, welche Art von Mitarbeitern besser mit CAD zurechtkommen würde, z.B. "theoretisch begabte", "sorgfältige", sowie generell "jüngere" in der Annahme, daß jüngere Mitarbeiter im stärkeren Maße als ältere über die Bereitschaft verfügen, sich mit neuen Technologien auseinanderzusetzen.

3. Die konkreten Erfahrungen mit CAD-Programmen (bzw. EDV). Die bereits erwähnte GMD-Studie kommt zum Schluß, daß Arbeitserfahrungen der negativen Einstellungsbildung gegenüber Computern entgegenwirken (Lange 1983, S. 18f und 23). Nach unseren Ergebnissen ist dieser Befund noch zu differenzieren: In einer Detailanalyse

mit Hilfe eines Verfahrens der Clusteranalyse zeigte sich, daß die Erfahrung mit unterschiedlichen Programmen nur zu geringfügigen Unterschieden in den Einstellungen zum EDV-Einsatz in der Konstruktion führt. Die Anwender interaktiv-grafischer Systeme sehen die CAD-Anwendung etwas positiver als die Anwender des Zeichnungserstellungsprogrammes und des automatischen Variantenprogrammes.

Ebenso wie die Bevölkerungsmehrheit sind die befragten CAD-Benutzer in ihren Gesamteinstellungen zum EDV-Einsatz in der Konstruktion eher zwiespältig. Sie gehören jedoch eher zu dem Teil der Bevölkerung, der in der Bilanz mehr Vor- als Nachteile vom Computereinsatz erwartet.

2.5.8 Konflikte mit den Konstruktionsleitungen

Konflikte mit der Konstruktionsleitung bzw. mit leitenden Mitarbeitern in der Konstruktion sind in erster Linie zu erwarten, wenn diese nicht maßgeblich an der Einführungsentscheidung zu CAD beteiligt sind. So erfolgte z.B. die Einführung in einem Unternehmen, in dem die Konstruktionsleitung sehr frühzeitig an sämtlichen Entscheidungen zu CAD beteiligt wurde, in bestem Einvernehmen mit der Konstruktionsleitung. In einem weiteren Unternehmen, in dem ein professionelles Einführungsvorgehen eingeschlagen wurde, ging man den Weg, einen neuen Konstruktionsleiter für die betroffene Abteilung einzustellen. Dieser war bereits an der Hochschule mit CAD in Kontakt gekommen, so daß von dieser Seite kein Widerstand und sogar die aktive Förderung des CAD-Einsatzes zu erwarten war. Allerdings gab es unterhalb dieser Leitungsebene Vorbehalte gegenüber CAD, die vermutlich auch deshalb nicht manifest wurden, weil dem Konstruktionsleiter nicht alles mitgeteilt wurde. Die größten Vorbehalte von seiten der Konstruktionsleitungen, die uns bekannt wurden, gab es gegenüber einem der "Inselprogramme". Zum Teil können diese Schwierigkeiten auf die fehlende Einbeziehung in Entscheidungsprozesse zurückzuführen sein, zum Teil gehen sie aber auch auf tatsächliche und subjektiv empfundene Mängel des Programms zurück.

Beim einzigen Abbruch einer Implementation in der Detailstudie spielte der Widerstand des Konstruktionsleiters eine gewisse Rolle. Seine Einwände bezogen sich auf die mangelnde Änderungsfreundlichkeit des

Programmes. Nachdem ein Wechsel in der Geschäftsführung stattgefunden hatte, wurde die Anwendung nicht mehr von der Unternehmensspitze gefördert, und da auch der Konstruktionsleiter kein Interesse an ihr hatte, wurde sie zugunsten anderer Projekte zurückgestellt.

In einem weiteren Unternehmen mit dem gleichen Programm gab es nach dem Eindruck des CAD-Experten erhebliche Vorbehalte beim Konstruktionsleiter und den Gruppenleitern. Das Mißtrauen sei so weit gegangen, daß potentielle Anwender angestiftet wurden, Atteste anzufordern, die Bildschirmarbeit ausschlossen. Der Hauptkritikpunkt war, daß die erzeugten Konstruktionsunterlagen nicht normgerecht seien. Dieser Mangel wurde inzwischen behoben, die Vorbehalte jedoch nicht aufgegeben.

Bei einer Nichtbeteiligung der Konstruktionsleitung muß die Folge nicht unbedingt offener Widerstand gegen CAD sein, sie kann auch eine relative Gleichgültigkeit sein. So sagt der Konstruktionsleiter in einem der Unternehmen aus, er habe sich "nicht gerade darum gerissen", CAD bei sich in der Abteilung anzuwenden. Derzeit hält er CAD für eine Art Spielerei, die man sich bei der gegenwärtigen Unterauslastung der Abteilung leisten könne. Längerfristig hält er jedoch CAD durchaus für brauchbar.

Ein wichtiger Grund, CAD einzuführen, war der erhebliche Termindruck, der in den meisten Konstruktionsabteilungen vorhanden war. Ein Dauerzustand dieser Art kann zur paradoxen Situation führen, daß die Konstruktionsleitung CAD Widerstand entgegenbringt, weil der Einführungsaufwand als zu hoch eingeschätzt wird. In einem Unternehmen der Stichprobe gab es eben diese Bedenken seitens der Konstruktionsleitung. Trotzdem wurde CAD eingeführt.

2.5.9 EDV-Abteilung

Einige der Unternehmen verfügten über Großrechner mit freien Rechenkapazitäten. Es liegt nahe, bei der Einführung von CAD-Systemen diese Kapazitäten auszulasten. Allerdings bestehen sie häufig nur zu ungünstigen Zeiten (nachts oder am Wochenende), oder die Rechner eignen sich nicht optimal für CAD-Anwendungen. Neben ökonomischen Gesichtspunkten können auch Machtverhältnisse ausschlaggebend sein für das Bestreben, zunächst die Großrechenanlage auszulasten bzw. aufzustocken. Die EDV-Abteilung fühlt sich zuständig für sämtliche Rechneranwendungen; sie will entscheiden, ob und wann neue Rechnerkapazitäten erforderlich sind und dann auch entscheiden, auf welche Art und Weise aufgestockt wird.

In der Regel ist davon auszugehen, daß es Auseinandersetzungen mit der EDV-Abteilung über einen eigenen Rechner für CAD gibt, doch wurden Ablauf und Ausmaß solcher Konflikte nur am Rande der Untersuchung erfaßt. Meistens gelang es den CAD-Experten, einen eigenen Rechner durchzusetzen. Allerdings gibt es mindestens fünf Fälle (B, C, E, F, G), in denen die CAD-Anwendung doch auf der Großrechenanlage des Unternehmens laufen mußte.

Ausführliche Angaben zum Abwägeprozeß in dieser Frage gab es für ein Unternehmen. Hier bestand ein gewisser Druck, eine CAD-Lösung zu finden, die eine Einbeziehung der vorhandenen EDV-Großanlage bedeutet hätte. Durch Abwägen der Vor- und Nachteile von verschiedenen Alternativen gelangte man zum Konsens, eine Anwendung zu beginnen, die einen eigenen Rechner erforderte. Der Konsens wurde auch vom EDV-Abteilungsleiter mitgetragen.

Insgesamt scheint sich bei CAD eine ähnliche Situation zu wiederholen, wie sie bei der Herausbildung der eigenständigen EDV-Abteilungen gegeben war und sich bei der Trennung der technischen von der kommerziellen EDV wiederholt hatte. Die etablierten, älter eingesessenen Abteilungen wehren sich verständlicherweise dagegen, wenn sich eine spezialisierte Abteilung für CAD bildet, auch wenn das Volumen dieser Aufgaben stark zunimmt und die Bildung einer eigenen Abteilung rechtfertigen kann.

2.6 Erstanwendung der CAD-Programme und -Systeme

CAD ist eine Prozeßinnovation mit starkem Systemcharakter. Im Gegensatz zu Innovationen, wie sie aus dem Fertigungsbereich bekannt sind, bei denen es auf den Ersatz von Maschinen mit klar umrissenem Aufgabenspektrum ankommt (was selbst für komplexere Einheiten wie NC-Fertigungszentren noch gilt), muß jedes Unternehmen das Anwendungsfeld, welches für CAD geeignet ist, selbst ausfindig machen und definieren. Aus diesem Grunde kommt der Frage erhebliche Bedeutung zu, in welchem Bereich der Einsatz von CAD beginnen solle. Aus diesem richtig gewählten Ansatzpunkt ergibt sich nicht nur der spätere Erfolg der Erstanwendung und damit ein günstiges oder ungünstiges Klima für weitere Anwendungen, sondern auch der inhaltliche Anschluß in Richtung einer horizontalen und vertikalen Vernetzung von CAD.

Nachfolgend werden einige kritische Faktoren bei der Wahl der Erstanwendung diskutiert. Damit kann gezeigt werden, daß der erste Einsatz des neuen Konstruktionshilfsmittels CAD nicht so unproblematisch ist, wie es von den Systemanbietern gerne propagiert wird. Im folgenden wird unterschieden zwischen der Erstanwendergruppe und dem Erstanwendungsbereich.

2.6.1 Einsatzbereiche bei CAD-Einführung

Ein Großteil der untersuchten Unternehmen (8 von 13) hat den Einstieg bei CAD mit einer Rechnerunterstützung für ein eng umrissenes Aufgabenspektrum in der Konstruktionsabteilung gewagt. Diese Unternehmen gehören zu den "frühen" CAD-Anwendern im Maschinenbau. Sie haben ihre Entscheidung zu CAD zu einem Zeitpunkt getroffen, als ihnen der Markt noch keine große Auswahl an Anwendungsprogrammen bot. Zu dieser Gruppe zählen neben dem Variantenkonstruktionsprogramm PROREN1 das Programm DETAIL2 für die Zeichnungserstellung rotationssymmetrischer Einzelteile. Wie in Abschnitt 2.2.3 schon dargestellt, kamen Anstöße zu CAD häufig aus den Universitäten entweder durch neu eingestellte Mitarbeiter oder durch Verbindungen von leitenden Firmenmitarbeitern zu Hochschulen. Sowohl diese Verbindungen als auch die augenscheinlich einfache Handhabung der Systeme spielten bei der Entscheidung eine große Rolle. Mit der Wahl des Programmes DETAIL stand der Einsatzbereich in der Konstruktionsabteilung fest - die Zeichnung von rotationssymmetrischen Teilen. Eine generelle Analyse aller Anwendungsbereiche auf die prinzipiellen Möglichkeiten eines CAD-Einsatzes wurde in diesen Fällen meistens nicht durchgeführt; stattdessen untersuchte man gemeinsam mit den Entwicklern oder nach deren Anleitung den betreffenden Bereich auf die Brauchbarkeit (nur in einem Fall, L, gab es auch eine systematische Auswahl).

Waren diese speziellen kleineren Programme nahezu alle im Bereich der mechanischen Konstruktion angesiedelt (teilweise wegen der geplanten NC-Kopplung auch im Bereich der Arbeitsvorbereitung), so wurden die interaktiven grafischen Systeme mit allgemeinem Leistungsspektrum teilweise in einem anderen Konstruktionsbereich installiert, nämlich in der Elektrokonstruktion (drei Anwendungen in der mechanischen Konstruktion, zwei in der Elektrokonstruktion). Die interaktiven Programme lassen hier prinzipiell die Wahl zwischen der E-Konstruktion und der mechanischen Konstruktion als Einsatzbereich. Obwohl wir die Anwendung von CAD in der Elektrotechnik für die Untersuchung zunächst ausgeklammert hatten, war eine Analyse solcher Anwendungen aufgrund der Entscheidung der Unternehmen nicht zu umgehen. In den Betrieben liegt die E-Konstruktion häufig näher bei der mechanischen Konstruktion als von uns zunächst angenommen, wenn man etwa die Elektromechanik betrachtet (Antriebe etc.). Darüberhinaus zeichnet die E-Konstruktion einiges aus, was in bezug auf den CAD-Einsatz von Vorteil ist. In der E-Konstruktion arbeitet man weitgehend mit Prinzipschemata. Eine Formalisierung der Konstruktionsunterlagen ist hier schon weitgehend vor dem CAD-Einsatz vorhanden, bei der mechanischen Konstruktion muß diese Formalisierung erst mit der CAD-Einführung vorgenommen werden.

2.6.2 Erstanwendergruppe

Die Auswahl der ersten Anwender erfolgte in den Unternehmen nach sehr unterschiedlichen Gesichtspunkten. Es ist offensichtlich für die Verantwortlichen bei der Einführung einer neuen Technologie immer wieder von neuem schwer, für die Auswahl die adäquaten Gesichtspunkte zu finden. Läßt man einmal die Einführung der NC-Technologie Revue passieren, dann herrschte damals die Meinung vor, daß ein solch teurer (Maschinen)-Arbeitsplatz nur durch einen entsprechend "billigen" Mitarbeiter als Maschinenbediener wieder wirtschaftlich werden könne. Obwohl die Praxis sehr schnell zeigte, daß dem unterqualifizierten Mitarbeiter häufig Fehlbedienungen unterliefen, die zu (teuren) Stillstandzeiten führten und er dann auch die adäquaten Regulationsmaßnahmen nicht einleiten konnte, was insgesamt zu einer suboptimalen Nutzung der Maschine beitrug, hielt sich diese Meinung hartnäckig und erstaunlich lang. Erst die Erfahrung zwang zu der Einsicht, daß eine so teure Spezialmaschine nur durch einen sehr guten Facharbeiter optimal eingesetzt werden kann - eine Einsicht, die in vielen Firmen teuer erkauft werden mußte!

Vor diesem Erfahrungshintergrund muß erstaunen, daß eine Reihe von Firmen bei der Einführung und dem ersten Einsatz von CAD den gleichen Fehler noch einmal zu machen scheint. Es werden offenbar keine Zusammenhänge zwischen den beiden Technikanwendungen gesehen. Gerade die Anwender von DETAIL vertrauten auf den propagierten hohen Automationsgrad des Programms und waren der Meinung, daß als Bediener auch und gerade ein technischer Zeichner in Frage kommen könne, der am Brett nicht zu den Besten zählt. Besondere Qualifikationen wurden in den meisten Fällen nicht berücksichtigt. Meldeten sich auf die interne Stellenausschreibung keine Mitarbeiter, so wurden nach obigen Gesichtspunkten ausgewählte Mitarbeiter in die CAD-Anwendergruppe versetzt, in der Regel mit mäßigem Erfolg für die Anwendung.

2.6.3 Organisatorische Einbettung der Erstanwendungen

Bei der Einbettung der CAD-Anwendung in die Konstruktionsabteilung sind zwei Möglichkeiten gegeben:

a) Die Einrichtung einer spezialisierten Anwendergruppe und Bearbeitung auf Dienstleistungsbasis.

b) Die Integration der CAD-Arbeit in die Konstruktionsgruppen und Bereitstellen der notwendigen Terminals bzw. CAD-Arbeitsplätze.

In den meisten Fällen ist die Form der Dienstleistung für die Erstanwendung zu finden. Gegen eine Erhöhung der Zahl der Arbeitsplätze und damit eine prinzipielle "Anwendung am Arbeitsplatz" sprechen derzeit noch zwei Gründe:

- die Arbeitsstation ist mit Preisen bis zu 100 TDM noch zu teuer;
- die effiziente Handhabung des CAD-Systems ist in der Anfangsphase stark davon abhängig, daß kontinuierlich am System gearbeitet wird.

Lediglich eine "Vorstufe" der Arbeitsplatzlösung ist in einigen Firmen zu erkennen (4 Fälle). Ob der Schritt in die weitere Dezentralisierung gegangen werden soll, wird bezweifelt. In diesen Fällen ist eine Art Bearbeitungspool entstanden aus einer geringen Anzahl von CAD-Arbeitsplätzen (bis zu 4), die von ausgewählten und geschulten Mitarbeitern benutzt werden.

Die Form der Dienstleistung wird vornehmlich von den Anwendern der Berechnungsprogramme und der spezialisierten Zeichnungs- und Variantenprogramme bevorzugt. Nachdem in vielen Unternehmen Abteilungen für technische Berechnung vorhanden sind, bietet sich diese Organisationsform für die Berechnungsprogramme an, auch deshalb, weil spezialisierte Programme einerseits relativ selten gebraucht werden, andererseits bei den Benutzern umfangreiche Kenntnisse und deshalb eine Spezialisierung erfordern.

Aber auch die Anwender von Zeichnungsprogrammen haben ausschließlich diese Organisationsform realisiert. Die Auslagerung der Detaillierung der Rotationsteile aus den herkömmlichen Konstruktionsgruppen und die Spezialisierung einer einzigen Gruppe wurde als effektiv angesehen (3 Fälle). Man unterschätzte dabei die Probleme der organisatorischen Abstimmung. In einem Fall gab es beispielsweise Schwierigkeiten damit, die Gruppenleiter zur Abgabe aller Rotationsteile an das entstandene Detaillierungsbüro zu bewegen, in einem anderen Unternehmen machte die Abstimmung mit den Konstrukteuren bezüglich der Entwurfsskizzen mehr Probleme als erwartet. Dennoch erwies sich die Struktur mit der Beschränkung auf wenige Benutzer, die kontinuierlich mit dem System arbeiten, als vernünftig, da sich die größeren Schwierigkeiten erst bei der Einarbeitung in das Programm selbst zeigten. Die Benutzer müssen sich eingehend mit dem Programm beschäftigen, um dazu beizutragen, Fehler zu beheben. Eine breitere Streuung der Benutzer und Arbeitsplätze hätte angesichts der dann geringen Nutzungshäufigkeit kaum Vorteile gebracht, von den Arbeitsplatzkosten ganz zu schweigen. Allerdings ist zu beachten, daß mit dieser Form der Spezialisierung eine Form der Arbeitsteilung in die Konstruktion einzieht, die vorher nicht bekannt war. Nicht die Spezialisierung auf Objektbereiche (z.B. Baugruppen) oder bestimmte Tätigkeitsarten (Entwerfen - Zeichnen) wird nun entscheidend, sondern die Versiertheit in der Bedienung einer "Maschine" (wenn wir ein CAD-Programm als eine abstrakte Maschine ansehen) (vgl. auch Abschnitt 4.3).

Für die erste CAD-Anwendung hatte auch Unternehmen B erkannt, das Variantenprogramm für Parameterkonstruktion zunächst nur in einem kleinen Bereich beschränkt auf wenige Mitarbeiter einzuführen, obgleich es als einziges die CAD-Arbeit in die Konstruktionsgruppe integrierte.

Bei der Einführung eines geplanten Grafiksystems wollen leitende Mitarbeiter in der Firma allerdings anders vorgehen. Das CAD-System solle möglichst nahe am Arbeitsplatz der Techniker und Konstrukteure plaziert werden, und anfangen solle derjenige damit, der die meiste Lust dazu verspüre. Die Verbreitung solle dann nach dem Schneeballsystem erfolgen. Unter den Aspekten der Einführung ist dies sicherlich eine lobenswerte Zielsetzung, die allerdings unter Beachtung der CAD-Technologie relativ konfliktträchtig erscheint. Es ist kaum vorstellbar, gerade mit den Mitarbeitern problemlos anzufangen, die "am meisten Lust haben". Das würde voraussetzen, daß CAD ein relativ problemloses, universelles Konstruktionsarbeitsmittel ist, was keineswegs zutrifft. Die Beschränkung auf einige wenige Mitarbeiter mit möglichst hoher Qualifikation und Erfahrung während der Einführungsphase und erst danach eine Verbreiterung der Basis, nach dem Ausschalten der immer vorhandenen Fehler, stellt wohl die bessere Methode dar.

2.7 Stand der CAD-Anwendungen und weitere Planung

2.7.1 Stand der Anwendungen [1]

2.7.1.1 Berechnungsprogramme

Die Aktivitäten bei der rechnergestützten technischen Berechnung haben eine Tradition, die bis an den Anfang der 70er Jahre zurückreicht. In vielen Firmen wurde eine Reihe von Eigenentwicklungen vorgenommen, um die betriebsinternen Probleme bei der technischen Berechnung durch EDV unterstützen zu können. Mit diesen Programmen wurden Rechnerverfahren auf den Computer genommen, die in der Regel auch schon vorher angewendet wurden, z.T. mit Unterstützung durch Taschen- oder kleinere Tischrechner durch die Konstrukteure selbst. In einer Reihe von Unternehmen haben sich im Laufe der Zeit eigenständige Abteilungen oder spezialisierte Gruppen für technische Berechnungen entwickelt, die in Dienstleistung die Berechnungsprobleme für die Konstruktionsabteilung lösen (6 Fälle).

---

[1]) Der Stand der Anwendung bezieht sich wohlgemerkt auf den letzten Untersuchungszeitpunkt von November 81 bis August 82. Eine Aktualisierung mit einigen markanten Trends findet sich in Kapitel 7.

Etwa seit der Mitte der 70er Jahre werden nun Berechnungsmethoden eingesetzt, die auf manuellem Wege kaum ökonomisch anwendbar waren. Dazu gehören Programme für die Finite-Elemente-Methode (etwa TPS10, SAB-4, FINEL) oder der Auslegung von Kurven- und Koppel-Getrieben (DISKO, DISKO-CAM 45). Die Anwendung der FEM-Programme erfolgt in den Unternehmen unterschiedlich intensiv. Nach einer ersten Testphase mit dieser Methode, häufig bei den jeweiligen Anbietern der Programme durchgeführt, haben inzwischen mehrere Unternehmen ein solches Programm im eigenen Haus installiert (A, E, L) oder planen die Installation (C, D). Eingesetzt werden die Systeme in einem Fall bei allen Neukonstruktionen von problematischen (etwa stark belasteten) Bauteilen oder an anderer Stelle je nach Einschätzung des Konstrukteurs. Einen Sonderfall stellt die Anwendung bei einem Unternehmen in der Produktkonstruktion dar, wo das System in der Regel erst nach dem Versuch zur Nachrechnung bei ungünstigen Versuchsergebnissen eingesetzt wird (A).

Die Berechnungsprogramme haben im Laufe der Zeit einen hohen Stand an Anwendungssicherheit und Fehlerfreiheit erreicht. Generelle Probleme mit der Anwendung wurden nicht vorgetragen, Programmängel sind eher marginal und oft durch eigenes Zutun zu verhindern oder zu umgehen. Die Anwendung der Programme erfolgt fast ohne Ausnahme im Batchbetrieb. In einigen Fällen werden eine automatische Netzgenerierung und die interaktive Aufbereitung der Finite-Elemente-Netze angestrebt, um den Eingabeaufwand zu reduzieren; derzeit werden z.T. Werkstudenten für die Netzgenerierung eingesetzt. Die Rechenläufe für die FEM-Aufgaben sind wohl weiterhin nur im Batch-Betrieb zu realisieren, da Rechenzeiten bis zu einigen Stunden keine Seltenheit sind, die vornehmlich zu Nachtzeiten zur Verfügung stehen.

2.7.1.2 Zeichnungserstellungsprogramme

Zu dieser Gruppe zählt das Programm DETAIL2, das in 4 Firmen untersucht wurde (C, D, I, K). Von den 4 DETAIL-Anwendern haben inzwischen drei die produktive Anwendung erreicht, ein Anwender hat die CAD-Bearbeitung mit DETAIL nach Beendigung der Testphase abgebrochen, eine Entscheidung, die nicht unmittelbar mit dem Programmeinsatz zusammenhängt. Vielmehr hatten sich in der Firma die Investitionsschwerpunkte derart verlagert, daß die CAD-Linie "vorübergehend" nicht weiterverfolgt wurde, und der betreffende Arbeitsbereich schon so weitgehend standardisiert war, daß sogar die Konstruktion der Varianten mit vorgefertigten Formularen erfolgen konnte.

Die anderen Anwender haben die Einführungs- und Testphase abgeschlossen und können das System in die Arbeit des Konstruktionsprozesses integrieren, wobei der Weg bis dorthin bei der überwiegenden Zahl eher leidvoll war. Die erste Hürde, die zu nehmen war, bestand in der nicht ausreichenden Zahl von Einzelelementen im Programm, aus denen die Zeichnung eines Bauteils aufgebaut werden muß. Die firmenspezifischen Anforderungen führten dazu, daß nachträglich in einem Fall bis zu 180 neue Elemente programmiert werden mußten, damit das Programm spezifische Bauteile erfassen konnte. Hinzu kamen Probleme bei der Implementation auf einen bestimmten Rechner, die mit dem Programm selbst nicht zusammenhingen - es mußte z.B. für den Plotteranschluß an einen Rechner eines großen Anbieters ein eigener Preprocessor entwickelt werden. Weitere Schwierigkeiten gab es bei der Benutzung des Programms selbst, was noch an anderer Stelle beschrieben wird (vgl. Abschnitt 4.5).

2.7.1.3 Variantenkonstruktionsprogramme im Batch-Betrieb

Hierzu zählen die von uns untersuchten PROREN-Anwendungen (B, L). Inzwischen liegt auch eine interaktive Version vor, die aber nicht untersucht wurde. In einem Fall war der produktive Einsatz noch nicht erreicht, da die Varianten für die vorhandenen Teilefamilien noch nicht vollständig algorithmisiert waren. Dieser Aufwand hatte sich im nachhinein als größer herausgestellt als zunächst angenommen und wurde auf etwa 2 Mannjahre geschätzt. Die zweite Anwendung war produktiv, da das Aufgabengebiet eng begrenzt und somit schneller programmiert war. In einem dritten Unternehmen wurde das Programm für die vorgesehene Aufgabenbearbeitung als zu starr angesehen und nach kurzer Testphase wieder aus dem Betrieb genommen. Neben der untersuchten Anwendung war dieses Programm in L noch in zwei weiteren Bereichen vorgesehen. Eine dieser Anwendungen lief bereits produktiv, die andere war wegen zu geringer Effektivität wieder aufgegeben worden.
Für diesen Anwendungsbereich (Drehmomentwandler) sei es zwar möglich, Algorithmen aufzustellen und damit auch zu programmieren; diese seien aber meist nicht anwendbar, da Sonderwünsche der Kunden eingear-

beitet werden müssen. Bei den Wandlern handele es sich weniger um Varianten- als um Anpassungskonstruktion.

Alles in allem war die Einschätzung der Programmanwender der beiden zuletzt genannten Gruppen nicht immer positiv, was den derzeitigen und den zu erwartenden Erfolg dieser Programme anbetrifft. Das Zeichnen von Rotationsteilen mit CAD wurde oft als zu fehlerbehaftet, die Variantenkonstruktion als zu starr beurteilt (mehr hierzu in Abschnitt 4.5).

2.7.1.4 Interaktive grafische Varianten-Programme

Die Einschätzung der Brauchbarkeit fiel bei den Anwendern dieser Gruppe (A, F, J, N) deutlich positiver aus. Die Programme MEDUSA, CADLAN und das Turn-Key-System von COMPUTERVISION durchliefen in der Regel recht schnell die Testphasen und konnten relativ kurzfristig in die produktive Anwendung übernommen werden. Aber es gab auch hier Probleme.

Ein Unternehmen hatte z.B. das Programm MEDUSA gekauft und dabei die Implementation auf einer DEC-PDP vorgesehen - die Vertriebsfirma hatte die Lauffähigkeit bei dieser Konstellation zugesichert. Die Praxis lehrte anderes. Nach wiederholten Bemühungen und ausbleibendem Erfolg wurde eine Vereinbarung getroffen, nach der der Anwenderfirma ein geeigneter Rechner zur Verfügung gestellt wurde (ein halbes Jahr kostenlos). Danach war die Implementation nur noch eine Formsache, wenngleich damit die Anwendung noch nicht lief.

Die Auswahl der Elektrokonstruktion als Anwendungsbereich war übrigens in diesem Unternehmen zum Teil dadurch begründet, daß der Einsatz des Zeichnungserstellungsprogramms in der mechanischen Konstruktion mit Problemen in der Anwendung und Eingliederung des Programms einherging. Der Einsatz in der E-Konstruktion sollte wegen der einfacheren Aufgaben und der häufigen Prinzipdarstellungen einen schnelleren Erfolg der Einführung sicherstellen und dadurch größere Akzeptanz gewährleisten. Zudem verlangte ein permanenter Engpaß in diesem Bereich eine Verbesserung des Leistungspotentials.

Eine ähnliche Situation wurde bei einem anderen MEDUSA-Anwender angetroffen, der auch die E-Konstruktion für den Einstieg ausgewählt hatte, der damit aber gleichzeitig seine erste CAD-Anwendung realisierte. Im Gegensatz zum obigen Anwender, der erst die Grundsoftware installiert hatte und gerade die Anwendungsmoduln implementierte, hatte dieser Anwender schon einige Moduln ausgetestet und im produktiven Einsatz in der E-Konstruktion. Es wurden vom neu eingerichteten "CAD-Zentrum" laufend neue Moduln an die betriebsspezifischen Bedingungen angepaßt und in den Routineeinsatz übernommen. Der Erfolg durch die bereits eingeführten Moduln wurde als sehr gut beurteilt, die gesteckten Einsparungsziele könnten aller Voraussicht nach erreicht werden.

Erst danach wurde in diesem Unternehmen damit begonnen, einige Anwendungspakete für die mechanische Konstruktion aufzubereiten (Maschinenständer und Portale, Fundamentplatten usw.), wobei manche schon die dreidimensionale Darstellung von Maschinenteilen ermöglichen sollen. Obwohl diese Darstellungsform für die Konstruktion nicht als unbedingt notwendig angesehen wird, bietet sie doch willkommene Möglichkeiten, etwa bei der Verbesserung der Angebotsunterlagen.

Neben diesen beiden MEDUSA-Anwendern hatte ein weiteres Unternehmen den CAD-Einstieg in der E-Konstruktion mit dem Turn-Key-System von COMPUTERVISION gewählt. In diesem Fall waren schon einige Moduln in der Systembibliothek erstellt, so daß sich das System in der Vorphase zum produktiven Einsatz befand. Parallel waren aber Mitarbeiter aus der E-Konstruktion damit beschäftigt, die Systembibliothek zu vervollständigen.

Die übrigen drei Anwender von interaktiv grafischen Systemen wählten als ersten Einsatzbereich die mechanische Konstruktion. In allen Fällen handelte es sich hierbei nicht um Werkzeugmaschinenhersteller, sondern um Hersteller von Großserienprodukten, die mehr oder weniger dem Maschinenbau zugerechnet werden können. Übereinstimmend handelt es sich um relativ wenige Produktfamilien, die in einer großen Variantenbreite angeboten bzw. nachgefragt werden, insgesamt also günstige Voraussetzungen für einen CAD-Einsatz. Zwei dieser Anwender entschieden sich für das Programm MEDUSA, einer entwickelte zusammen mit einem Softwarehaus ein eigenes System CADLAN, das inzwischen auch anderen potentiellen Anwendern zugänglich ist. Beide MEDUSA-Anwendungen liefen schon produktiv, obwohl die damaligen Arbeiten noch dem Pionierbetrieb zuzuordnen waren. Ein Unternehmen hatte schon sechs grafische Arbeitsplätze installiert, an denen 20 der 45 geschulten Mitarbeiter regelmäßig mit dem System arbeiteten. In beiden Unternehmen war an eine spätere Kopplung mit FEM-Programmen und NC-Fertigung gedacht, aber noch nicht realisiert, wie man überhaupt feststellen muß, daß wir eine Integration mehrerer Arbeitsphasen in ein rechnergestütztes System erst in zwei Fällen angetroffen hatten (D, F).

2.7.2 Weitere Planungen und Perspektiven

Bei einem der Anwender mit einem interaktiv-grafischen System für zweidimensionale Aufgaben war vorgesehen, eine Version für 3D-Grafik zu erstellen. Zunächst sollten diese Aktivitäten stärker forciert werden; es hatte sich aber herausgestellt, daß 3D für die konstruktive Bearbeitung nicht unbedingt notwendig ist. Diese Meinung wird auch von einem anderen Unternehmen bestätigt, das die 3D-Version von MEDUSA getestet hat, in dem man aber 2D für vollkommen ausreichend ansieht.

Von den Anwendern interaktiver grafischer Systeme in der mechanischen Konstruktion wird übereinstimmend geplant, eine Kopplung mit der NC-Programmierung und ebenfalls mit vorhandener FEM-Berechnung vorzunehmen. In der Integration wird vielfach ein wichtiger Nutzen gesehen, und deshalb ist die entsprechende Fähigkeit der CAD-Software eines der Kriterien bei der Programmauswahl (so z.B. in A, J, F u.a.).

Eine Tendenz scheint sich abzuzeichnen in der Auswahl der Erstanwendungsbereiche und der späteren Ausweitung auf andere Bereiche. Die interaktiven Programme werden in 4 Fällen zunächst in der E-Konstruktion eingesetzt (G, N im Einsatz; E, I geplant), um erst danach auch in der Hydraulikkonstruktion (sofern vorhanden) und zuletzt in der mechanischen Konstruktion eingesetzt zu werden. Der Grund wurde schon angedeutet: Beginnen will man in einem Bereich, der von der Struktur her am ehesten geeignet ist (möglichst Prinzipdarstellung, 2D-Bearbeitung), um mit diesen Erfahrungen die als schwieriger angesehenen Probleme in der mechanischen Konstruktion anzugehen. Über eine weiterreichende Integration und Kopplung sei dabei noch nicht eingehend nachgedacht; erst müßten die diversen Probleme des Einsatzes in der mechanischen Konstruktion bewältigt werden (so ein damaliges Statement in N).

Daß der Zeitpunkt für den Einstieg in die interaktive grafische Datenverarbeitung von vielen Unternehmen für gekommen angesehen wird, zeigt allein die rasante Entwicklung der Anwendungen in unserem Sample (siehe Tabelle 2.5., vgl. zum Stand 1984 die Tabellen 7.1. und 7.2.). In der Planung befanden sich damals zudem noch drei weitere Anwendungen (B, E, L), die kurzfristig installiert werden sollten. Eine ausgesprochen geringe Bedeutung haben dabei (zumindest in den von uns untersuchten Fällen) die von verschiedenen Herstellern angebotenen Turn-Key-Systeme. In der Regel werden wegen der größeren Anpassungs- und Änderungsmöglichkeiten frei konfigurierte Systeme vorgezogen. In einem Fall beteiligt sich ein Unternehmen an einer gemeinsamen Entwicklung eines interaktiv-grafischen Systems in Kooperation zwischen Anwender, Softwarehaus und Hochschule. Die mögliche Anpassung an die Betriebsspezifika wurde als ausschlaggebendes Argument für diese Entscheidung angeführt. Manche Unternehmen stehen den CAD-Grafiksystemen immer noch skeptisch gegenüber (so etwa Unternehmen D, M). Die Geschäftsleitung sei zwar prinzipiell für den Einsatz solcher Systeme, aber der CAD-Experte - so damals seine Einschätzung - könne "guten Gewissens" nichts empfehlen.

Tabelle 2.5. Veränderung der Anzahl produktiver CAD-Anwendungen im Verlauf der Untersuchung +)

Art des CAD-Einsatzes	Anzahl produktiver Anwendungen	
	1980/81	1981/82
Berechnungsprogramme	12	12
Zeichnungserstellung	3	6 ++)
Interaktive Konstruktionsprogramme für:		
mechanische Konstruktion	1	3
Elektrokonstruktion	1	2
Hydraulik-Konstruktion	1	1

+) Gesamtzahl der CAD-Anwender 1981/82 n=12. Für die Aufstellung wurden nur diejenigen Unternehmen berücksichtigt, die in beiden Untersuchungsabschnitten vertreten sind.

++) Bei den Zeichnungsanwendungen wurden zwei Anwendungen mit automatischer Variantenkonstruktion hinzugenommen, weil Programmoutput Werkstattzeichnungen sind.

3 Wirtschaftlichkeit von CAD-Systemen

Auf den ersten Blick scheint die Wirtschaftlichkeit ein Terrain abzustecken, auf dem mit eindeutigen Kriterien und harten Fakten operiert wird. Jeder Praktiker aber, der selbst schon einmal in die Rolle des Entscheidungsvorbereiters schlüpfen konnte oder mußte, der die Interessen der einzelnen Unternehmensabteilungen kennt, erfahren hat, wie mit durchsichtigen Argumenten über Kriterien gestritten wird, wie über manche Investition mit teuren, vorher nicht bedachten Folgekosten ein angestrengtes Stillschweigen bewahrt wird - dieser Praktiker weiß, daß das Gebiet der Wirtschaftlichkeit keineswegs einer Rennbahn gleicht, wo mit geeichten Meßinstrumenten nach eindeutigen Kriterien Leistung exakt bestimmt wird.

Die Frage der Wirtschaftlichkeit von CAD-Systemen wird in letzter Zeit ebenso häufig wie kontrovers diskutiert. Es stehen Marketing-Aussagen im Raum, die in der Praxis bei bestimmten Anwendungen zwar bestätigt werden konnten, sich aber in anderen Fällen als völlig haltlose Prognosen erwiesen.

Die Erfahrungen, die uns im Rahmen unserer Untersuchung hierzu berichtet wurden, bestätigen, von wievielen Faktoren die Wirtschaftlichkeit einer CAD-Anwendung bestimmt wird. Entscheidend scheint nach unserer Ansicht nicht, nach welchem spezifischen Modell eine Wirtschaftlichkeitsbetrachtung durchgeführt wird, sondern daß die Beteiligten jenes Modell, welches sie verwenden, einzuordnen wissen, oder auch, daß sie die Risiken betrachten, die eine Unterlassung einer Wirtschaftlichkeitsbetrachtung mit sich führen kann. Das Problem liegt also mehr auf einer Ebene strategischer Einschätzung: Nicht das einzelne Kriterium ist wichtig, sondern die Einschätzung der Brauchbarkeit und Tragweite der ausgewählten Kriterien. Aus diesem Grunde wird im folgenden auch nicht das Ziel verfolgt, aus der Vielzahl der erhaltenen Hinweise ein eigenes, umfassenderes oder besseres Berechnungsmodell vorzuschlagen, sondern anhand konkreter Erfahrungen auf manche Fallstricke hinzuweisen. Da das Bewußtsein einiger grundsätzlicher Fragen gerade für das konkrete Entscheiden äußerst wertvoll sein kann, sei einleitend auf folgende Unterscheidungen hingewiesen.

- Jede Wirtschaftlichkeitsbetrachtung ist zunächst in einen Entscheidungsprozeß eingeordnet; dies kann den Beteiligten mehr oder weniger klar bewußt sein. In diesem Entscheidungsprozeß kann "Wirtschaftlichkeit" ein bestimmtes Kostenkalkül darstellen, wobei jedoch der Entscheidungsprozeß fast immer auch anderen Kalkülen (z. B. der Machtbalance zwischen den Abteilungen eines Unternehmens) und anderen Interessen folgt. So wird man sich in einem Unternehmen, in dem der CAD-Experte aufgefordert wird, eine Wirtschaftlichkeitsrechnung für das geplante CAD-System vorzulegen, welche er nach seinem methodischen Gewissen gar nicht vertreten kann, fragen müssen, ob die Entscheidungsstrukturen noch gesund sind.
- Wirtschaftlichkeit kann in einem engeren Sinne innerhalb des Entscheidungskontextes als ein Kalkül über die mehr oder weniger eng an Kosten orientierten Voraussetzungen und Folgen einer bestimmten Veränderung aufgefaßt werden. Das einfachste Modell würde in einem Vergleich der eingesetzten Mittel zu den eingesparten Kosten bestehen. Diese so verstandene Wirtschaftlichkeitsbetrachtung impliziert notwendig das Bemühen, nach der Investitionsentscheidung die tatsächlichen Kosteneffekte empirisch nachzuweisen.
- Schließlich kann eine Wirtschaftlichkeitsbetrachtung in einem noch engeren Sinne als ein spezifisches Berechnungs- und Bewertungsmodell verstanden werden. Hier wäre zu fragen, ob es vorteilhafter ist, nach dem Schema einer Kostenvergleichsrechnung zu verfahren oder breiter ansetzende Kosten-Nutzen- oder Cost-Effectiveness-Modelle zu verfolgen (vgl. Brand und Glatz 1983, Westermann 1980, Goldbecker 1979 zu spezifischen Ansätzen; Duus und Rader 1983 zu einigen grundsätzlichen Fragen wie Effizienz und Effektivität als Kriterien der Wirtschaftlichkeit).

Für die folgende Ergebnisdarstellung wird zwischen Wirtschaftlichkeit als Kriterium im Rahmen der Investitionsentscheidung und als empirischer Nachweis unterschieden.

3.1 Wirtschaftlichkeit bei der Investitionsentscheidung

3.1.1 Bedeutung der Wirtschaftlichkeit

Im Interviewteil zur Wirtschaftlichkeit stellten wir zunächst die Frage, welche Bedeutung die Wirtschaftlichkeit im Entscheidungsprozeß hatte. Die Gesprächspartner hatten die Möglichkeit der freien Schilderung.

Der Wirtschaftlichkeit wird je nach Programmart und Leistungspotential ein unterschiedlicher Stellenwert zugemessen. Die Berechnungsprogramme werden kaum auf ihre Wirtschaftlichkeit hin überprüft, wichtiger sind hier die technologischen Kriterien. Annahmen etwa über Verhinderung von Schadensfällen werden bisweilen als zu hypothetisch abgetan, um eine Berechnungsgrundlage abzugeben (E). In einem Fall wurden allerdings Berechnungen für einen eingetretenen Schadensfall nachträglich angestellt (C), um damit ein weiteres Argument zum Einsatz eines FEM-Programmes zu erhalten. Die Nachrechnung ergab, daß bei Einsatz des FEM-Programmes der Schaden nicht aufgetreten wäre, was einer sofortigen Amortisation des Systems gleichgekommen wäre. Dennoch hat man sich in diesem Unternehmen noch nicht zu einem Einsatz durchgerungen, dies würde das Überdenken des derzeitigen Hardwarekonzeptes voraussetzen!

"Kleine" batch-orientierte Variantenprogramme wie PROREN werden als Einstieg in CAD-Systeme angesehen; die Rentabilität scheint nicht von großer Bedeutung. Anwender vermuten sogar, daß die Wirtschaftlichkeit wohl nie erreicht werde (L). Positive oder eventuelle negative Auswirkungen werden eher als marginal betrachtet. Daß dies trügen kann, soll noch gezeigt werden.

Die etwas komfortableren, aber immer noch eng begrenzten Programmanwendungen zur Zeichnungserstellung von Rotationsteilen wurden in bezug auf die Wirtschaftlichkeit in den meisten Fällen untersucht. Ein Manko ist dabei wie bei den nachfolgend genannten Programmen die Informationsbeschaffung. Vielfach mußten die Anwender ihre Entscheidung auf Angaben der Hersteller stützen, da zu eigenen Analysen entweder das Wissen über das Leistungspotential der Programme oder die Erfahrung zur Einsatzvorbereitung zu gering waren.

Die Vorbereitung der Entscheidung hängt stark von der Erfahrung der Beteiligten ab. In Unternehmen I, das zunächst DETAIL eingeführt hatte, wurde bei der Begründung zur Einführung des Systems MEDUSA noch sorgfältiger verfahren als dies bei Einführung von DETAIL der Fall war - einige Fehler in der damaligen Vorbereitung mahnten zur Vorsicht (längere Probleme mit Bildschirmanschluß, Entwicklung der Anzahl zu bearbeitender Rotationsteile nicht richtig eingeschätzt). Insbesondere wurde die damit verbundene Rechnerauswahl konsequent nach wirtschaftlichen Gesichtspunkten durchgeführt. Zunächst sollte das Programm auf der vorhandenen PDP 11 von DEC lauffähig gemacht werden - dies wäre die billigste Lösung gewesen. Obwohl die Machbarkeit von seiten des Softwareanbieters zugesichert worden war, funktionierte die Umstellung nicht. Daraufhin wurde dem Unternehmen für einen bestimmten Zeitraum ein Rechner der Firma PRIME kostenfrei zur Verfügung gestellt. Obwohl diese Konstellation in vielen Installationen bewährt ist und auch bei I problemlos lief, entschied man sich nach <u>eigenen</u> umfangreichen Untersuchungen für einen Rechner der Firma DEC (VAX), der die gestellten Anforderungen der Experten in I besser erfüllte.

Auch in Unternehmen D und C rutschte man in eine zumindest "suboptimale" Anwendung hinein, weil das Wissen und die Erfahrung mit CAD zum Zeitpunkt der Entscheidung zu gering waren.

Betrachtet man alle Fälle, dann zeigt sich deutlich, <u>daß die Bedeutung der Wirtschaftlichkeit mit der Höhe der Investitionssumme wächst und weniger von der Art des Programms abhängt</u>. Bei der Entscheidung über den Einsatz von interaktiven Systemen wird der Wirtschaftlichkeit am meisten Augenmerk gezollt. Eine Ausnahme von dieser Regel machen lediglich die Berechnungsprogramme, die trotz höherer Investitionskosten oft mit rein technologisch orientierter Begründung implementiert werden. Wichtiger bei dieser Art von Programmen sind qualitative Gesichtspunkte wie etwa die Sicherung des Unternehmenserfolges durch Vorsprung in Technik und Qualität der Produkte, nicht die meist nur fiktiv bestimmbaren Einsparungen aus dem Programmeinsatz.

3.1.2 Vorbereitung der Investitionsentscheidung

In diesem Abschnitt geht es um die Vorbereitung der Investitionsentscheidung, wobei ein Teil die Investitionsrechnung darstellt, d.h.

die kostenmäßige Überprüfung der geplanten Alternative. Die Wirtschaftlichkeit ist dann gegeben, wenn bestimmte Kennziffern positiv ausfallen, etwa wenn die Rentabilität ausreichend ist oder gegenüber der zu ersetzenden Lösung steigt. Gefragt wurden die CAD-Experten also nach dem Vorgehen, d.h. welche Berechnungsmethode sie gewählt hatten, welche anderen Faktoren in die Entscheidungen eingingen, und ob überhaupt die Wirtschaftlichkeit überprüft wurde. Darüberhinaus waren die Randbedingungen und die Begründungen für das jeweilige Vorgehen von Interesse.

Die Entscheidung über die Einführung eines CAD-Systems in den Unternehmen ist von einem Dilemma überschattet, das ein Gesprächspartner so formulierte (A): Ein großes Problem ist der Wahrheitsgehalt der Daten und Informationen und der daraus resultierenden Schätzwerte! Die Forderung nach einer Aussage zur Wirtschaftlichkeit ist zum Zeitpunkt der Investitionsentscheidung am größten, die Datenbasis aber am schwächsten. Für die frühen Pionieranwender waren die einzigen Informationsquellen oft die Anbieter der Systeme; die Qualität der Angaben wurde von vielen Anwendern als ungenügend bezeichnet ("Augenwischerei", "geschönte Aussagen").

Die Anwender der untersuchten Berechnungsprogramme (TPS10, DISKO-CAM45) konnten solche Probleme insofern leicht bewältigen, als sie auf den Nachweis von Wirtschaftlichkeit keinen Wert legten. Im Unternehmen E war die Vermeidung von Schadensfällen und dadurch noch größere Reputation beim Kunden Grund genug, das vorher schon sporadisch beim Hersteller genutzte TPS10 in der eigenen Firma zu implementieren. Aus Schadensvorsorge und aus den erzielbaren Materialeinsparungen bei der Konstruktion aber eine Wirtschaftlichkeitsrechnung abzuleiten, erschien den Verantwortlichen zum einen doch als ein zu hypothetischer Fall, zum anderen seien die Kosteneffekte zu marginal. Die mit dem Programm erzielbaren Ergebnisse seien von einer derart anderen Qualität, daß sie kaum mit manuell erstellten Ergebnissen verglichen werden können. Ähnlich äußerte sich der Gesprächspartner in Unternehmen H (DISKO-CAM45), in dem die Sicherung der Leistungsfähigkeit und der Qualität der Produkte bei der Entscheidung vorrangig gewesen seien. Aus diesen fiktiven Größen eine Berechnung aufzubauen, sei erstens zu kompliziert und zweitens zu leicht anfechtbar. Die Geschäftsleitung wisse ohnehin, daß solche Berechnungen "getürkt" seien. Daneben wäre für ein gutsituiertes Unternehmen das Festmachen der Entscheidung an der Wirtschaftlichkeit der Investition nicht unbedingt notwendig.

Von den DETAIL-Anwendern legten fast alle eine ausführliche Investitionsrechnung vor, lediglich Unternehmen D hielt dies aus den oben genannten Gründen nicht für notwendig. Im folgenden werden einige Berechnungsbeispiele dargestellt.

Eine erste Untersuchung wurde durchgeführt für einen möglichen, aber dann aufgrund der Berechnungen abgelehnten Einsatz des Vorläufer-Programms von DETAIL. Die empirische Basis war seinerzeit eine Teileerfassung von 1976. Diese bildete auch die Grundlage für die zweite, nun für DETAIL vorgelegte Wirtschaftlichkeitsberechnung im August 1978. Die Betrachtung erfolgte hinsichtlich des Einsatzes einer PDP 11/34. Die Auswertung der Einzelteilzeichnungen von 1976 ergab, daß mit DETAIL 2/3 der Zeichnungen automatisch erstellbar seien. Diese Werte wurden im Verein mit den Anbietern des Programms ermittelt.

Mit diesen beiden Ausbaustufen wurde der Ansatz im folgenden durchgerechnet. Dabei wurde weiterhin so vereinfacht, daß alle Zeichnungsformate auf DIN A4 umgelegt wurden, da in etwa gleich viele Zeichnungen aus den verschiedenen Formatgruppen erstellbar wären. In 1976 fielen hierbei ca. 1100 neue Zeichnungen bei Rotationsteilen an.

Beim Zeitbedarf wurde für eine A4-Zeichnung mit 2,5 Stunden bei manueller Ausführung und 20 Minuten bei automatischer Erstellung gerechnet, was wiederum auf Angaben der Anbieter beruhte. Unter Hinzuziehen der Lohnsätze ergab sich eine Ersparnis von ca. 80 TDM p.a.. Nach einem Kostenvergleich ergab sich je nach zugrundegelegter Auslastung der Anlage eine Amortisationszeit von 3,7 bzw. 3,3 Jahren und eine mögliche Kapazitätserweiterung (oder Personaleinsparung) von 2-3 Detailzeichnern.

Aufgrund dieser Berechnungen wurde der Einsatz des Programms empfohlen.

Ähnlich ging man in einem weiteren Unternehmen vor, wobei allerdings die eigentliche Wirtschaftlichkeitsbetrachtung hier erst parallel zur Implementation gemacht wurde, dann aber schon mit ersten eigenen Zeitanalysen am System.

Eine Durchsicht von 300 Zeichnungen ergab hier, daß 15 A3 Zeichnungen von Drehteilen pro Tag anfallen, wovon 80% = 12 Drehteile für DETAIL geeignet erschienen. Die Zeitwerte für die Aufbereitung der Zeichnungen in DETAIL-Sprache und die Eingabe am Bildschirm ermittelte der CAD-Experte durch Eingabe von ca. 30 fertigen Zeichnungen. Der Vergleich der manuellen Tätigkeit mit der CAD-Tätigkeit ergab eine Ersparnis von 1,5 Stellen.

Nach einem Ansatz vom gleichen Schema ermittelte man im Unternehmen L einen Anteil von 40% Rotationsteilen an der gesamten Konstruktionskapazität, wovon 60% als für DETAIL geeignet erschienen. In der anschließenden Berechnung ging man von einer Personaleinsparung von 45% am Beginn und 65% nach 3 Jahren des Einsatzes aus, was eine Amortisationszeit von 3,3 Jahren ergab bei einem Kapitaleinsatz von 300 000 DM.

Ebenso wie in den oben beschriebenen Fällen waren auch die Anwender der interaktiven Grafiksysteme auf Schätzungen angewiesen, allerdings richteten sich diese nicht so stark nach den Angaben der jeweiligen Anbieter. Auch in der Art ihrer Wirtschaftlichkeitsbetrachtung unterschieden sich diese bis auf einen Fall nicht von den vorgenannten. Es wurde in der Regel ein Kostenvergleich als Entscheidungsgrundlage gewählt. Auffällig ist aber, daß bei diesen Firmen der eigentlichen Investitionsentscheidung für ein bestimmtes Programm eine Sichtung anderer Programme vorausging.

Im Unternehmen A wurde für eine Vorauswahl an etwa 20 Systemanbieter ein Fragebogen verschickt, auf dessen Grundlage eine Erstauswahl nach technologischen Kriterien durchgeführt wurde. Danach wurde erst die Wirtschaftlichkeitsanalyse durch Schätzung geeigneter Parameter überprüft. Zunächst wurde die Anzahl der Konstrukteure und die Auslastung durch Zeichenarbeit sowie die Anzahl der Zeichner und deren Auslastung festgestellt. Hieraus ergab sich eine Aufstellung zu den Arbeitsanteilen sowie zu den geschätzten Steigerungsfaktoren bei CAD-Einsatz:

	81/82	83	Steigerungsfaktor
freie Konstruktion	40	20	1 - 1,5
Variantenkonstruk.	0	0	10 - 100
Modifikationen	30	40	5 - 20
Korrekturen	20	15	3 - 100
Korrektur mit Bibliotheksteilen	10	15	10 - 100

Das Unternehmen J ging nach der Vorauswahl sehr ähnlich vor, die geschätzten Reduktionsfaktoren wurden wie folgt angesetzt:

- Prinzipkonstruktion (d.h. Variantenkonstruktion mit wenigen Änderungen) 5
- Variantenkonstruktion: 4
- Änderungskonstruktion: 3
- Neukonstruktion: 2

Der Kostenvergleich auf dieser Basis wurde für den "eingefahrenen" Zustand durchgeführt, was zu einer Amortisationszeit von 2,3 Jahren führte. Die ersten zwei Jahre wurden pauschal als Einführungszeit abgebucht, ebenso der Vorbereitungsaufwand mit 20 TDM.

Eine Aufstellung der geschätzten und der (wenigen schon ermittelten) empirischen Zeitfaktoren kann man Tabelle 3.1. entnehmen.

Eine Ausnahme von diesem Bewertungsschema machte nur das Unternehmen E, das für den geplanten Einsatz eines Grafiksystems die Nutzwertanalyse als Modell hinzuzog. Auch hier war die erste Aktivität der Ausarbeitung eines Fragebogens gewidmet, woran der CAD-Experte, seine Mitarbeiter, ein leitender Mitarbeiter aus der Konstruktion und

Tabelle 3.1. Aufstellung zu einigen zeitlichen Reduzierungsfaktoren, die für den CAD-Einsatz geschätzt wurden +)

Kennung des jeweiligen Unternehmens	Neukonstruk. (freies Konstruieren)	Änderungskonstruktion (Modulkonstr.)	Variantenkonstruktion	Prinzipkonstruktion	Detaillierung Einzelteilzeichnungen
A	0,6	5 (1)	5 (1)	-	-
C	-	-	-	-	1,5 (1)
D	-	-	-	-	(1)
F	-	-	-	-	(1-3)
I	-	-	-	-	6 (1)
J	2	3	4	5	-
K	-	-	-	-	1
L	-	-	-	-	(1,5-1,7)
N	-	-	5	5	-

+) Die Werte in Klammern sind empirisch ermittelt. Die große Anzahl von Leerstellen ergibt sich daraus, daß sich bestimmte Anwendungen der untersuchten Programme nur auf ein Teilgebiet des Konstruktionsprozesses beziehen, wogegen andere Systeme im Prinzip für mehrere Bearbeitungsstufen eingesetzt werden können, so daß es naheliegt, auch hierfür Einspar- bzw. Zeitfaktoren abzuschätzen.

ein weiterer aus der EDV-Abteilung mitwirkten. Anders als im oben geschilderten Fall wurden diese Fragebogen aber nicht verschickt, sondern die Angaben wurden bei Besuchen bei den jeweiligen Systemherstellern gesammelt. Hierbei fiel dem CAD-Experten besonders auf, mit welcher erschreckenden Unverfrorenheit und Unkenntnis die Hersteller ihre Produkte anboten - die Systemanbieter konnten in den meisten Fällen nicht einmal eine Zeichnung lesen, die sie als Demonstration der Programmleistung eingeben sollten! Das wichtigste Kriterium bei der anschließenden Nutzwertanalyse zur Auswahl eines Systems war das kostengünstige Arbeiten, erst danach kamen in der Wertigkeit die technologischen Kriterien. Hierzu zählten

- gute Handhabbarkeit,
- möglichst IBM-kompatibel, aber nicht zwingend;
- das Programm sollte 3D-Grafiken ermöglichen, wenigstens ein Flächenmodell, möglichst ein Volumenmodell.

Informationen anderer Anwender hatten auf diese Auswahl keinen entscheidenden Einfluß, obwohl hier alle verfügbaren Möglichkeiten ausgeschöpft wurden. Allerdings hatte das Wissen um eine gescheiterte Systemanwendung in einem vergleichbaren Unternehmen zur Folge, daß dieses Programm von vornherein aussortiert wurde. Über den benötigten Kapitaleinsatz gab man sich keinen Illusionen hin. Man rechnete mit einem Volumen von wenigstens 2 Mio DM, um mit einem komfortablen System einzusteigen.

Zusammenfassend läßt sich feststellen:

1. In der Regel fußen die Investitionsentscheidungen auf reinen Kostenvergleichsberechnungen. Nur sehr wenige Unternehmen berücksichtigen neben technologischen Kriterien zur Systemauswahl und ökonomischen zur Kostenbeurteilung auch organisatorische Kriterien. Der Kostenfaktor dieser letzten Gruppe wird kaum gesehen.

2. Auch in dem Unternehmen, das eine Nutzwertanalyse anwandte, wurden nur die technologischen und ökonomischen Kriterien berücksichtigt. Obwohl hier der Ansatz zu einer sophistizierten Untersuchung gemacht wurde, ist man dennoch auf halbem Wege stehen geblieben.

3. Die Entscheidung über den Einsatzbereich der Programme orientiert sich neben den Kosten und tatsächlichen oder vermeintlichen Engpässen auch an der Struktur des Anwendungsfeldes. Abgesehen von abgeschlossenen Programmen (wie z.B. TPS10 oder DETAIL), deren Einsatzbereich schon durch die Programmleistung weitgehend vorgegeben ist, kann der Einsatzbereich vieler "Großsysteme" zwischen mechanischer Konstruktion, Hydraulik- oder Elektrokonstruktion frei gewählt werden. Für einen wirtschaftlichen Erfolg am günstigsten wird es angesehen, wenn im Erstanwendungsbereich ein überschaubares Produktspektrum mit wenigen Teilefamilien und häufiger Prinzip- oder Symboldarstellung vorkommt.

3.2 Wirtschaftlichkeit als empirischer Nachweis

Nur sehr wenige der beteiligten Unternehmen haben bislang den Versuch unternommen, die Wirtschaftlichkeit ihrer CAD-Systeme empirisch nachzuweisen. Dies liegt zum Teil sicherlich daran, daß sich die Anwender häufig noch in der Pilotphase befanden oder mit dem produktiven Einsatz gerade begonnen hatten. In diesem Abschnitt sollen deshalb auch Erfahrungen berichtet werden, die nicht allein auf Analysen beruhen. Es sollte beachtet werden, daß sich auch die folgenden Angaben auf den Stand des Jahres 1982 beziehen.

Den Anwendern von Berechnungsprogrammen erschien ein empirischer Nachweis nicht angebracht, da die Einsparungen oder Verbesserungen weitgehend hypothetische Belege seien. Gleichwohl ist es interessant, einige Argumente zu diesem Thema zu betrachten. In Unternehmen H versetzte das Programm DISKO die Verantwortlichen in die Lage, eine geforderte Maschine mit stark verbesserter Leistung anzubieten, die sonst wohl kaum hätte konstruktiv bearbeitet werden können. Zudem sei es nach Ansicht des CAD-Experten vorstellbar, daß man in Zukunft auf eine Reihe von Versuchen verzichten könne, wenn sie auch nicht gänzlich ersetzbar seien. Man könne zwar keinen Kostenvergleich auf Heller und Pfennig durchführen, um die 400 TDM Investitionskosten aufzurechnen, aber das beschriebene Beispiel würde zeigen, wie wichtig die Anschaffung war.

Ähnlich sah man es im Unternehmen E, das das Programm TPS10 einsetzt. Neben nachweisbaren Materialeinsparungen sei es vor allem wichtig, den Kunden eine Berechnung nach FEM-Methode vorlegen zu können, was gelegentlich schon explizit gefordert wird. Geplant ist ein weiterer Ausbau der Simulation, um bei Versuchen einsparen zu können.

Die PROREN-Anwendungen hatten die Wirtschaftlichkeit noch nicht nachweisen können (B, L). In Firma B würde man allenfalls die gleiche Geschwindigkeit erreichen wie bei der manuellen Tätigkeit - ein parallel eingeführtes Programm zur Berechnung bestimmter Kennlinien habe dagegen schon größere Erfolge gebracht. Für diese Tätigkeit, die früher einen Tag benötigte, wurde nun etwa eine halbe bis eine Stunde angesetzt. Der andere PROREN-Anwender konnte noch keine Angaben über Einsparungen machen, da hier noch an der Fertigstellung der Variantendatei gearbeitet wurde. Die Geschäftsleitung erwarte zwar Erfolge, aber es würden auch Zweifel laut. Schon allein der Aufwand der Dateierstellung sei so groß, daß er sich kaum amortisieren könne. Hinzu kommen die Probleme mit der laufenden Aktualisierung der Datei auf der einen und der Innovationsrate für die Werkzeuge auf der anderen Seite. Die Anwender befürchten einen Teufelskreis: Werden die durch laufende innovative Entwicklungen notwendigen Änderungen in der Variantendatei vorgenommen, entsteht daraus ein aufwendiger Änderungsdienst. Andererseits könnte ein Verzicht hierauf zu einer Innovationshemmung führen, insgesamt Auswirkungen, die einen wirtschaftlichen Erfolg zumindest in Frage stellen.

Von den DETAIL-Anwendern in unserer Studie hatte nur einer den Versuch eines empirischen Nachweises unternommen. Es ist dies zugleich die bislang einzige Firma, die schon einen rentablen Einsatz vermeldet (L). Die Wirtschaftlichkeit sei sicher gegeben, die Kosten von 100 TDM pro Jahr für Hardware, Software und Nebenkosten würden durch die Einsparungen bereits überstiegen. Die anderen 4 Anwender hatten nur geringe produktive Erfahrungen zu verbuchen (C, D, I). In einem Unternehmen mußte inzwischen der <u>dritte</u> Anwender eingearbeitet werden mit jeweils neuen Anlaufschwierigkeiten, was den CAD-Experten zu der Äußerung veranlaßte, daß dieses System wohl nie mehr wirtschaftlich sein werde.

Im Unternehmen I drängte der Konstruktionsleiter darauf, die Wirtschaftlichkeit empirisch nachzuweisen, der CAD-Experte hielt dies aber noch für zu früh. Erste Stichproben hätten gezeigt, daß die CAD-Bearbeitung immer noch nicht schneller sei als die konventionelle, was anhand eines Auftrages untersucht wurde. Der Grund dafür seien die noch zu vielen Fehler in der Bearbeitung und im Programm. Obwohl noch eine Verbesserung der Bearbeitungszeiten erwartet wurde, erschienen die prognostizierten Werte als nicht haltbar. Insbesondere die Amortisationszeit von 3 Jahren sei zu kurz gewesen, man müsse eher mit 5 - 6 Jahren rechnen.

Im Unternehmen C waren die anläßlich der ersten Wirtschaftlichkeitsbetrachtung ermittelten Werte ebenfalls nicht mehr zu halten, und dies, obwohl im Gegensatz zu den anderen Firmen schon eigene Zeitermittlungen am System gemacht werden konnten. Obgleich es auch hier für eine echte Analyse noch zu früh sei, ergaben die neuesten - allerdings groben - Zeitstudien, daß die CAD-Benutzerin lediglich 8% schneller arbeite als bei manueller Bearbeitung, wie der CAD-Experte vorsichtig schätzte. Einer der Gründe, weshalb die prognostizierten Erfolge noch nicht erreicht wurden und wohl auch nur schwer erreicht werden können, hängt damit zusammen, daß bei der ersten Ermittlung durch den CAD-Experten bereits fertig durchgearbeitete und gezeichnete Zeichnungen einem Test mit dem CAD-System unterzogen wurden. Nicht bedacht wurde, daß später noch die Zeit für das Erkennen und kognitive Erfassen der Teile bei nicht sauber und vollständig gezeichneten Entwürfen der Bearbeitungszeit hinzugerechnet werden muß. Auch macht es einen Unterschied, ob der CAD-Experte (als Programmexperte) oder eine relativ unerfahrene Zeichnerin das System bedient. Hinzu kommt, daß der Anteil der mit DETAIL vollständig bearbeitbaren Rotationsteile sich im Laufe des Einsatzes verringerte, d.h. die Nacharbeiten und zusätzlichen manuellen Arbeiten an den Zeichnungen nehmen einen größeren Teil ein. Eine ähnliche Aussage wurde in Unternehmen I gemacht.

Bei den beiden anderen DETAIL-Anwendern liegen zwar ebenfalls noch keine eingehenden Analysen vor, aber erste Zeitvergleiche ergaben bestenfalls ein Zeitverhältnis von 1:1. Im Unternehmen D ist deshalb die Amortisation der Investition recht unwahrscheinlich. Die anteiligen Hardwarekosten belaufen sich auf ca. 250 000 DM. Trotz Förderung durch öffentliche Mittel stecken einige zig-tausend DM in der Anschaffung der Software. Für Anpassung, Änderung, Wartung und Pflege stecken schon mehrere Mannjahre im System. Selbst wenn man von den ursprünglich positiven Abschätzungen mit einer jährlichen Ersparnis von 180 TDM ausgeht (die heute vom CAD-Experten stark angezweifelt wird), so ist klar, daß mit einem produktiven Einsatz von bisher höchstens 1/4 Jahr eine Wirtschaftlichkeit der gesamten Investition in weiter Ferne liegt.

Vermutlich aus diesem Grund wurde die Anwendung in Unternehmen K wieder abgebrochen, obwohl eine Verschiebung des Investitionsschwerpunktes als der wichtigere Grund genannt wurde. Hätte der Einsatz des Programms sich aber als rentabel herausgestellt, wäre wohl dieser Schritt nicht gemacht worden. So wurde noch nicht einmal produktiv gearbeitet. Der CAD-Experte tat darüber sein Bedauern kund, hätte man ihm doch die Gelegenheit genommen, die Wirtschaftlichkeit nachzuweisen. Trotz einer Zeitstudie, die noch während der Pilotphase durchgeführt wurde und ein Verhältnis von 1:1 ergab, war er der Meinung, daß im routinemäßigen Einsatz eine Rentabilität gesichert worden wäre, wobei der größere Effekt in der Arbeitsvorbereitung eingetreten wäre. Erschwerend kam in diesem Fall hinzu, daß eine im Vorlauf zur CAD-Implementation neu durchdachte Bearbeitung von Rotationsteilen und die Entwicklung eines Bearbeitungsschemas voll den konventionellen Bearbeitungsformen zugeschrieben wurde. Diese "Vorlaufinvestition" allein brachte eine starke Vereinfachung der Bearbeitung, so daß die Zeitverkürzung durch CAD nur noch marginal war, wenn man allein den Konstruktionsbereich betrachtet. In der Arbeitsvorbereitung hätte es wohl dennoch Zeitverkürzungen gegeben, die aber noch nicht nachgewiesen werden konnten.

Auch andere Anwender haben mit dem Problem der Vorlaufinvestitionen zu kämpfen. So wurde in N der gesamte Elektrobereich nach und nach standardisiert, wobei heute etwa 50% der Zeitersparnis auf diese Standardisierung zurückgeführt werden. Auch I will vor Einsatz von MEDUSA erst einmal "die Arbeitsabläufe in Ordnung bringen".

Wie gezeigt sind diese Vorarbeiten eine zweischneidige Angelegenheit. Auf der einen Seite sind sie oft nicht zu umgehen, wenn ein CAD-System eingesetzt werden soll. Sie bringen allein schon einen Großteil des Nutzens ein, den die Veränderung der Arbeit bewirkt, und zehren so am Erfolg der eigentlichen CAD-Anwendung. Auf der anderen Seite wird eine derartige Standardisierung oft nur durchgeführt, wenn ein CAD-Einsatz geplant oder schon beschlossen ist, was ein CAD-Experte so ausdrückte: CAD war das Brecheisen zur dringend notwendigen Standardisierung. Gelingt es dem CAD-Experten, diesen Zusammenhang aufzuzeigen, wird ihm wohl das oben geschilderte Dilemma des Abbruchs erspart bleiben.

Die Angaben der Anwender der Grafikprogramme sind leider recht dürftig. Keiner hatte bislang einen empirischen Nachweis geführt, weil die Anwendungen noch zu jung waren. Den CAD-Experten wurde in zwei Fällen bewußt Zeit gelassen (J, N); es wurde von vornherein eine Anlaufphase von 2 Jahren angesetzt. Erst danach sollen sie die Wirtschaftlichkeit nachweisen. Bei Unternehmen F wurde der "break-even-point" für 1983 erwartet, einzelne starke Verbesserungen sind schon in der Entwurfskonstruktion (wenn ähnliche Produkte bearbeitet werden) und in der Arbeitsvorbereitung zu verzeichnen, da schon für bestimmte Teile die Erstellung der Lochstreifen für das NC-Drehen sowie das NC-Drahterodieren unterstützt wird.

In Unternehmen A wurde eine erste Zeitstudie bei einer MEDUSA-Anwendung durchgeführt. Der zum Vergleich mit der gleichen Aufgabe betraute Zeichner war bei der manuellen Tätigkeit im ersten Versuch noch doppelt so schnell. Erst nach langer Übung konnte der CAD-Benutzer eine etwa gleichschnelle Bearbeitung erreichen. Bei der öfter wiederkehrenden Nachprüfung und auch zum Einlernen werden derzeit die "schöneren" Arbeiten herausgesiebt, um mit CAD nicht ganz ins Hintertreffen zu geraten. In diesem Fall, in dem man sehr früh eine Nachprüfung anstrebt, stellt sich die Wirtschaftlichkeit als sehr fraglich dar. Dennoch erwartet der CAD-Experte einen langfristigen Erfolg und gibt weniger auf die derzeitigen Ergebnisse. Nach seiner Meinung sei der Zeitpunkt noch viel zu früh, man dürfe die Vorlaufzeit nicht zu knapp bemessen.

3.3 Schlußfolgerungen

1. Je billiger das CAD-Programm oder CAD-System ist, desto weniger sorgfältig ist die Vorausplanung. Bei den batch-orientierten Variantenprogrammen wurde der Implementationsaufwand (Dateierstellung usw.) weitgehend unterschätzt, was den Erfolg allein schon gründlich in Frage stellen kann. <u>Geringe Softwarekosten sind nicht gleichzusetzen mit geringen Implementationskosten!</u>

2. Ebenfalls unterschätzt oder unterbewertet wurde der <u>Standardisierungszwang</u>, der durch diese Art von Programmen hervorgerufen wird. Neben einer gründlichen Neuordnung in der Produktionspalette und Teilevielfalt können daraus aber auch Einschränkungen der Angebotsbreite und eine Innovationshemmung resultieren.

3. Was bei genereller Betrachtung des Materials auffällt, wird durch die Anwender der Berechnungsprogramme unterstrichen: Es zählen offensichtlich als Argumente für die Wirtschaftlichkeit eines Programmeinsatzes doch nur Kostenaspekte! Denn obwohl Aspekte wie Qualitäts- und Erfolgssicherung als wichtige Gründe genannt werden, werden sie dennoch nicht einer Bewertung in einer Erfolgsbetrachtung unterzogen. Dies ist umso erstaunlicher, als solche Punkte und andere wie Engpaßbeseitigung (Zeitkriterien) bei der Befragung nach den Innovationszielen den Kostenaspekten zumindest ebenbürtig waren! In den untersuchten Fällen wurde jedenfalls immer dann, wenn schon empirisches Material gesammelt wurde, eine Zeitstudie durchgeführt, um eine Grundlage für eine Kostenvergleichsrechnung zu haben. Eine weitergehende Analyse inklusive einer Bewertung der nicht direkt kostenwirksamen Faktoren, etwa in einer Nutzwertbetrachtung, hat in der betrieblichen Argumentation offenbar keine Wirksamkeit. Solche Ansätze haben gelegentlich das Image einer kosmetischen Operation, wie in einem Unternehmen explizit erwähnt. Daß durch eine weniger eingeengte Sichtweise der Informations- und Erfahrungsstand auch schon zum Zeitpunkt der Investitionsentscheidung deutlich verbessert werden kann, wird oft übersehen.

5. Ob einer breiter ansetzende Analyse die Unternehmen mit den Zeichnungsanwendungen in allen Punkten vor den Rückschlägen bewahrt hätte, kann nicht beantwortet werden. Zumindest standen die Prognosen auf ziemlich wackligen und vor allem wenigen Stützen. Die Annahme, mit geringen Kosten gerade mit diesem Programm bei CAD einsteigen zu können, wurde in den meisten Fällen widerlegt. Die gesamten Implementationskosten belaufen sich in einem Fall auf 500 - 600 TDM. Als problematisch erwiesen sich hierbei die Angaben zur Programmleistung ebenso wie die Voraussage des Arbeitsanfalls und der Rechnerkompatibilität.

6. Aber auch dort, wo schon mit eigenen empirischen Daten eine Investitionsrechnung aufgemacht werden konnte, war man vor falschen Annahmen nicht gefeit. Wichtig in diesem Zusammenhang ist, daß die Daten, die für eine Berechnung zugrunde gelegt werden sollen, möglichst unter den Bedingungen gewonnen werden, die auch später in der Anwendungssituation vorherrschen. Ein CAD-Experte hatte als Fehler erkannt, daß im Test fertige Zeichnungen bearbeitet wurden anstatt Entwurfsskizzen, die noch viele Nacharbeiten und

Abstimmungen erfordern, bevor die eigentliche Eingabe erfolgen kann. Ebenso konnte sich der CAD-Experte nur sehr bedingt mit dem späteren Bediener vergleichen. Empirische Daten müssen unter realistischen Bedingungen gewonnen werden. Die Situation darf nicht wie auf Messen oder bei Vorführungen sein, wo der Vorführende einem Klavierschüler gleich seine auswendig gelernteund eingeübte Partitur (sprich Zeichnung) heruntertippt, um mit einer eleganten Präsentation die Mühsal der Aneignung vergessen zu machen und die Klippen im Detail überspielen kann.

7. Die Anlaufzeit ist doch erheblich länger als dies von vielen Firmen vorausgesehen wurde. Erstaunlich ist, daß diese Anlaufzeit scheinbar nur geringfügig mit den unterschiedlichen Programmen variiert, jedenfalls nicht dahingehend, daß die "kleinen Inselprogramme" erheblichfrühzeitiger als die "großen" interaktiven Programme produktiv einsetzbar sind. Im Gegenteil ist es eher so, daß die komfortablere Ausstattung bei einem interaktiven System die Anfangsschwierigkeiten oft besser abbauen hilft als bei batchorientierten oder bei Quasi-Dialog-Programmen, auch wenn die Möglichkeit einer interaktiven Bearbeitung nicht vor Fehlern schützt. Dennoch setzen gerade die Anwender der interaktiv-grafischen Systeme realistisch von vornherein eine Anlaufphase von etwa 2 Jahren an und erwarten, daß sich erst danach im produktiven Einsatz Erfolge einstellen werden.

3.4 Kostenrechnung in der Konstruktion

Will der CAD-Experte in seinem Unternehmen die Wirtschaftlichkeit der Anwendung nachweisen, kommt auf ihn das schon angedeutete Problem der Datenbeschaffung zu. Da in vielen Fällen ein Kostenvergleich zwischen der konventionellen und der rechnerunterstützten Methode gefordert wird, kommt der Ermittlung von validen Kostenwerten für die zu vergleichenden Alternativen eine große Bedeutung zu. Aus diesem Grunde interessierte uns die innerbetriebliche Kostenverrechnung in den Konstruktionsabteilungen und insbesondere die Frage, ob durch den CAD-Einsatz eine Änderung der Kostenrechnung initiiert wird.

Insgesamt scheint die Kostenrechnung und das betriebliche Rechnungswesen - zumindest was die Konstruktionsabteilungen anbetrifft - in vielen der untersuchten Firmen nicht sehr weit entwickelt, in einem

Fall wurde es von einem Gesprächspartner im Verhältnis zur Größe des Unternehmens als deutlich unterentwickelt bezeichnet. Im einfachsten Fall existiert für die gesamte Konstruktionsabteilung ein einheitlicher Stundensatz aus direkten Kosten und Gemeinkostenzuschlag (6 Fälle). Die Ermittlung dieser Stundensätze erfolgt dabei unterschiedlich. Im Extremfall ist für die gesamte Konstruktionsabteilung nur eine Kostenstelle eingerichtet (A), aber es gibt auch eine differenziertere Kostenerfassung mit mehreren Kostenstellen (z.B. I).

Die Kostenverrechnung selbst stellt in den Unternehmen einen Kostenfaktor dar. Je detaillierter die Kostenverrechnung ausgelegt ist, desto höhere Kosten verursacht dieses Verwaltungs- und Planungsinstrument. Deshalb ist es durchaus sinnvoll, bei der Gestaltung der Kostenerfassung nach dem Grenznutzen einer größeren Differenzierung zu fragen und diesen den Kosten gegenüberzustellen. Bislang wurde es für die Konstruktionsabteilung der Unternehmen, wie erwähnt, in der Mehrzahl als ausreichend angesehen, wegen einer relativ einheitlichen Struktur nur eine geringe Differenzierung vorzunehmen. Durch den Einsatz von CAD tritt aber eine andere Situation ein. Die Arbeitsplatzkosten werden deutlich höher für diejenigen Arbeiten, die mit CAD verrichtet werden. Diese Situation kann man aus zwei Blickwinkeln betrachten. Auf der einen Seite kann der Wunsch nach der Überprüfung der Rentabilität speziell der CAD-Anlage, aber auch der Wunsch nach größerer Transparenz, dazu führen, für diese Arbeiten eine eigene Kostenstelle einzurichten. Man kann im Gegensatz dazu der Ansicht sein, daß die CAD-Ausstattung - wie die allgemeine EDV - zur Infrastruktur des Unternehmens gehört und diese Kosten den Gemeinkosten zuschlagen. Wie vom Gesprächspartner im Unternehmen J angedeutet, kann diese Sichtweise davor bewahren, daß die Akzeptanz der CAD-Arbeit durch die höheren zu verrechnenden Kosten behindert wird.

Was hat sich durch den CAD-Einsatz an der Art der Kostenverrechnung in den Unternehmen geändert? In Unternehmen I wird wegen der höheren Arbeitsplatzkosten angestrebt, für die CAD-Arbeiten eine eigene Kostenstelle einzurichten, was in diesem Fall keine Probleme aufwirft, da die Erfassung schon vorher sehr detailliert war und solche Erweiterungen zuläßt; die Erfassung und Verarbeitung geschieht bereits durch EDV. Außerdem ist eine Dokumentation von Sitzungszeiten am Rechner angestrebt, was zwar derzeit durch die bestehende Betriebsvereinbarung untersagt, aber für eine Wirtschaftlichkeitsbetrachtung vorübergehend nicht zu umgehen sei.

Eine derartige Erweiterung der Kostenerfassung um eine eigene Kostenstelle für CAD wird nur noch von drei weiteren Firmen für notwendig erachtet (C, E, F), im weiteren Sinne noch von einem anderen Unternehmen (A). In C ist für die CAD-Bearbeitung nicht nur eine eigene Kostenstelle eingerichtet worden. Die CAD-Gruppe wird als eigene Abteilung geführt und wie ein externes Zeichenbüro betrachtet, was die Kostenverrechnung angeht. Die CAD-Beiträge für die verschiedenen Aufträge werden anteilig und gesondert erfaßt. Hinter dieser Praxis steckt wohl mehr als nur der Wunsch nach Kostentransparenz. Viel eher ist zu vermuten, daß die CAD-Abteilung explizit die Wirtschaftlichkeit nachzuweisen hat. Genau wie die allgemeinen EDV-Kosten gerieten die CAD-Kosten in diesem Unternehmen mehr und mehr ins Blickfeld. In früheren Jahren bei guter Konjunktur seien die EDV-Investitionen "einfach mitgelaufen", heute würde eine Investition in diesem Bereich nur noch bei einem Wirtschaftlichkeitsnachweis durch den Fachbereich getätigt. Eine genauere Abrechnung der CAD-Aktivität sei allerdings derzeit noch nicht möglich, da die CPU-Zeiten, Plattenbelegung etc. noch nicht gesondert erfaßt würden.

Im Unternehmen F ist die Einrichtung einer eigenen Kostenstelle für CAD noch nicht durchgeführt; es ist aber ebenfalls eine getrennte Erfassung geplant. Von der Ausweisung einer expliziten <u>Kostenstelle</u> wie im obigen Fall wird hier aber abgesehen, es wird eher an die Einführung einer Kostenziffer gedacht.

In Planung ist eine derartige Kostenerfassung auch im Unternehmen E. Hat die Einführung des TPS10 seinerzeit noch keine Veranlassung gegeben, eine Änderung in diesem Bereich herbeizuführen, so wird die Kostenerfassung noch <u>vor</u> der Implementierung eines geplanten interaktiven Systems dahingehend revidiert, daß für CAD eine eigene Kostenstelle eingerichtet werden wird. Vorgesehen ist dabei eine zeichnungsbezogene Zeiterfassung bei CAD (Sitzungszeit pro Jobnummer als Grundlage der Kostenerfassung).

Die übrigen Firmen sehen derzeit noch keine Veranlassung, ihre Kostenerfassung nach Einführung von CAD zu differenzieren. Allerdings nahm ein Gesprächspartner unsere diesbezüglichen Fragen zum Anlaß, sich damit etwas näher zu beschäftigen.

4 Wandel von Aufgaben, Tätigkeiten und Qualifikationen beim CAD-Einsatz

4.1 Zum Konzept der Erfassung aufgaben- und tätigkeitsbezogener Veränderungen beim CAD-Einsatz

Beim Einsatz neuer Technologien stellt sich die Frage, in welcher Weise sich die Anforderungen an die beruflichen Qualifikationen ändern werden. Diese Frage ist nicht nur interessant für die direkt Betroffenen. Die Prognosen reichen vom Wegfall des Arbeitsplatzes überhaupt - die radikalste Form der Entwertung der Qualifikationen - über eine generelle Tendenz zur Dequalifizierung und fortschreitenden Arbeitsteilung ("Taylorisierung") oder der Polarisierung der Qualifikationen bis zu optimistischen Vorhersagen eines generellen Trends zur Höherqualifizierung infolge der neuen Technologien.

Insbesondere die CAD-Experten in den Betrieben stehen vor großen Entscheidungs- und Personalauswahlproblemen. Wer ist der richtige Mann oder die richtige Frau für das CAD-System? Wie soll die betriebliche oder auch überbetriebliche Weiterbildung zu CAD ausgerichtet werden? Meist ist die Personaleinsatzstrategie mehr von einem Prinzip "trial and error" als von einer klaren Vorstellung über die spezifischen Anforderungen aufgrund des neuen Arbeitsmittels geprägt.

Das Problem des Qualifikationswandels stellt sich darüberhinaus in einem gesellschaftspolitischen Rahmen. Die Gewerkschaften sind daran interessiert, in ihrer Tarifpolitik rechtzeitig neue Qualifikationstrends einzubeziehen, Dequalifikation zu verhindern, höhere Qualifikationen für die Beschäftigten zu erreichen und diese auch in Lohn- und Gehaltsbestandteilen "abzusichern". Die Berufsbildungspolitik muß möglichst frühzeitig auf qualifikatorische Trends reagieren und diese in neuen Ausbildungsinhalten oder gar neuen Ausbildungsberufen berücksichtigen. In gleicher Weise stellt sich das Problem für eine aktive Arbeitsmarktpolitik. Soll man beispielsweise arbeitslose Textilarbeiterinnen zu Technischen Zeichnerinnen umschulen oder ist der Beruf des Technischen Zeichners schon ein sterbender Beruf (vgl. Buschhaus u.a. 1980)?

Für die Unternehmen stellt sich die Frage, ob sie versuchen sollen, über den Technologieeinsatz das Qualifikationsniveau zu drücken, um so eventuell eine kurzfristige Rendite zu erreichen, oder ob sie längerfristig nicht doch besser auf Qualifikationserhalt und Qualifikationsausbau ihrer Mitarbeiter setzen sollen (vgl. Seliger 1983).

Die methodischen Probleme prognostischer Aussagen zum Wandel der Qualifikationen durch den Einsatz neuer Arbeitstechnologien sind allerdings vielfältig. Im Stadium der Pilotanwendung stellen sich die Auswirkungen meist völlig anders dar als in einem späteren Stadium, wenn sich die Technologie im Routineeinsatz auf breiter Front durchgesetzt hat. Die oft widersprechenden Ergebnisse der Wissenschaft zum Qualifikationswandel deuten darauf hin, daß sich die Qualifikationsanforderungen nicht einfach aus bestimmten Arbeitstechnologien ableiten lassen, sondern einem Bündel von Einflußfaktoren ausgesetzt sind, u.a. organisatorischen Regelungen, Prinzipien der Arbeitsteilung, aber auch Berufstraditionen oder dem Kräfteverhältnis zwischen Gewerkschaften und Unternehmungen. In einem komplizierten, über einen längeren Zeitraum laufenden Abstimmungsprozeß schälen sich die neuen Anforderungen allmählich heraus. Unzureichend ist auch der Versuch, die Veränderungen auf einer eindimensionalen Qualifikationsskala nach "höher" oder "niedriger" abbilden zu wollen.

Wir haben versucht, uns dem Problem des Wandels von Aufgaben, Tätigkeiten und Qualifikationen beim CAD-Einsatz auf mehreren Ebenen und unter Einbeziehung verschiedener Faktoren zu nähern. Den Zusammenhang der einzelnen Bestandteile dieses Analysekonzepts veranschaulicht die folgende Abbildung 4.1.

Ohne hier ins einzelne zu gehen, einige Anmerkungen und Erläuterungen. Den äußeren Rahmen der Untersuchung stellt die Konstruktionsabteilung dar. Spezifische Aufgabenstellung, organisatorische Regelungen, Ausstattung mit Arbeitsmitteln und Arbeitsroutinen und vor allem auch die vorhandenen Qualifikationen sind wesentliche Randbedingungen der CAD-Anwendungen und ihrer Auswirkungen auf Konstrukteure und Zeichner.

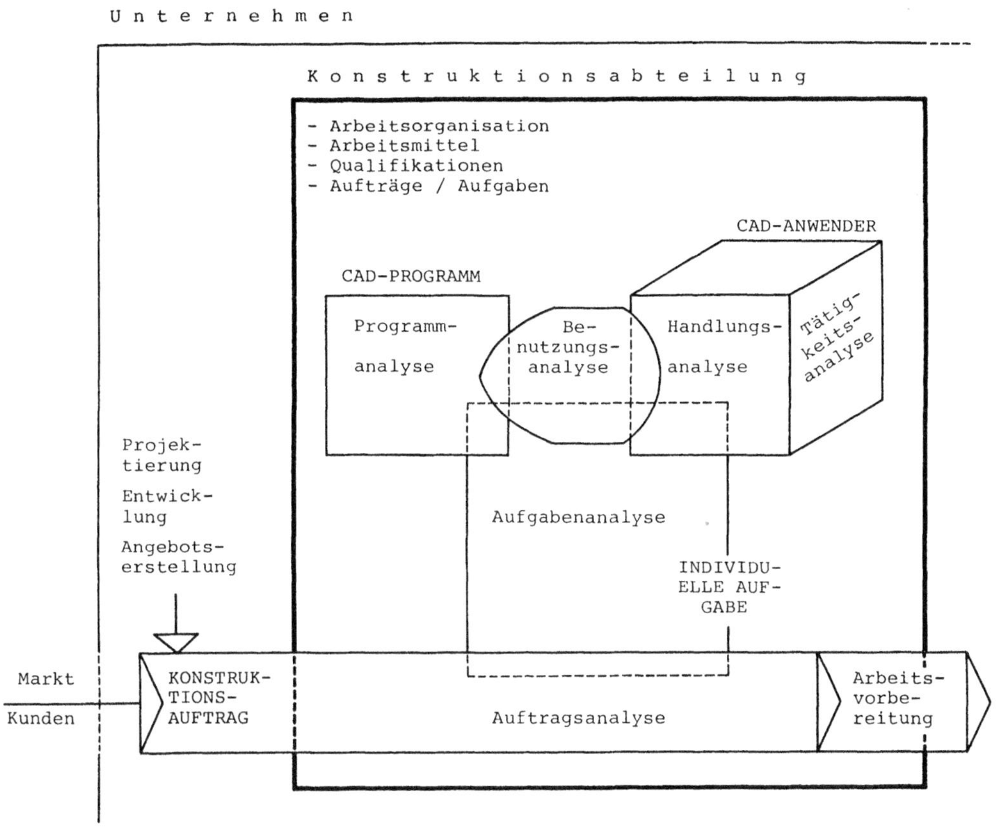

Abbildung 4.1. Rahmenkonzept zur Analyse aufgaben- und tätigkeitsbezogener Veränderungen beim CAD-Einsatz

Für das Verständnis von Aufgaben- und Tätigkeitsstrukturen sind ebenfalls das konkrete <u>CAD-Programm</u> und der jeweilige <u>Konstruktionsauftrag</u> wichtig. Eine Analyse des CAD-Programms deckt die durch das Arbeitsmittel CAD mehr oder weniger determinierten Veränderungen der Arbeitsweise und Arbeitsfelder auf, während die Kenntnis des zugehörigen übergeordneten Auftrags einer konkreten Konstruktionsaufgabe die Verbindung zum betrieblichen bzw. konstruktionsbezogenen Zielsystem und der spezifischen aufgabenbezogenen Arbeitsteilung herstellt.

Unter Berücksichtigung dieses Umfeldes (Konstruktionsabteilung, CAD-Programm, Konstruktionsauftrag) wurden vier verschiedene Analysen durchgeführt.

Bei der Tätigkeitsanalyse wird gefragt, welchen Anteil die CAD-Tätigkeit an der Gesamttätigkeit hat, und wie sich die Struktur dieser Gesamttätigkeit in einer querschnittlichen Betrachtung durch den CAD-Einsatz verändert. Die im Gegensatz zu den anderen Analysen hier vorliegende querschnittliche Betrachtung wird in der Abbildung 4.1. durch die dritte Dimension zum Ausdruck gebracht.

Mit der Aufgabenanalyse wird eine prozeßorientierte Perspektive eingenommen. Am konkreten Beispiel wird der Ablauf und die Art und Weise der Aufgabenbearbeitung untersucht. Ein spezifisches Element ist die Frage, wie der einzelne seine Arbeitsaufgabe interpretiert.

Die Benutzungsanalyse thematisiert in erster Linie die geräte- und softwarebezogenen Aspekte der Mensch-Computer-Schnittstelle, bezieht dabei allerdings die Merkmale der jeweils zu bearbeitenden Aufgabe mit ein.

Schließlich wird in der Handlungsanalyse versucht, eine Erfassung der inneren Prozesse und Voraussetzungen der Bearbeitung der Arbeitsaufgaben, eine Rekonstruktion der Qualifikation der CAD-Anwender vorzunehmen.

4.2 Einfluß von CAD auf die Veränderung der Tätigkeit

4.2.1 Unterschiedliche Durchdringung der Tätigkeit mit CAD

Diesem Kapitel zur Tätigkeitsanalyse liegen an empirischem Material 20 Interviews aus 12 Unternehmen zugrunde. Von diesen 20 Interviews bezogen sich 5 auf eine konventionelle Tätigkeit ohne CAD (Vergleichsgruppe), die restlichen 15 Interviewten sind CAD-Anwender.

In der Tätigkeitsanalyse sollte mit einer konstruktionsnahen Begrifflichkeit das Tätigkeitsprofil der CAD-Anwender und der Nicht-Anwender erfaßt werden. Dementsprechend fragten wir, an welchen Konstruktionsphasen die einzelnen beteiligt sind und welche konstruktiven Einzeltätigkeiten innerhalb der Konstruktionsphasen von ihnen erledigt werden. Wir fragten weiter, welche Tätigkeiten als besonders schwierig angesehen werden und welche mehr routinemäßig erledigt werden können. Darüber hinaus erfaßten wir in den Interviews die arbeitsorganisatorischen Tätigkeiten, die in der Arbeit verwendeten konventionellen und EDV-gestützten Arbeitsmittel, die arbeitsbezogenen Kontakte und die in der Arbeit benötigten technischen, konstruktionsbezogenen und sonstigen Wissens- und Erfahrungsbereiche.

Welchen Anteil macht nun die CAD-Tätigkeit an der gesamten Tätigkeit überhaupt aus? Die folgende Tabelle zeigt, daß die Durchdringung der Tätigkeiten mit CAD bei den von uns befragten Zeichnern, Konstrukteuren und Ingenieuren bisher noch stark unterschiedlich ist.

Tabelle 4.1. Anteil der CAD-Tätigkeiten an der Gesamttätigkeit nach Programmarten

Anteil CAD-Tätigkeit	Programmart			
	Zeichnungs-erstellung	Berechnung	Variantenkon-struktion	Alle Anwen-dungen
100 %	2	2	0	4
50-60 %	1	0	2	3
5-30 %	1	1	4	6
Summe	4	3	6	13

Wenn hier von 100% CAD-Tätigkeit gesprochen wird, dann bedeutet dies natürlich nicht, daß der Betreffende den ganzen Tag am CAD-Bildschirm verbringt. Gemeint ist aber, daß die gesamte Tätigkeit durch CAD, mit all den vorbereitenden und nachbereitenden Aufgaben, geprägt ist.

Diese Form kommt vor allem, wie aus der Tabelle ersichtlich ist, bei den Zeichnungserstellungsprogrammen und den Berechnungsprogrammen vor. Bei den Variantenkonstruktionsprogrammen ist dagegen die Tätigkeit weniger stark von CAD geprägt. Dies hängt eng mit der organisatorischen Einbettung von CAD zusammen (Dienstleistungskonzept oder "dezentrale" Anwendung), wie später noch gezeigt wird (vgl. Abschnitt 4.2.3).

4.2.2 Änderungen der Tätigkeitsstruktur und der Anforderungen in der Tätigkeit

Wir stellen hier zunächst einen Einzelfall dar, bevor im zweiten Teil dieses Abschnitts anhand des gesamten Datenmaterials die Veränderungen der Tätigkeiten aufgezeigt werden.

a) Fall D: Technische Zeichnerin mit und ohne CAD

Im Unternehmen D hatten wir eine Technische Zeichnerin befragt, die aufgrund einer besonderen Situation in zwei Funktionen tätig ist. Sie arbeitet zum einen in einer Konstruktionsgruppe als Detailkonstrukteurin in herkömmlicher Weise ohne CAD. Zum anderen ist sie alleinige Anwenderin eines CAD-Systems zur Zeichnungserstellung von rotationssymmetrischen Einzelteilzeichnungen (Werkstattzeichnungen). Diese CAD-Tätigkeit ist sowohl räumlich als auch organisatorisch von ihrer konventionellen Tätigkeit abgetrennt. Diese besondere Situation ergab sich daraus, daß erstens der Arbeitsanfall für das CAD-System bisher keine Person zu 100% auslastete und zweitens, daß diese Zeichnerin weiterhin als konventionelle Detailkonstrukteurin arbeiten wollte. So konnten wir mit ihr zwei Interviews durchführen, einmal in ihrer Funktion als CAD-Anwenderin und einmal über ihre Tätigkeit als konventionelle Zeichnerin. Da alle übrigen Randbedingungen (Firma, Typ von Aufträgen, persönliche Faktoren etc.) identisch sind, ergab sich dadurch ein fast idealer Vergleichsfall.

Betrachtet man zunächst die Tätigkeitsbreite, so arbeitet die Zeichnerin im Falle ihrer CAD-Tätigkeit nur innerhalb der Ausarbeitungsphase, während sie im konventionellen Fall gelegentlich auch Aufgaben aus der funktionellen oder gestaltenden Phase übernimmt.

Doch auch innerhalb der Ausarbeitungsphase kann man einige deutliche Unterschiede in der Tätigkeitsstruktur zwischen CAD- und konventioneller Tätigkeit feststellen. Die folgende Tabelle 4.2. zeigt dies.

Zwar sind die Tätigkeiten, die häufig verrichtet werden, im konventionellen Fall und im CAD-Fall identisch. Alle anderen Tätigkeiten treten im CAD-Fall sonst aber gar nicht auf oder werden nur sehr selten verrichtet. Diese restlichen Tätigkeiten sind zum einen Tätigkeiten, die per definitionem durch das CAD-Programm nicht bearbeitbar sind, wie das Durcharbeiten von Baugruppen oder das Anfertigen von Zusammenbauzeichnungen. Zum anderen sind es Tätigkeiten, die gerade gewisse konstruktive Fähigkeiten und gewisse Entscheidungsspielräume beinhalten, z.B. das konstruktive Durcharbeiten von Einzelteilen, das Berechnen und Optimieren von Varianten oder das Entscheiden über den Detailentwurf. Daß diese Tätigkeiten wegfallen, ist damit zu klären, daß die CAD-Zeichnerin von allen Konstruk-

Tabelle 4.2. Tätigkeitsprofile für eine konventionell und mit CAD arbeitende Zeichnerin

AUSARBEITUNGSPHASE	Häufigkeit der einzelnen Tätigkeiten:			
	nie	selten	öfter	häufig
Durcharbeiten des Gesamtentwurfs hinsichtlich der Detaillierungsphase				K C
Suchen nach vergleichbaren ähnlichen Lösungen		C	K	
Suchen nach relevanten Normen, Richtlinien, Katalogen				K C
Konstruktives Durcharbeiten der Baugruppe	C		K	
Konstruktives Durcharbeiten von Einzelteilen		C	K	
Festlegen von Maßen, Toleranzen, Werkstoffen, Passungen, Normteilen, Zukaufteilen				K C
Genaue Berechnungen erstellen	C	K		
Varianten berechnen und optimieren	C	K		
Maßstäbliche Zusammenbauzeichnungen anfertigen	C		K	
Darstellen von Schnitten und Abwicklungen				K C
Über Detailentwurf entscheiden	C	K		
Einzelteilzeichnungen anfertigen				K C
Stücklisten anfertigen		C	K	
Prüfen auf Vollständigkeit, Normen, Verträglichkeiten				K C

K = Konventionelle Tätigkeiten; C = Tätigkeiten mit CAD

tionsgruppen ihre Aufträge in Form von Entwurfszeichnungen erhält, die schon fertig durchkonstruiert sein müssen. Die zentrale Einrichtung von CAD mit Dienstleistungsfunktion für die Erstellung von Einzelteilzeichnungen scheint diese striktere Trennung in mehr konstruktive und mehr durchführende Tätigkeiten notwendigerweise mit sich zu bringen. In einer konventionellen Konstruktionsgruppe ist die Zeichnerin mit dem ganzen Auftrag vertraut, und der Konstrukteur kann eine grobe Entwurfsskizze zur Detaillierung übergeben. Schnelle Rücksprache ist immer möglich. Bei der für die ganze Konstruktionsabteilung zentralen Anordnung der CAD-Bearbeitung ist dies nicht mehr möglich.

Neben den im engeren Sinne konstruktionsbezogenen Tätigkeiten haben wir nach arbeitsorganisatorischen Tätigkeiten und arbeitsbezogenen

Kontakten gefragt. Aus der 13 Einzeltätigkeiten umfassenden Liste arbeitsorganisatorischer Tätigkeiten seien beispielsweise genannt: Planen der eigenen Arbeit; Terminplanung durchführen; Teilaufgaben von Gruppen oder Personen abstimmen und koordinieren; Vorgaben machen, Ziele formulieren für andere. Konstruktion findet nicht in einer abgetrennten Nische statt, sondern in einem arbeitsteiligen und auf Kooperation angewiesenen Prozeß. Sie erfordert deshalb nicht nur technische Kompetenz, sondern auch soziale. Die Anzahl arbeitsorganisatorischer Tätigkeiten und die Notwendigkeit, mit verschiedenen Personen aus unterschiedlichen Abteilungen oder auch firmenexternen Stellen in Beziehung zu treten, kann als ein Indikator für solche Anforderungen organisatorischer, planerischer und sozialer Art gewertet werden.

Im CAD-Fall ist im Vergleich zur konventionellen Tätigkeit eine Zunahme arbeitsorganisatorischer Tätigkeiten festzustellen. Dies liegt ohne Zweifel an der zentralen organisatorischen Einbettung dieser CAD-Anwendung. Als alleinige CAD-Anwenderin kann sie ihre Arbeit viel stärker autonom planen und festlegen, muß aber gleichzeitig ihre Arbeit mit der Arbeit anderer Gruppen stärker abstimmen.

Bei den arbeitsbezogenen Kontakten kommen dementsprechend häufige Kontakte zu Kollegen und Leitern anderer Konstruktionsgruppen hinzu, während die Kontakte mit dem Versuch oder dem Einkauf, die für ihre konventionelle Tätigkeit nicht unbedeutend sind, im Falle ihrer CAD-Tätigkeit wegfallen. Auch dies liegt wiederum daran, daß sie mit CAD für mehrere Gruppen arbeiten muß, diese Aufträge aber konstruktiv weitgehend abgeschlossen sein müssen, wenn sie die Entwurfszeichnungen erhält. Man kann also von einer Tendenz der Reduzierung der Kontakte in den Betrieb und der Intensivierung der Kontakte innerhalb der Konstruktion sprechen.

Unser bisheriges Ergebnis - eine Verarmung der Tätigkeit um konstruktive Bestandteile - wird durch den Vergleich der Anforderungsprofile bestätigt. Es wurde gefragt, welche der Einzeltätigkeiten routinemäßig erledigt werden können und welche Tätigkeiten besonders schwierig sind oder besondere Anforderungen stellen. Tabelle 4.3. zeigt dies in der Übersicht.

Zunächst ist auffallend, daß die immer wieder postulierte These von der Entlastung von Routine durch CAD durch diese Angaben nicht be-

Tabelle 4.3. Anforderungsprofile für eine konventionell und mit CAD arbeitende Zeichnerin

AUSARBEITUNGSPHASE	Welche Tätigkeiten sind für Sie besonders schwierig?	Welche Tätigkeiten können Sie routinemäßig, ohne viel Nachdenken erledigen?
Durcharbeiten des Gesamtentwurfs hinsichtlich der Detaillierungsaufgaben		K C
Suchen nach vergleichbaren ähnlichen Lösungen	C	/
Suchen nach relevanten Normen, Richtlinien, Katalogen		K C
Konstruktives Durcharbeiten der Baugruppen	/	/
Konstruktives Durcharbeiten von Einzelteilen	C	K
Festlegen von Maßen, Toleranzen, Werkstoffen, Passungen, Normteilen, Zukaufteilen		K C
Genaue Berechnungen erstellen	/	/
Varianten berechnen und optimieren	K	/
Maßstäbliche Zusammenbauzeichnungen anfertigen	/	K
Darstellen von Schnitten und Abwicklungen		K C
Über Detailentwurf entscheiden	/	/
Einzelteilzeichnungen anfertigen		K C
Stücklisten anfertigen		K C
Prüfen auf Vollständigkeit, Normen, Verträglichkeiten		K C

K = Konventionelle Tätigkeiten und deren Anforderungsgehalt; C = mit CAD
/ = entsprechende Tätigkeit kommt bei CAD bzw. bei konventioneller Bearbeitung nicht vor.

stätigt werden kann. Alle konventionellen Tätigkeiten mit Routinecharakter bleiben im CAD-Falle ebenfalls Routinetätigkeiten mit Ausnahme des konstruktiven Durcharbeitens von Einzelteilen und des Anfertigens von Zusammenbauzeichnungen. Letzteres ist mit CAD in diesem Fall nicht möglich, fällt also ersatzlos weg bzw. muß konventionell gemacht werden. Für die Einschätzung der Tätigkeit "konstruktives Durcharbeiten von Einzelteilen" im CAD-Fall als "schwierig" gibt es wahrscheinlich zwei Gründe. Zum einen erfordert das CAD-Programm eine besondere, künstliche Prozedur zur Beschreibung der Einzelteile, was die Sache schwieriger macht. Zum anderen macht die zentrale Dienstleistungslösung der CAD-Detaillierung das konstruktive Durcharbeiten von Einzelteilen auch deshalb schwierig, weil eine unmittelbare Kenntnis des Auftrages und des Umfeldes der Einzelteile nicht mehr in gleichem Maße gegeben ist wie in einer konventionellen Konstruktionsgruppe. Eine unmittelbare schnelle Rückkopplung, sozusagen über den Schreib- oder Zeichentisch hinweg, ist durch die Loslösung von der Konstruktionsgruppe nicht mehr so einfach möglich. Dies ist sicher ein Grund, warum im CAD-Fall das Suchen nach ähnlichen Lösungen als schwierig eingeschätzt wird.

Umgekehrt fällt die einzige schwierige, man kann hier auch sagen anspruchsvolle, Tätigkeit im konventionellen Fall - das Berechnen und Optimieren von Varianten - ganz weg, weil sie im CAD-Fall gar nicht mehr vorkommt. Der Entwurf soll, bevor er mit CAD detailliert wird, schon völlig durchgearbeitet, berechnet und optimiert sein. Dies wird ausdrücklich in Unternehmen D so verlangt.

b) Tendenzen des Wandels der Tätigkeitsstruktur und der Tätigkeitsanforderungen beim CAD-Einsatz - Übersicht

Nach obiger detaillierter Einzelfallbeschreibung soll hier in einer knappen Übersicht die Gruppe der konventionell Arbeitenden mit der Gruppe der CAD-Anwender verglichen werden. In beiden Gruppen sind Detailkonstrukteure/Zeichner und Konstrukteure gleichmäßig im Verhältnis 4:6 vertreten, so daß Unterschiede zwischen den "Konventionellen" und den CAD-Anwendern nicht auf unterschiedliche Berufspositionen zurückgeführt werden können.

Die CAD-Anwender sind im Vergleich zur Gruppe der "Konventionellen" folgendermaßen zu charakterisieren:

- Das Tätigkeitsspektrum ist vergleichsweise eingeschränkt.
- Die arbeitsorganisatorischen Tätigkeiten treten bei einem Teil der CAD-Anwender vergleichsweise häufig auf.
- Bei den arbeitsbezogenen Kontakten ist das Bild uneinheitlich. Während die konventionell arbeitenden Zeichner und Konstrukteure eher eine Mittelposition einnehmen, sind bei den CAD-Anwendern eher weniger arbeitsbezogene Kontakte vorhanden - allerdings mit Ausnahmen.
- Die Notwendigkeit verschiedener Wissens- und Erfahrungsgebiete ist bei den CAD-Anwendern vergleichsweise geringer.

Die Tabelle 4.4. zeigt die Ergebnisse im Überblick.

Zur Bildung der in der Tabelle verwandten Indices: Die Indices wurden aus den verschiedenen Listen der Tätigkeitsanalyse gebildet. So wurde beispielsweise die Tätigkeitsbreite aus der Liste "Beteiligung an Konstruktionsphasen" gewonnen. Die Ausprägungen "nie" und "selten" wurden mit 0 kodiert, "öfter" mit 1 und "häufig" mit 2. Dies jeweils für die vier abgefragten Konstruktionsphasen. Die so kodierten Werte wurden zu einem Gesamtwert summiert, der zwischen 0 und 8 liegen kann. Dieser Gesamtwert wurde wiederum wie folgt gruppiert: 0-2 "niedrig", 3-4 "mittel" und 5-8 "hoch". Entsprechend wurde in den anderen Fällen verfahren.

Tabelle 4.4. Tätigkeitsmerkmale bei konventionell Arbeitenden und CAD-Anwendern

		Anzahl der Fälle	
		konventionell	CAD
Tätigkeitsbreite nach Konstruktionsphasen			
	niedrig	0	3
n=15	mittel	3	4
	hoch	2	3
Umfang arbeitsorganisatorischer Tätigkeit			
	niedrig	5	8
n=16	mittel	0	1
	hoch	0	2
Umfang arbeitsbezogener Kontakte			
	niedrig	2	6
n=15	mittel	3	3
	hoch	0	1
Anforderungen an Wissen und Erfahrung			
	niedrig	1	3
n=15	mittel	1	5
	hoch	3	2

Es bestätigt sich eine Tendenz, die bereits im vorangegangenen Abschnitt festgestellt wurde: Bei den CAD-Anwendern gibt es im Vergleich zu den konventionell Arbeitenden eine Reduzierung konstruktiver Tätigkeiten und Anforderungen und eine Ausweitung arbeitsorganisatorischer und kommunikativer Tätigkeiten.

Die Analyse des Anforderungsprofils der beiden Gruppen soll hier noch etwas weiter geführt werden. Wir haben unsere Interviewpartner um eine subjektive Einschätzung gebeten, welche Einzeltätigkeiten für sie besonders schwierig sind, und welche Einzeltätigkeiten sie routinemäßig, ohne viel Nachdenken erledigen können. Bezieht man diese "schwierigen" Einzeltätigkeiten und die Einzeltätigkeiten mit Routinecharakter auf alle ausgeführten Einzeltätigkeiten und gewichtet diese mit den angegebenen Ausführungshäufigkeiten der Einzeltätigkeiten, dann erhält man einen Wert, der die Gesamttätigkeit prozentual in Einzeltätigkeiten mit Routinecharakter, in schwierige Tätigkeiten und eine Restkategorie ohne besondere Merkmale aufteilt.

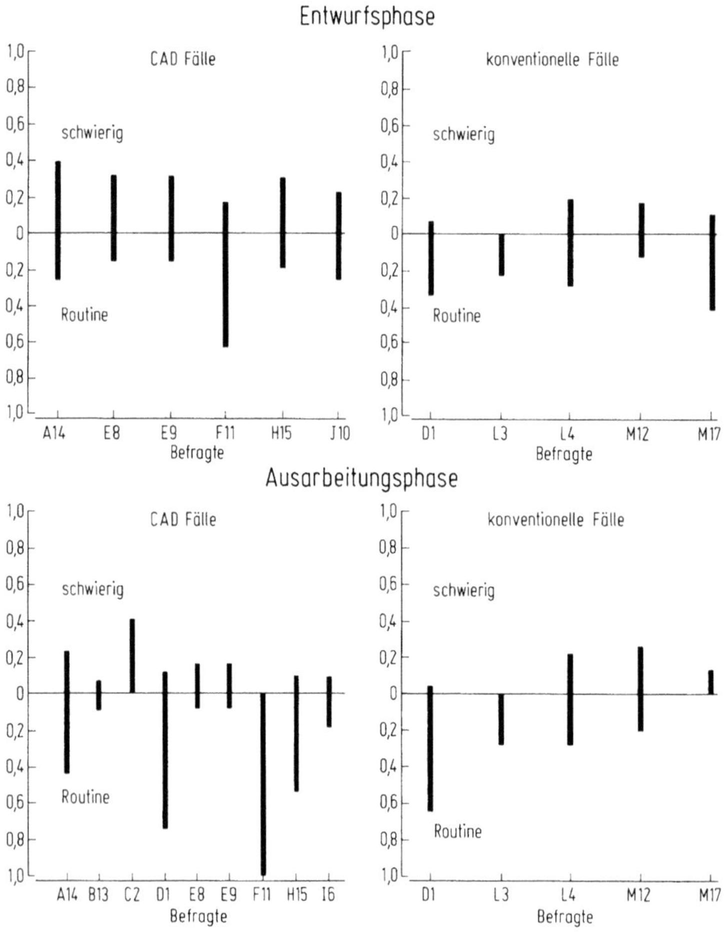

Abbildung 4.2. Auf Gesamttätigkeit normierte Anteile der "schwierigen" Tätigkeiten und Tätigkeiten mit Routinecharakter für einzelne Befragte nach Konstruktionsphasen und CAD-Anwender / Nichtanwender

In Abbildung 4.2. sind getrennt für die Entwurfs- und die Ausarbeitungsphase sowie für die konventionell Arbeitenden und die CAD-Anwender die prozentualen Anteile der Schwierigen Tätigkeiten und der Tätigkeiten mit Routinecharakter für jeden Befragten aufgetragen.

Bei der Mehrzahl der Befragten ist der Anteil der Tätigkeiten mit Routinecharakter größer als der Anteil der schwierig empfundenen Tätigkeiten. Nur im Falle der CAD-Anwender in der Entwurfsphase ist dieses Verhältnis umgekehrt. Die Besonderheiten des Einzelfalls erschweren eine weitergehende Interpretation der Abbildung, so daß wir die Information in der folgenden Tabelle 4.5. weiter verdichten. Wir betrachten jetzt den Anteil der schwierigen Tätigkeiten, der Tätigkeiten mit Routinecharakter und der sonstigen Tätigkeiten ohne besondere Merkmale gemittelt über alle Befragten für die konventionell Arbeitenden und die CAD-Anwender, getrennt nach der Entwurfs- und Ausarbeitungsphase.

Tabelle 4.5. Mittlere Anteile der schwierigen Tätigkeiten, der Tätigkeiten mit Routinecharakter und der sonstigen Tätigkeiten

	Entwurfsphase			Ausarbeitungsphase		
	konventionell	CAD	alle	konventionell	CAD	alle
Anzahl der Fälle n=	5	6	11	5	9	14
Anteil der Tätigkeiten mit Routinecharakter	0,27	0,28	0,28	0,28	0,35	0,33
Anteil der schwierigen Tätigkeiten	0,11	0,29	0,21	0,13	0,15	0,14
Anteil der sonstigen Tätigkeiten ohne besondere Merkmale	0,62	0,43	0,51	0,59	0,50	0,53
Summe der Anteile	1.00	1,00	1,00	1,00	1,00	1,00

Folgende interessante Trends sind aus der Tabelle ablesbar:

- Die <u>CAD-Anwender</u> sehen ihre Tätigkeit gegenüber den "Konventionellen" akzentuierter sowohl eher als schwierig als auch mehr mit Routinetätigkeiten. Die konventionelle Tätigkeit ist eher "normal" und ohne besondere Merkmale.
- Es ist nicht verwunderlich, daß die Tätigkeiten in <u>der Ausarbeitungsphase</u> insgesamt mehr Routineanteile aufweisen als in der Ent-

wurfsphase. Die Befragten, die in der Ausarbeitungsphase mit CAD arbeiten, sehen in ihrer Tätigkeit einen höheren Anteil von Routinetätigkeiten als die konventionell Arbeitenden (35% zu 28%).

- Obwohl wir oben festgestellt haben, daß die Tätigkeiten in der Entwurfsphase im Vergleich zur Ausarbeitungsphase weniger Routineanteile aufweisen, liegt der Anteil der Tätigkeiten mit Routinecharakter innerhalb der Entwurfsphase höher als der Anteil schwieriger Tätigkeiten (28% zu 21%). Während sich in der Entwurfsphase beim Anteil der Routinetätigkeiten zwischen der Gruppe der konventionell Arbeitenden und der CAD-Anwender nichts ändert, nimmt der Anteil der schwierigen Tätigkeiten für die CAD-Anwender im Vergleich zu den Konventionellen von 11% auf 29% zu.

Die Interpretation dieser Ergebnisse ist sowohl mit der These von der Entlastung des Konstrukteurs von Routinearbeit durch CAD nicht vereinbar als auch mit der These von einer generellen Tendenz zur Dequalifizierung durch CAD. Es scheint vielmehr umgekehrt zu sein: Wird CAD in der eher anspruchsvolleren Entwurfsarbeit eingesetzt, so wird für die CAD-Anwender auch ihre Tätigkeit "anspruchsvoller" (schwieriger) - man denke beispielsweise an den Einsatz komplizierter Berechnungsprogramme. Wird dagegen CAD in der Ausarbeitungsphase eingesetzt, die viele Routinebestandteile enthält, so wird durch den CAD-Einsatz die Ausarbeitungstätigkeit weiter routinisiert - die angeführten Beispiele in 4.2.2a) zu den Zeichnungserstellungsprogrammen zeigen dies deutlich.

4.2.3 Tätigkeits- und Qualifikationswandel im Schnittpunkt programmbedingter und organisatorischer Faktoren

Es soll im folgenden der Versuch gemacht werden, das vorliegende Material der Tätigkeitsanalyse im Zusammenhang zweier Faktoren - CAD-Programm und CAD-Arbeitsorganisation - zu betrachten. Es geschieht dies nicht mit dem Anspruch, ein allgemeingültiges Modell des technologisch bedingten Tätigkeitswandels aufzustellen. Selbst eine Verallgemeinerung für den CAD-Einsatz generell bedürfte weiterer empirischer Untersuchungen. Die Analyse unseres empirischen Materials ergab allerdings, daß Merkmale des CAD-Programms und Merkmale der Arbeitsorganisation der CAD-Anwendung einen wesentlichen Einfluß auf

Änderungen von Tätigkeiten und Qualifikationen ausüben (vgl. auch Riehm und Wingert 1983). Damit ist die Frage nach der Gestaltbarkeit von Technik aufgeworfen. Obwohl es große Gestaltungsspielräume bei der organisatorischen Einbettung neuer Techniken gibt, ist die These, daß es beim Technikeinsatz nur darauf ankäme, wie man die Technik einsetze, nur bedingt tragfähig. Unserer Auffassung nach gibt es technische Faktoren, die für den Technik-Anwender bestimmte organisatorische Konzepte oder auch angestrebte Qualifikationsveränderungen verunmöglichen. Das heißt nicht, daß in der Technik-Entwicklung diese Faktoren nicht veränderbar wären.

a) Der Faktor "CAD-Programm"

Ob Faustkeil, Axt oder Motorsäge, ob Schiefertafel, modernes Zeichenbrett oder CAD-Bildschirm - es besteht kein Zweifel, daß die Art des Arbeitsmittels die Art und Weise der Tätigkeit, ihre Bandbreite und Produktivität beeinflußt.

Nehmen wir das Anfertigen von Entwurfszeichnungen oder Skizzen. In einem alten Lehrbuch des Maschinenbaus wird vorgeschlagen, die Arbeits- oder Werkstattzeichnungen zunächst auf einer Tafel in Kreide im Maßstab 1:1 anzufertigen. Als Vorteil eines solchen Verfahrens sieht der Autor:

"Die Kreidestriche können aus größter Entfernung gesehen werden, und dadurch kann das Gefühl die Verhältnisse aller Dimensionen weit richtiger und leichter beurteilen, als wenn solche Details mit Bleistift auf dem Papier gezeichnet werden, es kann jeder unrichtige Strich so leicht ohne Verletzung der Zeichenfläche beseitigt werden, und die fertige Zeichnung macht einen so lebhaften Eindruck auf die Phantasie, daß sie den wirklichen Gegenstand vor Augen zu haben wähnt" (Redtenbacher 1852, S. 298).

Und Leyer schreibt zur Bedeutung von Entwurfsskizzen: "So wie der Geist tastend und abwägend Formen und Möglichkeiten sucht, fügt die zeichnende Hand ein Element ans andere. Die Strichführung ist dabei vage und prüfend, alles ist noch in Bewegung, da es seine Endgültigkeit erst finden muß. Zeichengerät wird dabei wenig benützt ... . Die Aufmerksamkeit des Konstrukteurs ist gänzlich nach innen gerichtet, wobei die Hand die ihr zukommende Aufgabe ganz nebenbei erfüllt" (Leyer 1963, S. 21).

Demgegenüber stellt Finne in seiner Beschreibung der Arbeit mit CAD eine Verschiebung der Aufmerksamkeit auf die Bedienung des Arbeitsmittels CAD fest: "Am graphischen Terminal muß alle Arbeit indirekt erledigt werden: der Konstrukteur gibt dem Computer einen Befehl, welche Operation auszuführen sei und der Computer führt diese Operation aus. Egal ob ein Punkt, eine Linie oder ein ganzes Symbol zu zeichnen ist, der Konstrukteur muß immer ein Kommando absetzen und kann die Operation nicht selbst direkt ausführen" (1984, S.66).

Dieser Aspekt der Handhabung eines Arbeitsmittels hat Auswirkungen auf Tätigkeitsstruktur und Qualifikation. Das Umgehen mit einer komplexen Geometriesprache stellt ganz eigene Anforderungen und erfordert in schwierigen Fällen eventuell eine Spezialisierung. Mehrfach wurde uns, übrigens bei Programmen unterschiedlicher Art, von CAD-Experten oder Konstruktionsleitern geschildert, daß der CAD-Anwender, um in Übung zu bleiben, ständig mit CAD arbeiten müsse. Auf den Aspekt der Handhabung von CAD wird im Kapitel 4.5 Benutzungsanalyse und im Kapitel 5.2 bei der These der Mediatisierung nochmals eingegangen. Der Begriff "Handhabung" im Zusammenhang mit CAD ist übrigens eher irreführend. Es wäre besser von "Bedienung" zu sprechen, da man ein Computerprogramm nicht mehr in der Weise "in der Hand haben" kann wie ein konventionelles Werkzeug.

Neben diesem Handhabungs- oder Bedienungsaspekt des Programms wird durch das Programm ein mehr oder weniger eingeschränktes Aufgabenfeld definiert. Computer sind zwar universelle Datenverarbeitungsmaschinen, Programme aber streng definierte, zweckgerichtete Beschreibungen von Prozeduren für einzelne Aufgabenfelder. Im Vergleich dazu ist ein Bleistift ein viel universelleres Arbeitsmittel als jedes CAD-Programm. Je nach Umfang der mit CAD bearbeitbaren Aufgaben werden die Tätigkeitsbreite und die Anforderungen durch die Tätigkeit beeinflußt. So bearbeiten Technische Zeichner nur noch rotationssymmetrische Einzelteile, weil das CAD-Programm nur solche Teile verarbeiten kann. Nicht rotationssymmetrische Teile, Baugruppen oder Zusammenstellungszeichnungen kommen im Spektrum des Zeichners nicht mehr vor. Oder ein Konstrukteur bearbeitet nur noch einen Typ von Kolben, da nur dieser (bisher) in dem vorhandenen Variantenkonstruktionsprogramm enthalten ist.

b) Der Faktor "Organisation des CAD-Einsatzes"

Die organisatorische Einbettung von CAD kann man unter drei Aspekten betrachten:

Es kann eine mehr oder weniger starke (horizontale) Ausdifferenzierung konstruktiver Aufgaben vorgenommen werden und einer "CAD-Gruppe" organisatorisch zugeordnet werden. Dies ist beispielsweise der Fall in den Unternehmen D, I oder E mit CAD-Gruppen für Zeichnungserstellung bzw. für technische Berechnung. Diese Ausdifferenzierung geht meist einher mit einem Dienstleistungskonzept, z.B. in der Form, daß alle rotationssymmetrischen Einzelteile zur Anfertigung von Werkstattzeichnungen an die CAD-Gruppe geliefert werden müssen. Dies muß nicht so sein, da man sich auch Lösungen vorstellen kann (z.B. bei Variantenkonstruktionsprogrammen), bei denen Konstruktionsgruppen nach Produkten unterschieden werden und eine solche Konstruktionsgruppe ihre Arbeiten mit CAD erledigt (so tendenziell in Unternehmen B und L).

In der vertikalen Perspektive ist zu unterscheiden, wie die Einordnung der CAD-Anwendung in die Abteilungshierarchie vorgenommen wird. Dies hat Auswirkungen auf die Zuweisung von Kompetenz und Entscheidungsbefugnis bei den CAD-Anwendern. Ein markantes Beispiel hierfür sind die CAD-Anwendungen in Unternehmen D und I. In D hat die Zeichnerin - als alleinige CAD-Anwenderin - alle Kontakte zu ihren "Auftraggebern" selbst zu erledigen, wie sie auch ihre eigene Arbeit selbst planen und organisieren muß. In I ist die CAD-Anwendung ein Teil eines Detaillierungsbüros. Dort übernimmt der Büroleiter die wesentlichen arbeitsorganisatorischen Aufgaben und die Außenkontakte. Die CAD-Anwenderinnen haben damit nichts zu tun.

Ein dritter Aspekt ist, inwieweit auf der Dimension Entwicklung-Anwendung eine organisatorische Ausdifferenzierung vorgenommen wird. CAD-Anwender, die bei der Entwicklung eines Variantenkonstruktionsprogramms selbst an der Aufstellung der Konstruktionslogik beteiligt waren, haben mehr Kompetenz in der Programmbedienung aufzuweisen als andere. Sind sie dann z.B. in der Lage, selbst Eingriffe und Änderungen im CAD-Programm vorzunehmen, so könnte man von einer echten Beherrschung des neuen Arbeitsmittels durch die Anwender sprechen. Während ersteres durchaus in einigen Unternehmen vorkam (z.B. L), war letzteres nur ansatzweise bei Anwendungen interaktiv-grafischer CAD-Systeme verwirklicht (A, J).

c) Zusammenwirken der Faktoren "Programm" und "Organisation"

Neben den von uns herausgestellten Faktoren "Programm" und "Organisation" gibt es natürlich weitere, wie z.B. Rentabilitätsüberlegungen bei der Auslastung der CAD-Anlage, die beeinflussend auf den Tätigkeitswandel wirken können, hier aber nicht weiter untersucht werden. Die beiden Faktorenkomplexe "Programm" und "Organisation" beeinflussen über die sich ergebende konkrete CAD-Anwendung (die ja mehr ist als das CAD-Programm oder die CAD-Arbeitsstation) den Wandel von Qualifikation und Tätigkeit. Ein relativ guter Indikator für die sich aus "Programm" und "Organisation" ergebende CAD-Anwendung ist der Anteil von CAD an der Gesamttätigkeit. Abbildung 4.3. veranschaulicht

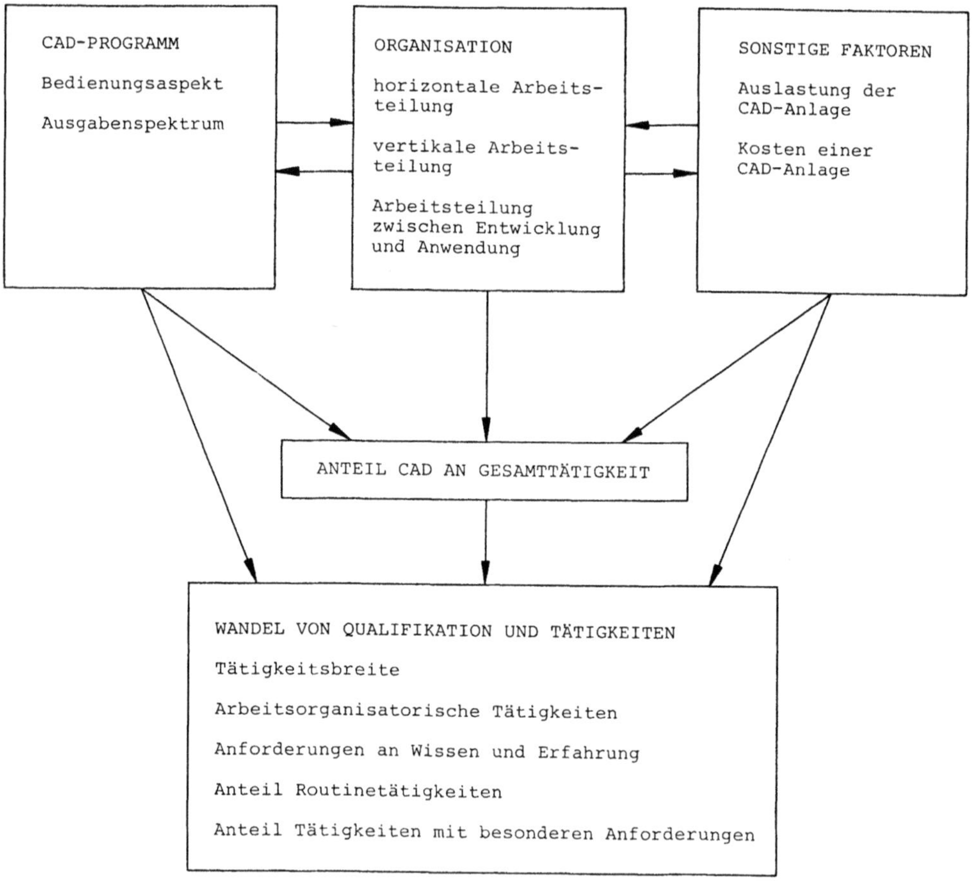

Abbildung 4.3. Zusammenhang einiger bestimmender Faktoren des Tätigkeits- und Qualifikationswandels beim CAD-Einsatz

den Zusammenhang der Faktorenkomplexe, wobei nur die vorherrschende Einflußrichtung berücksichtigt wird. Tabelle 4.6. stellt einen Teil des empirischen Materials zum Zusammenhang des Anteils von CAD an der Gesamttätigkeit und den Tätigkeits- und Qualifikationswandel dar (zur Bildung der Indizes vergleiche Anmerkung bei Tabelle 4.4.).

Tabelle 4.6. Zum Zusammenhang von CAD-Tätigkeitsanteil und einigen Merkmalen der Gesamttätigkeit

		Anteil CAD an Gesamttätigkeit		
		bis 30 %	60 %	100 %
Tätigkeitsbreite nach Konstruktionsphasen				
	niedrig	0	1	2
n=10	mittel	2	0	2
	hoch	2	1	0
Umfang arbeitsorganisatorischer Tätigkeit				
	niedrig	4	2	2
n=11	mittel	0	1	0
	hoch	0	0	2
Anforderungen an Wissen und Erfahrung				
	niedrig	0	1	2
n=10	mittel	3	0	2
	hoch	1	1	0

Aus Tabelle 4.6. sind u.a. folgende Trends ablesbar:

- Je höher der CAD-Anteil an der Gesamttätigkeit ist, desto eingeschränkter ist das Spektrum der Tätigkeiten und Konstruktionsphasen, an denen der Betreffende beteiligt ist. Dieser Effekt tritt natürlich in erster Linie wegen der mit CAD einhergehenden Spezialisierung auf bestimmte Konstruktionsaufgaben, wie Berechnen oder Zeichnungserstellung (Detaillierung), auf.
- Gleichzeitig geht die Spezialisierung auf CAD-Tätigkeiten einher mit einer Zunahme arbeitsorganisatorischer Tätigkeiten.
- Entsprechend dem Muster bei der Tätigkeitsbreite gehen die Anforderungen an Wissen und Erfahrung bei einem hohen Anteil von CAD an der Gesamttätigkeit zurück.

An einzelnen Fallbeispielen soll abschließend das Zusammenwirken der Faktorenkomplexe aufgezeigt werden.

- Das Zusammentreffen eines CAD-Programms mit sehr eingeengtem Aufgabenspektrum und einem zentralisierten Dienstleistungskonzept (CAD-Detaillierungsgruppe) führt zu einer Einengung der Tätigkeitsbreite und einer Reduzierung der Wissens- und Erfahrungsanforderung gegenüber einer in einer Konstruktionsgruppe konventionell tätigen Zeichnerin (Fall C, D, I).
- Gleichzeitig zwingt die Schwierigkeit der Programmbedienung dazu, die "besseren" Zeichner als CAD-Anwender anzulernen. Die Schwierigkeit der Programmbedienung führt auch zu einem hohen Anteil von CAD-tätigkeiten an der Gesamttätigkeit (in Fall C 100%, in I 60%), weil die CAD-Anwender "in Übung" bleiben müssen.
- Der Grad der hierarchischen Kompetenzzuweisung der CAD-Anwender bei zentraler organisatorischer CAD-Anwendung (Dienstleistungskonzept) führt in Fall D zu einer Zunahme organisatorischer und planerischer Arbeitstätigkeiten, im Fall I werden diese Tätigkeiten durch einen Büroleiter von den eigentlichen CAD-Anwender immer ferngehalten.
- Der Zwang, für eingeschränkte konstruktive Aufgaben wegen der Schwierigkeit der Programmbedienung qualifizierte Kräfte einzusetzen, führt zu erheblichen Akzeptanzproblemen bei den Anwendern. Diese Akzeptanzprobleme können durch eine Beteiligung der CAD-Anwender an Einführungs-, Verbesserungs- und Wartungsarbeiten am CAD-System, wie im Fall D geschehen, abgemildert werden.
- Eine Trennung in CAD-Anwender, CAD-Anwendungsvorbereiter (Entwicklung von Variantenkonstruktionsprogrammen, Konstruktionslogiken, Makros etc.) und CAD-Nichtanwender hat in Fall F zu einem relativ hohen Anteil von CAD an der Gesamttätigkeit mit 60% geführt. Dies wird im wesentlichen mit der Notwendigkeit des ständigen Arbeitens mit CAD begründet (Übungsaspekt, Bedienungsaspekt). Die Folge ist in diesem Fall weniger eine Einengung konstruktiver Tätigkeiten und geringere Qualifikationsanforderungen, sondern mehr eine produktspezifische Spezialisierung der Tätigkeit, bedingt durch die derzeitige Leistungsfähigkeit (Aufgabenspektrum) des CAD-Programms.
- Geringe Auswirkungen auf Tätigkeit und Qualifikation konnten in all jenen Fällen beobachtet werden, bei denen Teilbereiche der bisherigen Tätigkeit nun von CAD unterstützt werden, ohne daß dafür neue, besondere Organisationsformen eingerichtet wurden. Diese Fälle (u.a. N, A, B, J) könnte man am ehesten mit dem Schlagwort "CAD am Arbeitsplatz" kennzeichnen.

- Was allerdings passiert, wenn von den traditionellen Tätigkeiten schließlich immer mehr durch CAD unterstützt werden, konnte noch nicht beobachtet werden. Im Falle des Einsatzes eines CAD-Systems in der Elektrokonstruktion im traditionellen Arbeitsfeld von Elektrozeichnerinnen, bei dem bisher nur einzelne Bereiche bestimmter Produkte durch CAD unterstützt werden (CAD-Anteil an Gesamttätigkeit dementsprechend 30%), gab es Prognosen, daß bei einer vollständigen oder weitgehenden Unterstützung der Anfertigung von Elektroplänen aller Art, die Tätigkeit der Elektrozeichnerinnen vollständig wegfallen könnte, und die verbleibenden Tätigkeiten der CAD-Bedienung von den bisherigen Sachbearbeitern mit übernommen werden müßten.

Vielleicht ist an diesen Beispielen nochmals deutlich geworden, daß es keine einfachen Wirkungsbeziehungen im Falle des CAD-Einsatzes gibt. Es gibt allerdings, so die Erfahrung aus unserer Studie, kritische Faktorenkomplexe, die durch betriebliche Entscheidungen beeinflußbar sind, und die deutliche Auswirkungen auf die beim CAD-Einsatz sich herausbildenden Tätigkeitsstrukturen und Qualifikationsanforderungen haben.

4.3 Vielfalt von Konstruktionsaufträgen mit CAD

Nach der querschnittlich orientierten Perspektive der Tätigkeitsanalyse in Abschnitt 4.2 wird jetzt in der Auftragsanalyse wie auch in der folgenden Aufgabenanalyse (4.4) eine am konkreten Beispiel orientierte prozeßorientierte Betrachtung vorgenommen.

Die Interviewpartner der Auftragsanalyse waren die von uns befragten Konstruktionsleiter. An einem konkreten Beispiel eines bestimmten in letzter Zeit mit CAD bearbeiteten Auftrags wurden von uns u.a. die in Tabelle 4.7. aufgeführten Merkmale des Auftrags erfaßt.

Im folgenden beschränken wir uns in der Darstellung des Materials der Auftragsanalyse auf zwei Fragen!

1. Welche Art konstruktiver Aufträge wird vorzugsweise mit CAD bearbeitet:

2. In welchem Ausmaß ist CAD an den einzelnen Abschnitten der Auftragsbearbeitung beteiligt:

Tabelle 4.7. Übersicht zu den erfaßten Merkmalen bei der "Auftragsanalyse"

Merkmale des Auftrages	Organisatorische Einbettung	Auftragsbearbeitung	CAD-Anteile bei der Auftragsbearbeitung
	Anstoß für Auftrag / Auftraggeber		
		Beteiligte Konstruktionsphase und Einzelaufgaben	Konstruktionsphasen und Einzelaufgaben mit CAD
Neuartigkeit		Kritische Phasen und Einzelaufgaben	
Vertrautheit			
Komplexität		Konstruktive Freiheitsgrade bzgl. Lösungsweg u. Ergebnis	
Schwierigkeit			
Fertigungsart	Eingriffe u. Änderungswünsche des Auftraggebers oder anderer externer Stellen	Kooperationsformen	
		Notwendigkeit von Rücksprüngen	
		Möglichkeit parallelen Arbeitens	
		Notwendigkeit sequentiellen Arbeit.	
Dauer der Bearbeitung		Zeitanteile für Bearbeitungsschritte	Zeitanteile für Bearbeitungsschritte mit CAD

Legende: Die eingerahmten Merkmale / Variablen werden im folgenden Text behandelt.

Auf den gesamten Komplex der Auftragsbearbeitung mit den sehr interessanten Aspekten der Kooperationsformen der konstruktiven Arbeit wird in diesem Bericht im Kapitel 4.4. bei der Aufgabenanalyse nur am Rande eingegangen. Eine eingehende Analyse des Zusammenhanges zwischen der Art der Konstruktionsaufträge, ihrer organisatorischen Einbettung und dem Modus der Auftragsbearbeitung würde den Rahmen dieser Arbeit sprengen.

4.3.1 Merkmale der mit CAD bearbeiteten Aufträge

Es wird in der Literatur immer wieder diskutiert, daß sich für den CAD-Einsatz bestimmte Auftragstypen besonders zur CAD-Bearbeitung eignen würden, so z.B. die Angebotserstellung oder die Variantenkonstruktion (vgl. z.B. Kiesow u.a. 1970, Opitz 1971).

Im Vergleich dazu ist es überraschend, welche Vielfalt von Aufträgen (teilweise) mit CAD bearbeitet werden. Es kommen sowohl Entwicklungs- als auch Kundenaufträge vor; Sonderfertigung, Standardausführungen, Einzelfertigung und Massenserien mit einigen Hunderttausend zu fertigenden Produkten pro Jahr; Aufträge für ganze Maschinen und Anlagen oder für kleine Einzelteile. Die Bearbeitungsdauer der Aufträge liegt zwischen 5 Tagen und 3 Jahren; der Zeitanteil, der dabei auf die Ausarbeitungsphase fällt, liegt zwischen 22% und 90%.

Hinsichtlich eines Merkmals ist jedoch eine gewisse Häufung bei den mit CAD bearbeiteten Aufträgen festzustellen. Gefragt nach der relativen Beurteilung des mit CAD behandelten Auftrags im Vergleich zu den sonstigen Aufträgen des Betriebes gaben 7 von 10 Konstruktionsleitern an, daß dieser Auftrag eher als vertraut zu charakterisieren ist denn als neuartig. Dementsprechend werden 7 von 11 Aufträgen als Anpassungs- oder Variantenkonstruktion eingeschätzt. Bezieht man diese rund 70% Aufträge mit Anpassungs- oder Variantenkonstruktion auf das Auftragsspektrum des gesamten Maschinenbaus, so liegt dies genau in der gleichen Größenordnung. Nach einer Erhebung des Forschungskuratoriums Maschinenbau von 1974 sind 75% aller Konstruktionsaufträge Anpassungs- oder Variantenkonstruktion (FKM 1974). Eine überdurchschnittliche Häufung von Aufträgen, die mit CAD teilweise bearbeitet werden, bei Anpassungs- oder Variantenkonstruktionen ist so also nicht nachweisbar.

Die Merkmale des Auftrags scheinen nicht relevant für eine Beurteilung der Geeignetheit des CAD-Einsatzes. Diese nach unseren Ergebnissen naheliegende These muß allerdings differenziert werden. CAD ist in unserer Untersuchung breit definiert vom Berechnungssystem über Variantenkonstruktionsprogramme bis zum Programm zur Zeichnungserstellung von Rotationsteilen. Natürlich wird ein Variantenkonstruktionsprogramm nicht eingesetzt werden können bei einer Neukonstruktion. Darüberhinaus gibt es praktisch kaum Aufträge, die durchgehend von CAD unterstützt bearbeitet werden (vgl. 4.3.2). Die Beurteilung des gesamten Konstruktionsauftrages für die Möglichkeit des CAD-Einsatzes erfolgt so auf einer Stufe zu hoch. CAD wird für Teilaufgaben der Auftragsbearbeitung eingesetzt und diese desaggregierten Aufgaben müssen für die Möglichkeit eines CAD-Einsatzes beurteilt werden.

4.3.2 Ausmaß des CAD-Einsatzes innerhalb der Aufträge

Der Anteil der mit CAD bearbeiteten Einzelaufgaben, wie das Entwerfen und Dimensionieren oder das Erstellen von Detailzeichnungen, innerhalb der untersuchten Aufträge schwankt zwischen 7 Einzelaufgaben, die mit CAD-Unterstützung bearbeitet werden, von insgesamt 9 Einzelaufgaben des Auftrages bis zu 1 mit CAD bearbeiteten Einzelaufgabe von insgesamt 12. Wenn man die zeitlichen Bearbeitungsanteile mit CAD in Bezug setzt zur Gesamtbearbeitungszeit, so liegt die Spannweite zwischen 95% und 20%.

Von den Einzelaufgaben eines Auftrages wird die Ausarbeitung von Detailzeichnungen durch CAD absolut und relativ am häufigsten unterstützt. Bei 7 Aufträgen kam diese Tätigkeit überhaupt vor und wurde in 6 Fällen durch CAD unterstützt.

Interessant ist nun die Frage, ob ein Zusammenhang besteht zwischen dem Ausmaß des CAD-Einsatzes innerhalb der Auftragsbearbeitung und der Art der Aufträge. In Tabelle 4.8. sind einige Merkmale dazu aufgeführt.

Tabelle 4.8. Merkmale der mit CAD bearbeiteten Aufträge und Ausmaß der mit CAD unterstützten Teilaufgaben

Unternehmen	I	C	F	J	L	C	G	H	D +)
Konstruktionsart									
Neukonstruktion	X	X	X						
Variantenkonstruktion				X	X	X	X		
Anpassungskonstruktion								X	X
Auftrag im Vergleich zu sonstigen betrieblichen Aufträgen									
eher neuartig	X	X						X	
eher vertraut			X	X	X	X	X		X
CAD-Bearbeitung in									
funktioneller Phase							X		
gestaltender Phase			X	X	X		X	X	
Detaillierungsphase	X	X	X	X	X	X	X		X
Anzahl der mit CAD bearbeiteten Einzelaufgaben von allen Einzelaufgaben des Auftrages	4 von 13	/	7 von 9	4 von 12	4 von 6	1 von 4	6 von 12	2 von 8	1 von 12
Zeitlicher Anteil der mit CAD unterstützten Arbeiten an der Gesamtdauer des Auftrages	22%	/	80%	50%	95%	80%	75%	/	20%

+) Das Unternehmen C taucht in der Aufstellung zweimal auf, weil hier zwei Auftragsanalysen durchgeführt wurden.

Bei den Aufträgen, die in hohem Maße durch CAD-Unterstützung bearbeitbar sind (Zeitanteile 75 bis 95%), handelt es sich jeweils um betrieblich relativ vertraute Aufträge und (bis auf eine Ausnahme) um Variantenkonstruktion. Läßt man den Fall C mit der 80% CAD-Bearbeitung außer Betracht, da dieser mit der Bearbeitung von Normunterlagen eine gewisse Sonderstellung inne hat, so handelt es sich in F und L um stark durchprogrammierte Variantenkonstruktionsprogramme und bei G um eine sowieso anders gelagerte Elektrokonstruktion.

Was wird dagegen bei den eher neuartigen Aufträgen durch CAD unterstützt? Zunächst auffallend deutlich weniger. In Unternehmen I nur 22% der gesamten Auftragsbearbeitungszeit, für Unternehmen H und C fehlen diese Angaben, aber dürften bei einer ähnlichen Größenordnung liegen. Inhaltlich wird in I und C durch CAD allein das Anfertigen von Einzelteilzeichnungen unterstützt - bei Neukonstruktion der letzte Arbeitsabschnitt ohne besondere konstruktive Anforderungen. Etwas anders ist der Fall H gelagert. Hier unterstützt das CAD-System (ein Berechnungssystem zur Auslegung von Kurven-Koppel-Getrieben) das Entwerfen und Dimensionieren, sowie das Entscheiden über den Entwurf. Dabei ist es allerdings so, daß der Getriebe-Entwurf weiterhin konventionell gemäß Erfahrung und Daumenregeln festgelegt wird. Die Überprüfung des Entwurfs, das Nachrechnen und Optimieren geschieht dann mit CAD.

Die Ergebnisse der Auftragsanalyse lassen sich wie folgt zusammenfassen:

- Trotz einer Vielfalt unterschiedlicher Konstruktionsaufträge, die mit CAD (teilweise) bearbeitet werden, liegt der Schwerpunkt bei den betrieblich eher vertrauten Aufträgen und entsprechend der generellen Verteilung der Auftragsarten in der Branche bei der Varianten- und Anpassungskonstruktion.
- All jene Aufträge, die aufgrund eines vertrauten und übersichtlichen Produktspektrums in weitgehend automatisierte Variantenprogramme übertragen werden können, erreichen zeitlich hohe Auftragsbearbeitungsanteile, die mit CAD-Unterstützung erledigt werden können.
- Eine Unterstützung neuartiger Aufträge durch CAD geschieht nur in der Weise, daß bestimmte Berechnungs-Verfahren eingesetzt werden, um neuartige Entwürfe besser beurteilen zu können (Nachrechnung und Optimierung).

- Der sonstige Einsatz von CAD bei Neukonstruktionen beschränkt sich auf die konstruktiv wenig anspruchsvolle Tätigkeit der Erstellung von Einzelteilzeichnungen.

4.4 Merkmale der Aufgabenbearbeitung mit CAD

Wie verändert der CAD-Einsatz die Art und Weise, wie der einzelne Zeichner oder Konstrukteur die ihm zugewiesenen konstruktiven Aufgaben erledigt?

Dies war Gegenstand der Aufgabenanalyse, bei der wir am konkreten Beispiel einer aktuellen Aufgabenbearbeitung die folgenden Komplexe erfaßten:

- Beschreibung der aktuellen Aufgabenbearbeitung;
- Ablauflogik der Aufgabenbearbeitung (einzelne Arbeitsschritte, Zeitaufwand, wiederholte Bearbeitung einzelner Schritte, Änderungen etc.);
- Anteile, die mit CAD bearbeitet werden;
- Kontext der Aufgabenbearbeitung (Verständnis und Kenntnis des gesamten Auftrags, Terminvorgaben, Teilaufgaben des gleichen Auftrags, die parallel ausgeführt werden);
- Notwendigkeit von Vorbereitung und Planung der Aufgabenbearbeitung;
- Festgelegtheit der Aufgabenbearbeitung hinsichtlich des Arbeitsergebnisses, der Arbeitsmittel, des Einsatzes von CAD und des Arbeitsablaufs;
- kommunikative Leistungen bei der Aufgabenbearbeitung;
- Arbeitskontakte;
- Koordinationserfordernisse bei der Aufgabenbearbeitung.

Im folgenden beschränken wir uns auf 3 Aspekte der Aufgabenanalyse:

(1) die Schnittstelle der Aufgabenbearbeitung zum Gesamtauftrag und zur Arbeitsorganisation in der Konstruktionsabteilung;

(2) die individuelle Arbeitsplanung und Arbeitsvorbereitung bei der Aufgabenbearbeitung;

(3) der individuelle Spielraum bei der Aufgabenbearbeitung.

(In der Benutzungsanalyse in 4.5 wird ebenfalls auf Ergebnisse der Aufgabenanalyse Bezug genommen.)

4.4.1 Die Schnittstelle der individuellen Aufgabenbearbeitung zum Gesamtauftrag

In Abschnitt 4.3 haben wir gesehen, daß die CAD-Bearbeitung meist nur einen Teil des Gesamtauftrages umfaßt. Die Frage, die sich hier anschließt, ist, ob sich durch den CAD-Einsatz an der organisatorischen Einbettung der Aufgabenbearbeitung in die Konstruktionsabteilung etwas geändert hat, wie die Schnittstelle zwischen dem einzelnen CAD-Bearbeiter und der Konstruktionsabteilung aussieht.

Bei den Anwendungen der Zeichnungserstellungsprogramme kommt es zu einer strenger definierten Schnittstelle, zu einer Linearisierung der Arbeitsfolge beim Übergang zur CAD-Bearbeitung. Genannt wurde uns in diesen Fällen immer wieder, daß die Entwürfe, die an die CAD-Bearbeitung zur Detaillierung gingen, fertig durchkonstruiert und genauestens ausgearbeitet sein müßten (Fall C ist in dieser Hinsicht bisher noch eine gewisse Ausnahme). Der wesentliche Grund für diese strengere und genauere Definition des Übergangs zur CAD-Bearbeitung ist die zentrale, dienstleistungsorientierte Anordnung der CAD-Anwendung. Die CAD-Bearbeiterin, die früher als konventionelle Zeichnerin in einer Konstruktionsgruppe durchaus den inhaltlichen Zusammenhang ihrer Aufgabe mit dem gesamten Auftrag kannte, wäre jetzt damit überfordert. Alle bearbeiteten Konstruktionsaufträge in der Abteilung kann sie nicht kennen. So beschränkt sich ihre Aufgabe auf die Übersetzung des Entwurfs in CAD-Sprache und die Überwachung der Erzeugung der Computerzeichnungen. In diesen Fällen tritt auch ein Wandel der Kooperations- und Koordinationserfordernisse ein. Die Abstimmungserfordernisse über konstruktive Aspekte treten zurück gegenüber Abstimmungs-, Planungs- und Organisationsleistungen hinsichtlich des Arbeitsablaufs.

Eine solche Tendenz zur strengeren Definition der Schnittstelle zur CAD-Bearbeitung ist natürlich in all jenen Fällen nicht beobachtbar, bei denen die Konstruktionsaufträge nicht arbeitsteilig bearbeitet werden. Auf praktisch alle von uns untersuchte <u>Variantenkonstruktionsprogramme</u> trifft dies zu. Diese Programme unterstützen einen Großteil der Auftrags- und dementsprechend auch der individuellen Aufgabenbearbeitung.

Wiederum anders sieht die Schnittstellenproblematik bei den von uns untersuchten Berechnungsprogrammen in zentralen Berechnungsabteilungen aus. Das Besondere liegt hier darin, daß die konventionelle Auftragsbearbeitung um neue, EDV-gestützte Komponenten ergänzt wird. Es kommt also eine neue Schnittstelle in die Auftragsbearbeitung hinein, die im Gegensatz zu den Fällen bei den Zeichnungserstellungsprogrammen nicht eindeutig definierbar ist. Der Einsatz der Berechnungsprogramme soll ja dazu dienen, konstruktiv neue Lösungen besser beurteilen zu können. Aus dieser neuen, objektiv nicht eindeutig definierbaren Schnittstelle entstehen besondere Probleme (z.B. Verständigungsschwierigkeiten, Problem der Verantwortung), auf die in den nächsten Kapiteln noch eingegangen wird.

Zusammenfassend kann man sagen, daß nicht das CAD-Programm an sich neue Schnittstellen der individuellen Aufgabenbearbeitung zur Konstruktionsabteilung schafft, sondern die jeweilige organisatorische Einbettung der CAD-Anwendung. Als Problem tritt diese neue Schnittstelle in der Aufgabenbearbeitung immer dann auf, wenn die mit CAD bearbeiteten Aufgaben nicht von vornherein völlig eindeutig beschreibbar und bestimmbar sind, d.h. zwischem konstruktiven Sachbearbeiter und CAD-Sachbearbeiter fortlaufende Abstimmungsprozesse erforderlich sind. Die Möglichkeit, diese Schnittstelle scharf zu ziehen, ist bei den Anwendungen für die Zeichnungserstellung eher gegeben als bei Anwendungen im Entwurfsstadium.

Indem CAD bestimmte Leistungen automatisiert und vereinfacht, ergibt sich auch die Möglichkeit, traditionelle Arbeitsteilungen aufzuheben. Diese Möglichkeit wurde bei einer Anwendung in der Elektrokonstruktion angedeutet. Dort konnte man sich bei entsprechendem Ausbau des CAD-Systems vorstellen, daß man in einigen Jahren auf die Elektrozeichnerinnen werde verzichten können, und die Elektrokonstrukteure dann die Aufgabe der Erstellung der Schaltpläne etc. mit CAD übernehmen. Aufhebung einer Schnittstelle im Bearbeitungsablauf heißt dann gleichzeitig Aufhebung von Berufen und Arbeitsplätzen.

4.4.2 Änderungen in der individuellen Arbeitsplanung beim CAD-Einsatz

Jede Arbeit muß geplant und vorbereitet werden. Man muß die notwendigen Arbeitsmittel und Unterlagen zusammensuchen, man teilt die Arbeit in Teilabschnitte ein, man denkt jeweils stückweise voraus, was jetzt gemacht werden muß und wie. Die These der Pilotstudie zum CAD-Einsatz (Bechmann, Vahrenkamp, Wingert 1979, S. 258) war, daß "die individuelle Arbeitsplanung von einer Planung in der Arbeit zu einer Planung vor der Arbeit übergeht". Kann diese These durch das vorliegende detaillierte Material bestätigt werden?

Je stärker die CAD-Programme automatisiert sind, desto stärker muß die individuelle Arbeit "vorgeplant" werden. In dieser modifizierten Form ist diese These zutreffend. Bei stark automatisierten Programmen ist ein Arbeiten Schritt für Schritt nicht mehr möglich.

Dies trifft auf unterschiedliche Programmtypen gleichermaßen zu. Bei den Variantenkonstruktionsprogrammen mit Parametereingabe muß der Bearbeiter bei der Eingabe genau wissen, wie das Ergebnis fertig aussieht, wenn er seine Parameter wählt. Entsprechend ist dies bei dem von uns untersuchten Zeichnungserstellungsprogramm. Bei der recht umfänglichen Eingabe für das Programm muß der Bearbeiter vor seinem geistigen Auge die fertige Konstruktionszeichnung sehen, um den Anforderungen der Eingabesprache gerecht zu werden, alle Aspekte (Aufriß, Geometrie, Schnitte, technologische Angaben etc.) gleichzeitig zu berücksichtigen. Die Aufgabenbearbeitung geschieht nicht Schritt für Schritt und im "Dialog" mit der entstehenden konstruktiven Lösung oder Konstruktionszeichnung auf dem Zeichenbrett oder der Entwurfsskizze, sondern gleichzeitig und bevor man Teilergebnisse seines Tuns in grafischer Form wieder beurteilen und überprüfen könnte (vgl. auch Abschnitt 4.5).

Nun gibt es bei der konventionellen konstruktiven Tätigkeit auch vorbereitende Tätigkeitsbestandteile, z.B. die immer wieder genannte Vorbesprechung mit dem Gruppenleiter oder Konstrukteur. Der Unterschied zur Vorbereitung im Falle hoch automatisierter CAD-Programme besteht in zweierlei. Den Gruppenleiter kann man auch während der Bearbeitung ans Brett holen und nach bestimmten Aspekten einer Teillösung fragen. Im CAD-Fall gibt es solche Teillösungen nicht, da der ganze Entstehungsprozeß zusammengeschrumpft ist auf einen mehr oder weniger ausgedehnten Eingabeformalismus. Ein zweiter Unterschied besteht darin: Bei der Vorbesprechung mit dem Gruppenleiter wird man in der Regel versuchen, das Problem genau einzugrenzen und zu klären. Bei den vorbereitenden Arbeiten zum CAD-Einsatz muß die Lösung erzeugt bzw. richtig antizipiert werden.

Wie sinnvoll hoch automatisierte CAD-Programme sind, soll hier nicht diskutiert werden. Aus den diskutierten Problemen ihrer Anwendung, insbesondere der kritischen Phase der Vorbereitung, ergibt sich aber, daß die Eingabe für solche Programme vielleicht einfach aussieht, keineswegs aber eine einfache Tätigkeit ist. Der Versuch, über automatisierte CAD-Programme die Qualifikation in den Konstruktionsabteilungen zu senken, wird sicherlich nicht erfolgversprechend sein.

4.4.3 Individueller Spielraum bei der Aufgabenbearbeitung

Auch der konventionell arbeitende Zeichner oder Konstrukteur arbeitet nicht überwiegend kreativ und selbstbestimmt, sondern meist innerhalb ganz enger Grenzen und Vorgaben. So wird häufig nach Vorbildern konstruiert oder innerhalb bestimmter Gruppen von Varianten; Richtlinien und Normen engen weiter den konstruktiven Handlungsspielraum ein.

Der CAD-Einsatz verstärkt hier allenfalls eine Tendenz, die sowieso vorhanden ist. So in den Fällen, in denen durch die von der Arbeitsteilung erzwungenen genaueren Vorgaben beim Entwurf für die nachfolgende Phase der Detaillierung Entscheidungsspielräume wegfallen, oder bei hochautomatisierten Programmen, bei denen praktisch jeder Eingriff ausgeschlossen wird. So äußerte sich ein Konstrukteur an einem solchen CAD-System: "Früher konnte man sich überlegen, ob an einer bestimmten Stelle 3 oder 4 Schrauben sinnvoll sind. Das ist jetzt alles durch das Programm festgelegt."

Die von uns untersuchten Berechnungsprogramme spielen auch hier wieder eine gewisse Sonderrolle, da mit ihnen neue Lösungsräume erschlossen werden können, die bei konventioneller Bearbeitung bisher ausgeschlossen waren.

Abschließend sei angemerkt, daß die subjektive Interpretation der Handlungsspielräume der Arbeitssituation der hier vorgenommenen objektiven Betrachtung teilweise widerspricht. So z.B. bei den Zeichnerinnen aus I und C, die angaben, daß ihr Handlungsspielraum bezüglich Arbeitsergebnis, Arbeitsmittel und Arbeitsablauf relativ eingeengt sei, im Vergleich zu früher allerdings durch den CAD-Einsatz ein viel größerer Spielraum empfunden wird.

4.5 Analyse der Programmbenutzung

4.5.1 Übersicht und Erläuterung der Fragen

Wie sich die Benutzungsanalyse (BA) in das Gesamt der Untersuchung einordnet, wurde einleitend zum Kapital 4 dargestellt. Im folgenden soll zunächst ein Überblick über die Fragen vermittelt werden, bevor auf einige grundsätzliche Aspekte der Programmbenutzung eingegangen wird und die Befunde berichtet werden.

Eine Zusammenstellung der in der BA zusammengezogenen Fragen gibt die Abbildung 4.4. wieder. Ein CAD-Programm und das zugehörige EDV-System können zunächst als ein Vermittlungsglied zwischen Benutzer und Aufgabe verstanden werden. Daraus folgt bereits, daß es für eine Benutzungsanalyse nicht genügen würde, die Gegebenheiten des Programms im engeren Sinne zu betrachten. Vielmehr müssen Aspekte beigezogen werden, die sowohl die Aufgabe selbst beschreiben als auch das Verhältnis der Aufgabe zu den bereitgestellten Hilfsmitteln im CAD-Programm (vgl. Abbildung 4.4., rechter oberer Quadrant). In ähnlicher Weise muß die Benutzungsanalyse berücksichtigen, wie das Verhältnis des Benutzers zu CAD als Arbeitsmittel gelagert ist, und wie der Benutzer sich die EDV-bezogenen und programmbezogenen Kenntnisse aneignet, die ihn erst instand setzen, mit einem Programm zu arbeiten. Insbesondere die Fragen zu diesen beiden Teilen stammen überwiegend aus anderen Untersuchungsteilen wie der "Einführungsanalyse" (EA) und der "Aufgabenanalyse" (AA).

Die Fragen zu den Programmgegebenheiten (siehe unterer linker Quadrant in Abbildung 4.4.) können in zwei Ebenen angeordnet werden: auf der ersten Ebene der Benutzerschnittstelle geht es um die Frage, wie die Daten- und Informationseingabe für das jeweilige Programm erfolgt, welche Möglichkeiten des Dialogs und der Interaktivität das Programm bereitstellt und wie sich das Programm steuern läßt, ob man beispielsweise die Möglichkeit hat, die Programmbearbeitung an beliebigen Stellen zu unterbrechen. Auf der zweiten Ebene geht es um die operativ-analytischen Funktionen des Programms, wobei selbstverständlich hier je nach Art des CAD-Programms (Zeichnungserstellung, Berechnung, Variantengenerierung) andere Funktionen angesprochen werden. Fragen zum Vorkommen und zum Umgang mit Fehlern (z.B. welche Fehlermeldungen gibt das System?) und zum EDV-Systemverhalten ergänzen die-

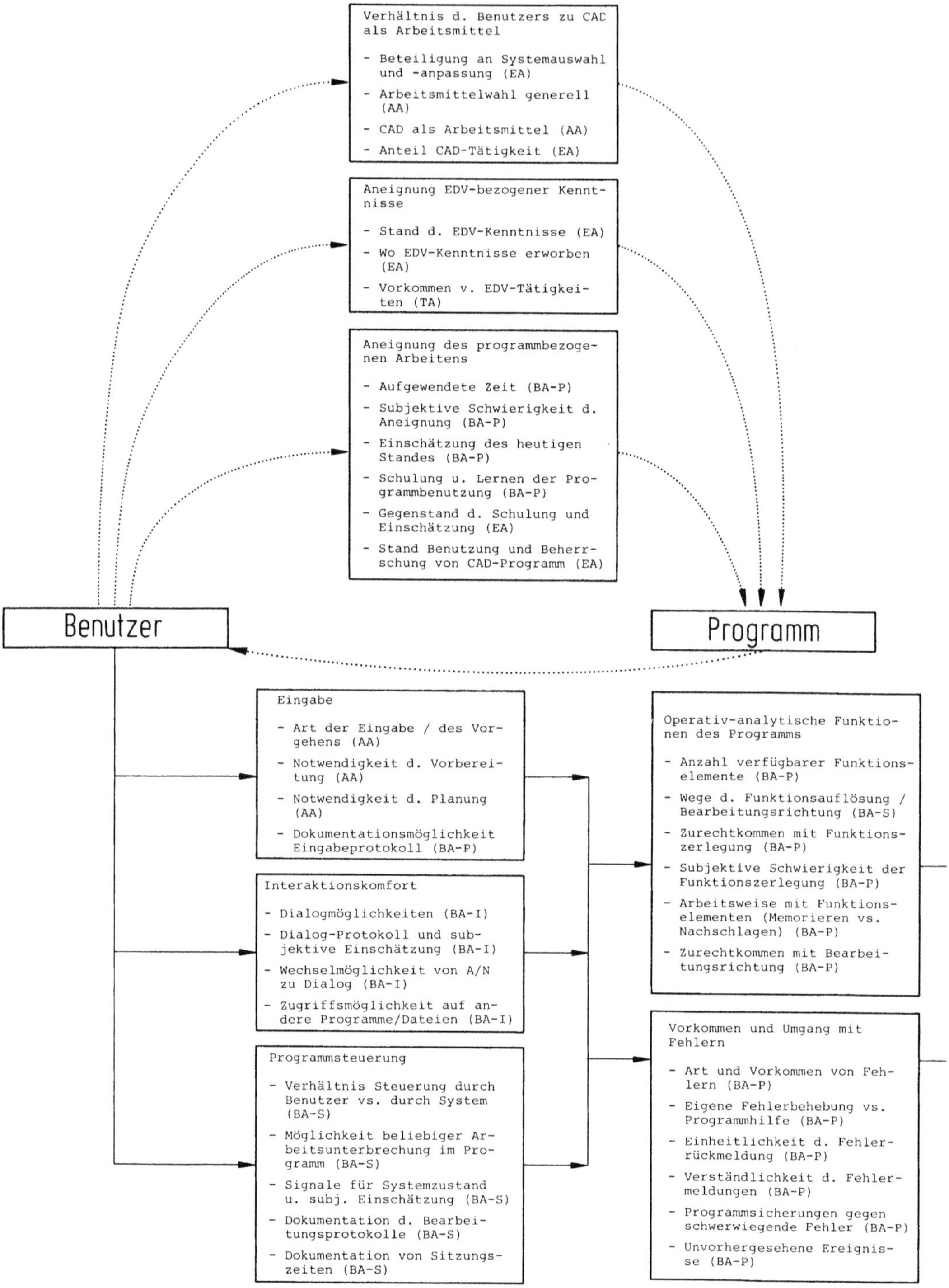

Abbildung 4.4. Variablen der Benutzungsanalyse sowie zugehörige Merkmale aus anderen Untersuchungsteilen

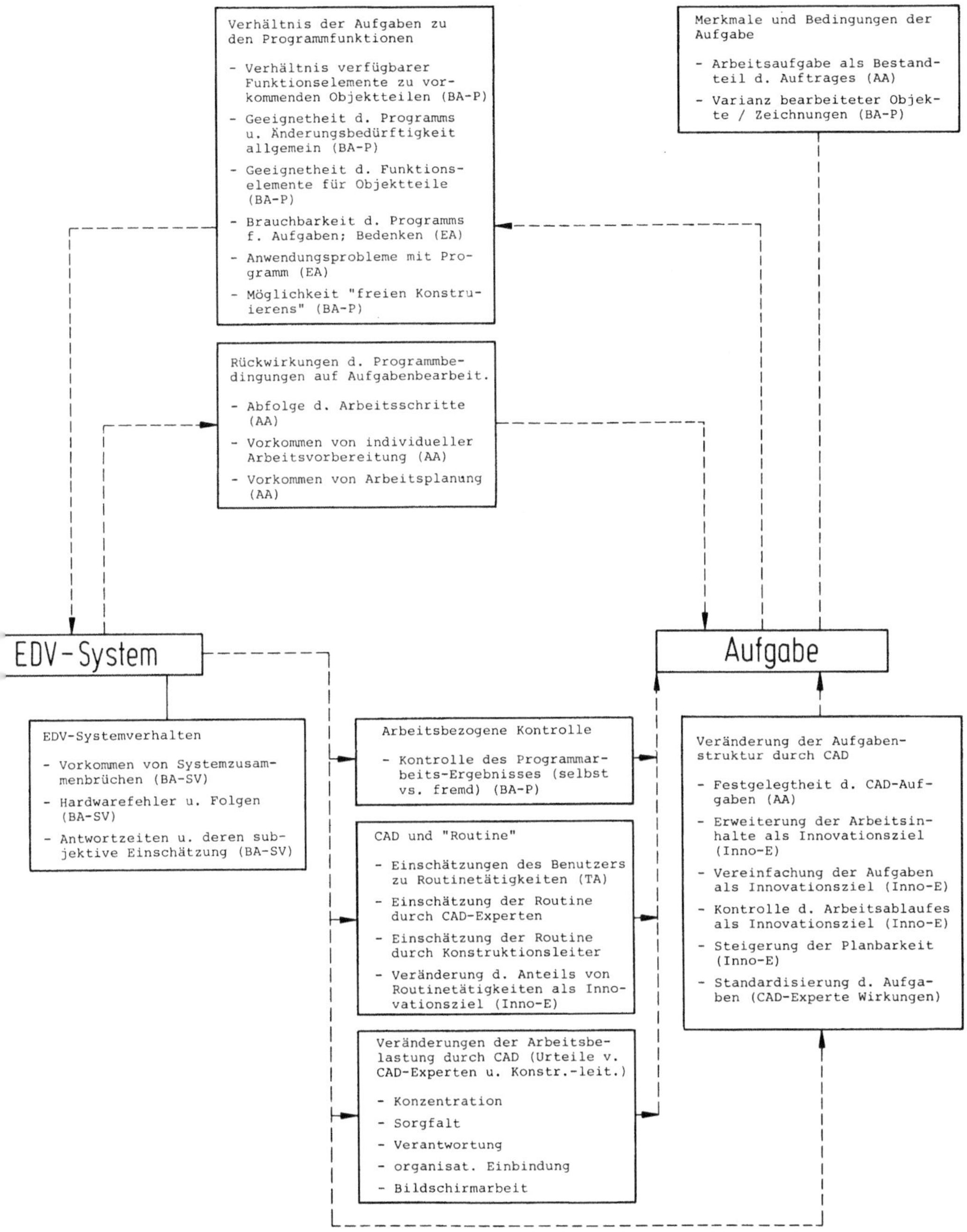

nde

Aufgabenanalyse
Einführungsanalyse
Tätigkeitsanalyse

-E = Innovationsziele in Einschätzung ihrer Erhbarkeit

BA = Benutzungsanalyse
P - Programmkenntnis
S - Programmsteuerung
I - Interaktionskomfort
SV - Systemverhalten

...... Vorbereitung der Programmbenutzung
——— Funktionelle Aspekte d. Progr.
------ Auswirkungen der Programmbenutzung

sen Block. Schließlich waren in die BA noch Fragen aufzunehmen, die die Wirkungen des Programmeinsatzes auf der Ebene der individuellen Arbeit beschreiben (unterer rechter Quadrant).

(a) Zum Programmbegriff

Liegt erst einmal ein Programm vor, so gibt es in der Regel eine Vielzahl von Aspekten, die man beachten kann. Das verdeckt aber leicht die grundsätzliche Frage, was denn ein Programm darstellt. Diese Frage mag etwas überraschend sein, doch geht es uns nicht um ein Programm in einer softwaretechnischen Definition, sondern darum, was es bedeutet, wenn in der Gesamtstruktur einer Aufgabenbearbeitung ein Programm benutzt wird.

Wir verstehen ein Programm als eine mehr oder weniger gut definierte und strukturierte Sammlung von Aufgaben-Bearbeitungs-Schemata. Dieser allgemeine Begriff läßt zunächst noch Raum für die Art, wie das Bearbeitungs-Schema realisiert ist. So kann es sich um eine organisatorisch geregelte Schematisierung handelt oder um eine informationstechnisch realisierte in der Form eines Software-Paketes. In der Organisationssoziologie unterscheidet man beispielsweise Zweckprogramme von Konditionalprogrammen, wobei letztere die Anwendungsbedingungen genau festlegen, während bei den Zweckprogrammen nur das Ziel vorgegeben ist (vgl. Luhmann 1973). Die Verwendung des Schema-Begriffes soll auf den Aspekt hinweisen, daß Aufgabenstruktur und Bearbeitungs-Schema (qua Programm) nicht deckungsgleich sein müssen und es in der Regel auch nicht sind, und daß die mehr oder weniger individuelle Bearbeitung einer Aufgabe ohne Programm einerseits und die Aufgaben-Bearbeitung mithilfe eines Programms andererseits ebenfalls nicht dekkungsgleich sein müssen.

Lassen wir zunächst offen, in welcher Form das Programm vorliegt. Luhmann hat das Merkmal des Schematismus bei einer Form von Arbeit treffend herausgearbeitet, bei der wir es auch heute kaum erwarten. Es geht um das Helfen, das wir aufgrund kultureller Traditionen mit Zügen des Freiwilligen, Spontanen und Unerwarteten verbinden (vgl. 1975, S. 134). Im Zuge der gesellschaftlichen Entwicklung werden jedoch auch diese Leistungsformen mehr und mehr in einen organisatorischen Rahmen eingebettet: "In diesem Rahmen ist die Entscheidung, zu helfen oder nicht zu helfen, nicht Sache des Herzens, der Moral oder der Gegenseitigkeit, sondern eine Frage der methodischen Schulung und der Auslegung des Programms, mit dessen Durchführung man während einer begrenzten Arbeitszeit beschäftigt ist" (ebda. S. 143). Dieses Beispiel zeigt, wie ein Programm zu einer schematischen Bearbeitung des individuellen Problems führt. Der Begriff des Schemas wird in unserem Zusammenhang nicht weiter differenziert, weil das uns interessierende Merkmal hinreichend gekennzeichnet ist (vgl. aber Neisser 1979, S. 48ff sowie Volpert 1984). Die Eigenart von Software-Programmen ist damit jedoch noch nicht erfaßt.

(b) Zur Eigenart von Software-Paketen als Bestandteil von Handlungsprogrammen

Einer Beschreibung der Eigenart kommt man näher, wenn man einen Gedanken aufgreift, den Kupka, Maas und Oberquelle in einem Arbeitsbericht entwickeln (1981). Sie verstehen Computer als Aktionsträger, die ein formales, im vornhinein (vom Programmentwickler) definiertes und determiniertes und delegiertes Verhalten ausführen. Entsprechend können wir ein CAD-Programm als eine delegierte Aufgabenbearbeitung auffassen. Dabei kann dem Benutzer in einem Extrem die Aufgabe zufallen, einzelne Bearbeitungsroutinen auszulösen und zu überwachen, und im anderen Extrem in enger Wechselwirkung mit dem Programm die Bearbeitungsroutinen oder -operatoren abzurufen und sie schrittweise an die Aufgabe anzupassen.

Wenn nun ein Bearbeitungsschema sowohl in einer organisatorischen als auch in einer EDV-technischen Form vorkommen kann, worin liegt dann die Eigenart eines Software-Programms? Stellen wir einen Vergleich an zwischen einer konventionellen Aufgabenbearbeitung und einer Tätigkeit, die als wichtiges Hilfsmittel ein Programm benutzt. Nehmen wir den Fall der Erstellung einer Einzelteilzeichnung. Im konventionellen Fall bringt die technische Zeichnerin nach der Vorlage der Entwurfszeichnung die Einzelteilzeichnung dadurch hervor, daß sie mit Bleistift, Lineal und Schablone auf ihrem Zeichenbrett die Einzelzeichnung schrittweise aufbaut, bis sie am Ende z.B. die Bearbeitungshinweise einzeichnet, etwa bestimmte Oberflächenzeichen. Benutzt sie nun ein CAD-Programm, dann besteht ihre eigentliche Tätigkeit darin, daß sie vordefinierte Funktionen und Formelemente auswählt, abruft und auslöst und die Ausführung - z.B. mithilfe eines Plotters - überwacht. Der wesentliche Unterschied zwischen konventionellem Zeichnen und der Benutzung eines Zeichnungserstellungs-Programms liegt darin, daß sich ihre Tätigkeit im wesentlichen auf das Definieren und zum-Einsatz-bringen von Funktionen reduziert. Sie zeichnet nicht mehr, sondern sie läßt (mithilfe von Software-Paket, EDV-System und Peripheriegeräten) zeichnen. Diese Softwareroutinen können für die jeweilige Aufgabe unterschiedlich geeignet sein, so daß bei Benutzung eines Software-Programmes ein Verhältnis der Delegation nicht nur zwischen Programmentwickler - Software - Benutzer vorliegt, sondern zugleich zwischen Benutzer - Software - Aufgabe, ein Aspekt, der in der o.g. Systematik von Kupka, Maass und Oberquelle noch nicht enthalten ist.

Eine nähere Betrachtung der analytischen Aspekte einer Programmbenutzung zeigt noch weitere Unterschiede. So ändert sich die Rolle der Zeit, wenn man z.B. einen Arbeitsprozeß an einer Drehmaschine mit der Benutzung eines CAD-Programmes vergleicht. Insbesondere bei den interaktiven Programmformen entsteht eine Art der Subjektivierung, insofern der Programm-Arbeitsprozeß nur insoweit läuft, als der Benutzer die zur Verfügung gestellten Befehle und Prozeduren verwendet. Dabei spielt die von Software und EDV-System verbrauchte Zeit eine immer unbedeutendere Rolle, so daß der Benutzer in seinem Verhältnis zum EDV-Software-System in eine Wechselwirkung eintritt: Er erwartet vom System, daß es kurz nach seiner Eingabe die Rückmeldung gibt, und dieses "prompting" führt ihn seinerseits zu einer Haltung des immer-schon-fertig-sein-müssens. Dieses Phänomen wird von Computer-Benutzern gelegentlich mit der Umschreibung des "Handlungssoges" berichtet.

Auf zwei weitere Merkmale sei hingewiesen, zum einen auf den unterschiedliche <u>Mittelcharakter</u>, den Programme im Rahmen einer Aufgabenbearbeitung einnehmen können, zum anderen auf den Grad der inhaltlichen Spezifizierung der Aufgaben. Hierzu wird eine grobe Kategorisierung der in unserer Untersuchung vertretenen Programme gegeben.

(c) Zum Mittelcharakter von Programmen

Wenn man sich auf die formale, funktionalistisch gesehene Handlungsstruktur beschränkt, dann ist kein Unterschied zu erkennen zwischen einem Konstrukteur, der eine Zeichnung als Arbeitsergebnis hervorbringt, und einem anderen Konstrukteur, der mithilfe eines Programmes ein (mehr oder weniger entsprechendes) Arbeitsergebnis hervorbringt, oder zu einem anderen, der mithilfe eines Berechnungsprogrammes ein wieder anderes Arbeitsergebnis hervorbringt. Nimmt man aber den jeweiligen Aufgabenkontext hinzu sowie die subjektive Bedeutung des

Arbeitsmittels, dann treten die Fälle auseinander. Für die in unserer Untersuchung vertretenen Programme ist z.B. genau zu unterscheiden,

- ob mithilfe des Programmes eine konstruktive Lösung generiert (z.B. K-CAD, PROREN) oder geprüft wird (TPS10, DISKO);
- oder ob eine solche Lösung verfeinert und detailliert wird (z.B. CADLAN);
- oder ob eine schon vorliegende Lösung dargestellt und mithilfe eines Plotters gezeichnet wird (DETAIL).

Wenn wir ein interaktiv-grafisches Software-Paket betrachten und dies mit einem Zeichnungserstellungs-Programm vergleichen, dann zeigt sich, daß bei dem interaktiven Programm zwar die Bildschirm-Darstellung das Medium ist, in dem die Lösung ersichtlich und dargestellt ist, daß aber die Aufgabe des Benutzers hier (in den meisten Fällen) nicht in der Darstellung selbst liegt, sondern in der Entwicklung einer konstruktiven Lösung. Die Darstellungsebene des Bildschirms hat gewissermaßen in Form der Aufgabe einen unsichtbaren Hintergrund. Bei dem Zeichnungserstellungsprogramm dagegen liegt die Aufgabe des Benutzers gerade in der Erzeugung einer Darstellung, wobei die konstruktive Bearbeitung (von Kleinigkeiten abgesehen) schon erledigt ist. Typisiert man diesen Unterschied, dann kann man sagen:

- bei den interaktiv-grafischen Programmen ist das Programm (in aller Regel) Medium für eine Lösungsdarstellung, genauer: Medium für die Darstellung der jeweils entwickelten Lösungsschritte;
- dagegen ist bei den DETAIL-Zeichnungsanwendungen das Programm das - im Idealfall einzige - Darstellungsmittel für eine gegebene Lösung.

Das Verhältnis des Benutzers zum Programm ist also jeweils ein anderes; damit unterscheidet sich auch die von der Aufgabe und vom Benutzer her definierte Mittelcharakteristik. Ein Versuch, diese Differenz schematisch darzustellen, ist Abbildung 4.5.).

Es wird sich zeigen, daß diese Unterschiede weiter differenziert werden müssen, insbesondere hinsichtlich der Berechnungsprogramme und der interaktiv-grafischen Programme. Letztere können selbstverständlich auch als Darstellungsmittel eingesetzt werden, da die grafischen Möglichkeiten hierzu meist vorhanden sind.

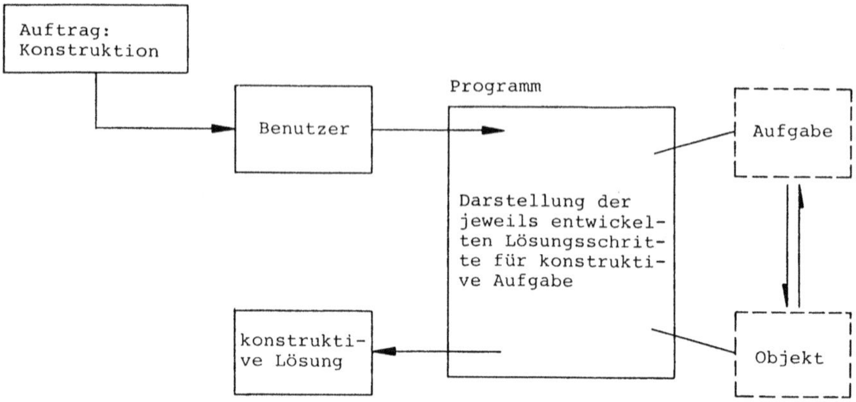

(a) Interaktiv-grafisches Variantenprogramm

Programm ist Medium für Lösungsdarstellung

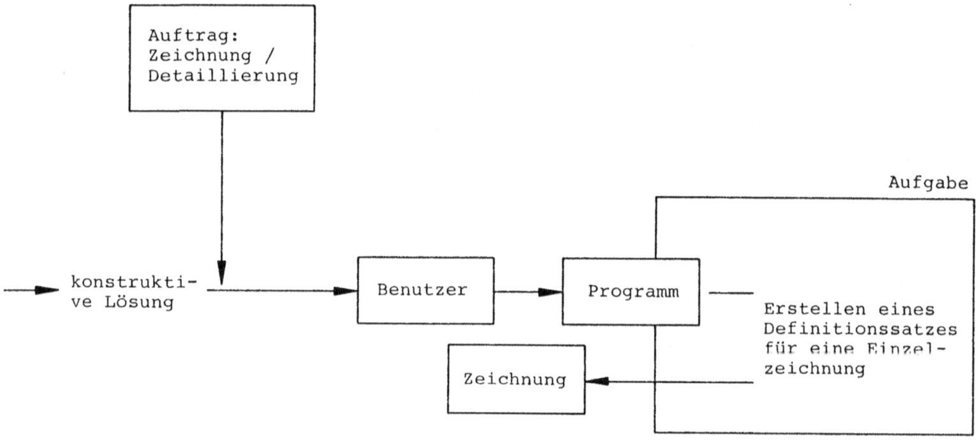

(b) Zeichnungserstellungsprogramm

Programm ist Darstellungsmittel für (gegebene) Lösung

Abbildung 4.5. Unterschiedlicher Mittelcharakter des Programms bei Variantenkonstruktion und Zeichnungserstellung

(d) Kategorisierung der Programme

Ein letzter wichtiger Gesichtspunkt für die Betrachtung der Programme liegt darin, ob ein Programm ein inhaltliches Modell der zu lösenden Aufgabe oder der konstruktiv zu bearbeitenden Produkte enthält oder nur als ein formales Beschreibungsmittel aufzufassen ist, das erst im Laufe der Benutzung zu einer inhaltlichen Konkretisierung führt. Nimmt man nun noch den Einsatzumfang hinzu, dann ergibt sich folgende Kategorisierung (vgl. Abbildung 4.6.). Insbesondere das erste Merkmal trägt zu einer weiteren Klarlegung der Mittelcharakteristik der CAD-Programme bei.

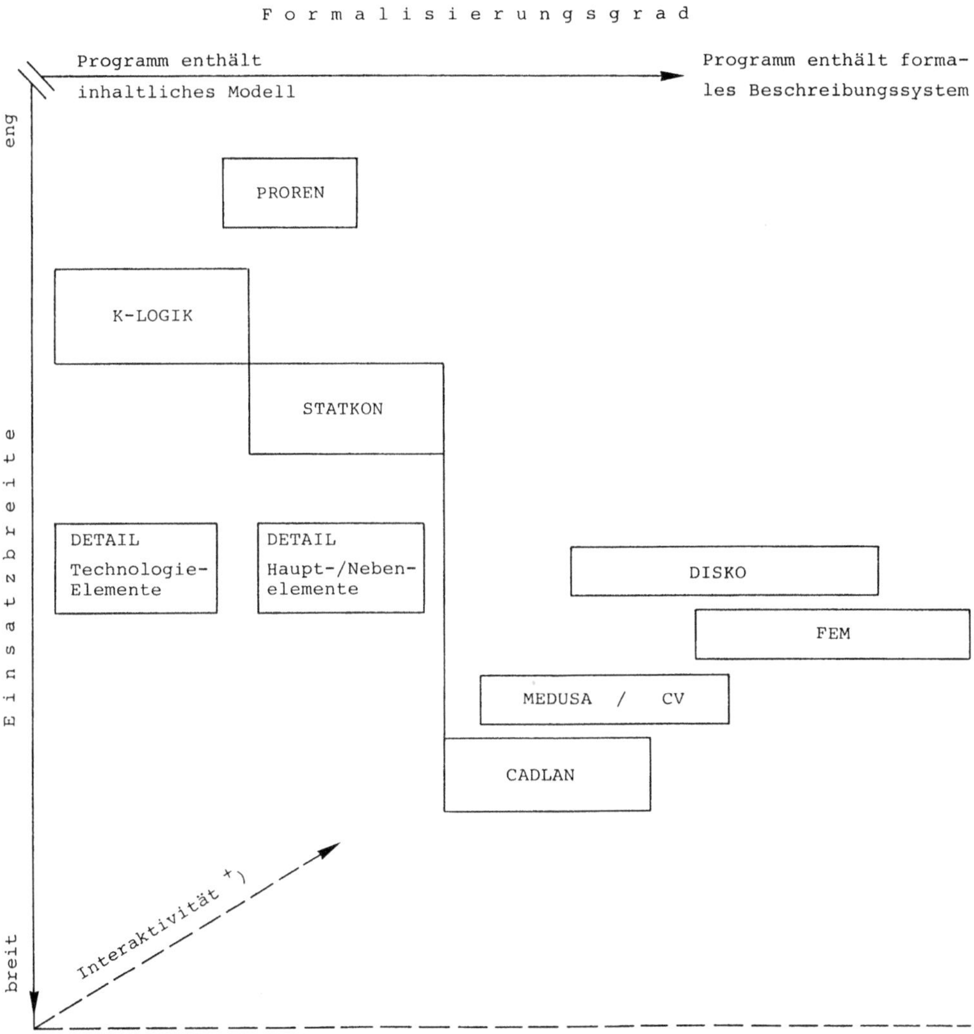

+) Die untersuchten Programme können auch nach Formen und Graden der Interaktivität unterschieden werden. Diese Dimension ist in obiger Abbildung nur angedeutet.

Abbildung 4.6. Kategorisierung der Programme nach Formalisierungsgrad und Einsatzbreite

4.5.2 Ausgewählte Befunde der Benutzungsanalyse

Bei der folgenden Ergebnisdarstellung wird es nicht möglich sein, auf die Vielzahl der Aspekte (vgl. Abbildung 4.4.) im einzelnen einzugehen. Die Ergebnisse werden programmbezogen dargestellt. Dabei werden wichtige Befunde herausgegriffen, andere nur am Rande gestreift oder gar nicht berichtet. Das steht zwar dem Ziel entgegen, die Komplexität der Arbeitssituation einigermaßen vollständig zu beschreiben, ist aber für eine Kurzfassung nicht zu umgehen. Gerade vor den Befunden zur Benutzungsanalyse muß noch einmal betont werden, daß keine Programmevaluation angestrebt wird, obgleich einige Befunde in dieser Richtung interpretiert werden könnten. Die in die Untersuchung aufgenommenen Programme sind vielmehr Stellvertreter bestimmter Strukturmerkmale von Arten von CAD-Programmen. Diese Einschränkung ist bei der Verwendung der Ergebnisse zu beachten.

4.5.2.1 Befunde zur Benutzung eines Zeichnungserstellungsprogramms

Das in unserer Untersuchung vertretene Zeichnungserstellungsprogramm DETAIL stellt insofern einen besonderen Typ von CAD-Programm dar, als es auf rotationssymmetrische Teile bzw. Einzelteile eingeschränkt ist. Es handelt sich damit um ein dediziertes Programm. Für diese Art von Programmen kann die Frage der Angepaßtheit für die jeweilige Anwendungssituation leicht zum Problem werden. Aus diesem Grunde und wegen der empirischen Befunde wird im folgenden vor allem auf zwei Aspekte näher eingegangen:

- das Verhältnis des Programms zu den jeweiligen Aufgaben; und
- die Veränderung der Tätigkeitsstruktur bei Programm-Benutzung.

Andere Aspekte werden nur gestreift.

Die von uns untersuchten DETAIL-Anwendungen (in C, D und I) sind alle als mehr oder weniger deutliche Pionieranwendungen anzusehen, weil in allen drei Firmen diese Anwendungen die ersten CAD-Anwendungen im Konstruktionsbereich waren und die Anwender darüberhinaus in der Gruppe der Anwender dieses Programmpaketes unter den ersten waren, so daß teilweise noch nicht voll ausgetestete Versionen zum Einsatz kamen. Gleichfalls ist zu berücksichtigen, daß der heute verfügbare interaktiv-grafische Änderungsprozessor in keinem der Fälle vorhanden war.

Um einen sachlichen Kontext für die Programmbenutzung zu geben, seien die für die Benutzungsanalyse ausgewählten Aufgaben kurz dargestellt. Dabei konnten in I zwei Anwenderinnen befragt werden, die mit dem Programm jeweils andere Aufgaben bearbeiteten. Es ging um folgende Aufgaben:

- die Zeichnungserstellung für die Drehteile einer konstruktiv vereinfachten Richtmaschine durch eine schon seit vielen Jahren als Detailkonstrukteurin arbeitende technische Zeichnerin in einer Firma mit ausgeprägtem Sondermaschinenbau. Die gesamte Programm-Detaillierungs-/Zeichnungserstellungsarbeit umfaßte in diesem Fall insgesamt 26 Rotationsteile bei dieser Richtmaschine, was eine zeitliche Auslastung für etwa 5 Tage bedeutete.
- In der nächsten Firma ging es um die Drehteile für einen Setzstock mit einem Arbeitspensum von 2 - 3 Tagen und bei der zweiten Anwenderin in dieser Firma um die Drehteile für eine neue NC-Drehmaschine. Diese Aufgabe hatte zwar für diese Benutzerin Priorität, sie arbeitete daneben jedoch noch an anderen Maschinentypen.
- Im dritten Fall ging es um die Rotationsteile für eine Normspindel, wobei für die Benutzungsanalyse ein komplizierteres Teil herausgesucht wurde. Diese Anwenderin ist mit ihrer Tätigkeit voll CAD zugeordnet, wobei die unmittelbaren programmbezogenen Arbeiten jedoch 60% ihrer Arbeitszeit nicht übersteigen dürften. Bei den anderen Anwenderinnen sind die CAD-Anteile mit 30% und 60% anzusetzen.

Bringt man die Nennungen zum Verhältnis des Programms zu den Aufgaben in eine Systematik, dann lassen sich folgende Ebenen unterscheiden, die in der Abbildung 4.7. zusammen mit den Befunden wiedergegeben sind, wobei auch Nennungen der CAD-Experten mit einbezogen wurden:

- 1. Ebene: Hier geht es um das Programm selbst, nämlich dessen Systemfunktionen, dessen Ausgereiftheit und die mit dem Programm eingeschlagene Rationalisierungsstrategie.
- 2. Ebene: Hier geht es im engeren Sinne um das Verhältnis von Programm zu den Aufgaben, wobei folgende feinere Unterteilung gemacht werden kann:
  * 2 a): Zum Verhältnis der durch das Programm bereitgestellten Funktionen (hier DETAIL-Elemente) zu den damit abzubildenden Objektteilen;
  * 2 b): zur Brauchbarkeit der Programmleistung insgesamt, relativ zum Aufgabenspektrum;
  * 2 c): zur Möglichkeit der Verwendung des Programmes im Sinne eines "freien Konstruierens", was in diesem Fall nur

BENUTZER

PROGRAMM

Anwendungsreife des Programms (1. Ebene)

- Viele Elemente waren anfangs fehlerhaft; Grundelemente waren teilweise fehlerhaft formuliert.
- Eingabeaufwand für d. Programm ist hoch und kann nur durch viel Übung reduziert werden.
- Automatische Bemaßung als Programmstrategie ungeeignet; Änderungsprozessor eigentlich erforderlich, aber zu teuer.

Verhältnis der Funktionselemente zu Objektteilen (2. Ebene -a-)

- Neue Elemente mußten programmiert werden, in einem Fall über Hundert; vor allem firmenspezifische Elemente waren zu ergänzen (z.B. besondere Freistiche).
- Einige Elemente sollten anders sein, z. B. Senkbohrung von außen.
- Kollisionen zwischen Bemaßungsangaben und Oberflächenzeichen kommen vor.
- Maßabhängigkeit der Teile untereinander könnte im Programm extensiver berücksichtigt werden.

AUFGABE

Brauchbarkeit d. Programms (Rotationsteile zu DETAIL-Elem.) (2. Ebene -b-)

- Ein Drittel der vorkommenden Drehteile ist im Sinne des Programms nicht normal.
- Ein Drittel der Drehteile können mit dem Programm erledigt werden, was aber zu wenig sei.
- Dreiviertel der Drehteile können mit d. Programm erstellt werden, aber keines vollständig.

Möglichkeit "freien Konstruierens" (2. Ebene -c-)

- Eine freie Eingabe wurde in der Test- und Übungsphase schon probiert.

ORGANISATION

Auswirkungen der Programmbedingungen auf organisat. Leistungen (3. Ebene)

- Zeichnungspositionierung auf dem Papier entspricht nicht üblichen Zeichnungsformaten und führt zu "Papierverschwendung".
- Zahlenangaben stehen waagrecht und senkrecht, Durchmesserangaben entsprechen nicht der Norm, Normschrift nur teilweise realisiert. Dies führt zu Konflikten mit der Normabteilung.

- Entwürfe müssen bei Anlieferung genauer durchgearbeitet sein.
- Anwenderin muß die Entwürfe vor der Eingabe nacharbeiten und von Unklarheiten befreien.

Abbildung 4.7. Schema zur Verdeutlichung der Aspekte zum Verhältnis Aufgabe : Programm und Auflistung typischer Nennungen übertragen verstanden werden kann als "freie Eingabe", da das Programm auf die Zeichnungserstellung von Rotationsteilen eingeschränkt ist.

- <u>3. Ebene:</u> Auswirkungen der Programmanwendung auf organisatorische Leistungen und Regelungen, in unmittelbarer Programm-Umgebung.

Die Befunde im Sinne von typischen Nennungen sind in der Abbildung 4.7. wiedergegeben und werden hier nicht weiter kommentiert. Denn die Vielfalt und auch Quantität der Nennungen belegt eindrucksvoll die Problematik des Einsatzes von eingeschränkten, dedizierten Programmen. Obwohl der Rationalisierungsansatz von DETAIL zunächst schlüssig erscheinen mag, nämlich durch eine Zusammenstellung des Formen- und Funktionsinventars für einen ausgewählten Objektbereich (Drehteile) die Arbeitseffizienz zu steigern, belegen aber die Erfahrungen der untersuchten drei Anwender die Problematik dieser Strategie. Zwei Faktoren sind wohl ausschlaggebend: zum einen die - zum damaligen Untersuchungszeitpunkt (Ende 81, Anfang 82) - nur bedingt gegebene Anwendungsreife des Paketes; und zum anderen die Unterschätzung des Problemes des betrieblichen Kontextes, der eben auch so schlicht scheinende Teile wie Rotationsteile mitdefiniert und sie damit tendenziell einem inventarisierenden Zugriff entzieht.

Es sei ergänzt, daß in einer anderen Firma, die in unserer Untersuchung mit einem anderen Programmpaket vertreten ist, ebenfalls eine Anwendung des o.g. Zeichnungserstellungsprogramms läuft, die gemeinhin als sehr erfolgreich gilt, wobei dort allerdings erhebliche eigene Softwareentwicklung in das Programm eingeflossen war (ca. ein Mannjahr). Weiterhin wurde im Rahmen eines zu unserem Projekt veranstalteten CAD-Seminars im Januar 1982 eine wichtige Randbedingung dieser Programmanwendung betont, nämlich das Vorliegen einer großen Zahl ähnlicher Rotationsteile, von denen in der Firma ca. 3/4 ohne nachträgliche Korrekturen erstellt werden können. Dieses Unternehmen hatte bereits die Kopplung zu NC mit einem EXAPT-System realisiert. Eine andere Firma mit dem o.g. Programm unternahm zum Zeitpunkt der Untersuchung gerade den Versuch einer solchen Kopplung. Der dritte Anwender des Zeichnungsprogramms griff mit einem selbst entwickelten Paket auf die erzeugten geometrischen Daten zu.

Die dargestellten Ergebnisse lassen sich zu folgender Schlußfolgerung zusammenfassen: Ist ein CAD-Programm nur für ein eingeschränktes Gebiet verwendbar, dann muß die Angemessenheit der Programm-Routinen für die eben auch vom betrieblichen Kontext her definierten Aufgaben solide geprüft sein. Auch der Aufgabenumfang muß groß genug sein, um einen Programmeinsatz wirtschaftlich zu machen. Andernfalls können die Implementierungskosten und der Aufwand der Anpassung die erhofften Einspareffekte leicht zunichte machen.

Der zweite Befund, der bei diesem Zeichnungserstellungsprogramm ausführlicherer dargestellt werden soll, bezieht sich auf die Tätigkeitsstruktur bei der Programm-Benutzung. In zwei Fällen verfügen wir über datenmäßig recht gut belegte Interview- bzw. Beobachtungsprotokolle. Für den einen Anwendungsfall gibt die rekonstruierte Tätigkeitsstruktur die Abbildung 4.8. wieder. Dabei wurden verschiedene Arbeitsebenen unterschieden, nämlich "Entwurf" (die von einem Konstrukteur angelieferten Entwurfszeichnungen, die in Einzelteil-Zeichnungen übersetzt werden sollen), die Skizze bzw. ein "Inputzettel" für die Notierung der in der DETAIL-Sprache festgelegten Textkürzel, die "Eingabe" selbst, der "Plotter", der die Zeichnungen ausdruckt bzw. plottet und das konventionelle "Zeichenbrett". Vertikal werden verschiedene Handlungsebenen unterschieden, nämlich Kommunikation, operative Tätigkeit, und Kognition, letztere etwas eingeengt verstanden als "aktives", "bewußtes" Denken und Planen.

Diese Tätigkeitsstruktur zeigt folgendes:

- Die Rolle der ursprünglichen, zentralen Arbeitsebene "Zeichenbrett" wird in dem neuen Medien buchstäblich peripher. Es ist nur noch Arbeitsplatz für Restarbeiten und Korrekturen. Die Zeichnungsarbeit wird aufgeteilt in solche Anteile, die sich mithilfe des Programms erledigen lassen und solche, die sich nicht damit erledigen lassen (jedenfalls bei der gegebenen Programmausstattung).

- Das neue Element der Maschinenbedienung führt zu einem neuen Planungselement und zu einer neuartigen Arbeitseinteilung (vgl. Position 12: die Zeichnerin läßt in diesem Arbeitszyklus erst alle fünf Teile zusammenkommen, bevor sie sie plottet, weil die Maschinenvorbereitung für ein Teil zu aufwendig wäre).

- Die Abfolge der Arbeitsschritte zeigt eine Zunahme kommunikativer Leistungen, teilweise bedingt durch die Notwendigkeit der Klärung der konstruktiven Details, bevor sie in die Programmsprache übersetzt werden können, und teilweise bedingt durch die Klärung der Programmleistung (die hier analysierte Anwendung war noch jung, so daß noch nicht in allen Einzelheiten feststand, was und wie es mit dem Programm gemacht werden konnte).

Neben diesen äußerlich ablesbaren Veränderungen sind aus der Befragung dieser Anwenderin und einer zweiten folgende Punkte zu ergänzen:

- Um zu verhindern, daß mit der Zeichnungseingabe Routinen ausgelöst werden, die unerwünschte Zeichnungsteile produzieren (z.B. kolliedierende Maßpfeile, überflüssige Tabellen), müssen Programmroutinen "überlistet" werden, da die Benutzerin sonst nur überflüssige Korrekturarbeit erzeugt.
- Zu diesem Punkt lieferte die Arbeitsbeobachtung der einen Anwenderin einen sinnfälligen Beleg. Um den Plot einer Tabelle zu verhindern, die die Anwenderin für überflüssig hielt, weil die Informationen in der Zeichnung schon enthalten waren, hielt sie den Plotstift in dem Moment in Hochstellung, als diese Tabelle geplottet werden sollte. Diese etwas hilflose Geste ist nun in der Tat ein augenfälliges Exempel für eine Automatisierungsparadoxie: Die Benutzerin überwacht den Zeichnungsautomaten, um eine Routine wirkungslos und damit aufgabengerecht zu machen!
- Auch diese Anwenderin muß immer noch auf das manuelle Ändern der Zeichnungen zurückgehen, obwohl sie im Gegensatz zur erstgenannten einen vom Betriebssystem bereitgestellten A/N-Editor zur Verfügung hat.
- Bei ihr ist im übrigen die Kontrolle sämtlicher Angaben nach Fertigstellung des Plots als eigener Arbeitsschritt sehr viel deutlicher ausgepägt als bei der erstgenannten Anwenderin.
- Für alle drei Anwendungen dieses Programmpaketes kann die bereits in der Pilotstudie (vgl. Bechmann u.a. 1979) aufgestellte Hypothese über eine Veränderung der inneren Planungsstruktur der Tätigkeit ("Von einer Planung in der Arbeit zu einer Planung vor der Arbeit") bestätigt werden. Alle drei Benutzerinnen formulierten dies in je eigener Begrifflichkeit: "Man muß jetzt mehr denken" - sagte die eine. "Jetzt muß man vorher mehr planen und genauer überlegen" - sagte die zweite; und die dritte Anwenderin lieferte hierzu eine längere Beschreibung, die man auf die Formel verkürzen kann: Vom schrittweisen Denken und Zeichnen zum einmaligen Durchdenken bei CAD (eine weitere Analyse dieser Struktur findet sich in Abschnitt 4.6. zur "Handlungsanalyse"; vgl. auch die Ausführungen zu dieser Hypothese in Abschnitt 4.4.2).

Diese Hinweise und die gezeigte Tätigkeitsstruktur führen zu der Schlußfolgerung, daß CAD (mit dieser Programmart) nicht nur zu einer

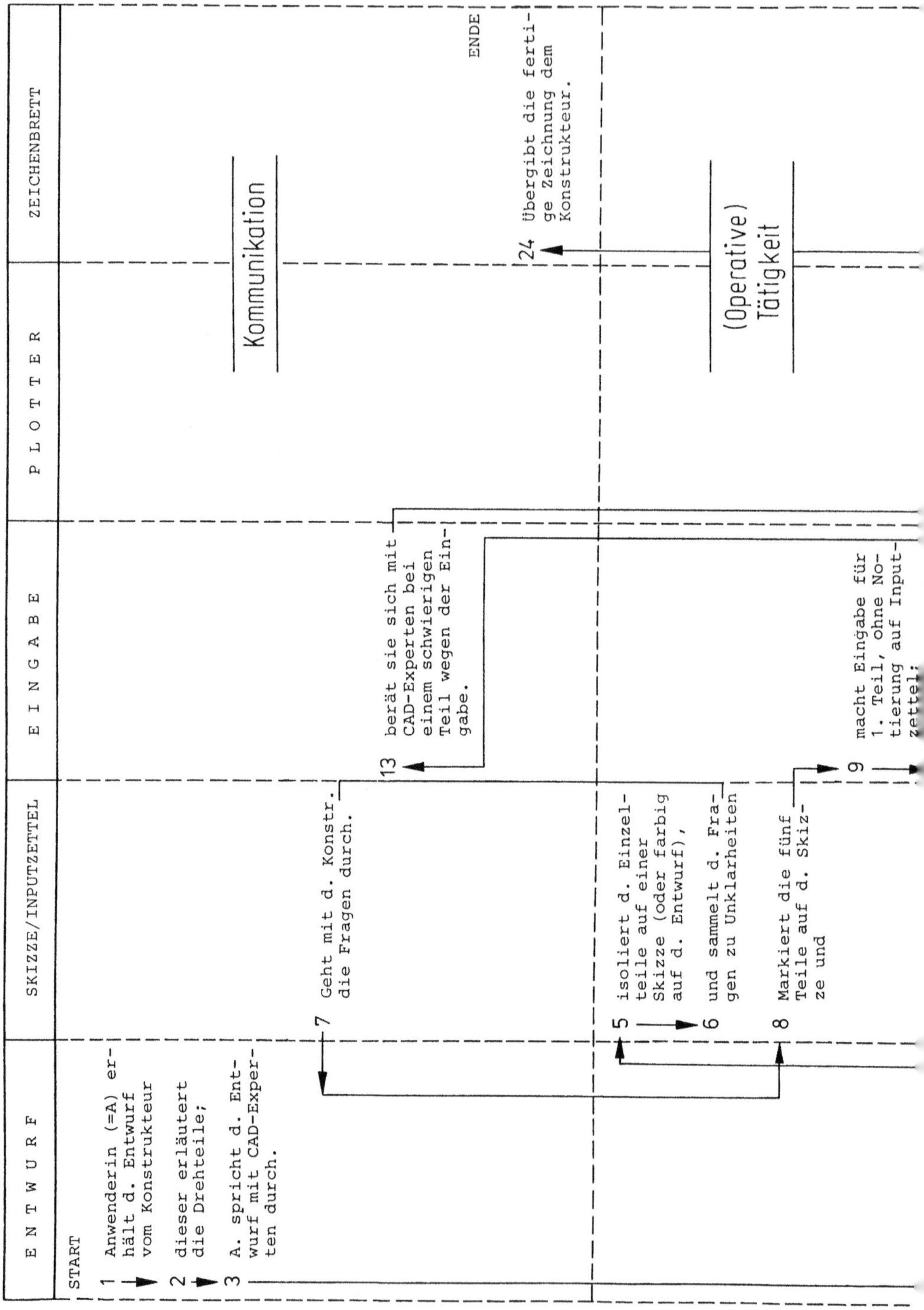
ENTWURF
SKIZZE/INPUTZETTEL
EINGABE
PLOTTER
ZEICHENBRETT
START
1 Anwenderin (=A) erhält d. Entwurf vom Konstrukteur
2 dieser erläutert die Drehteile;
3 A. spricht d. Entwurf mit CAD-Experten durch.
5 isoliert d. Einzelteile auf einer Skizze (oder farbig auf d. Entwurf),
6 und sammelt d. Fragen zu Unklarheiten
7 Geht mit d. Konstr. die Fragen durch.
8 Markiert die fünf Teile auf d. Skizze und
9 macht Eingabe für 1. Teil, ohne Notierung auf Inputzettel;
13 berät sie sich mit CAD-Experten bei einem schwierigen Teil wegen der Eingabe.
24 Übergibt die fertige Zeichnung dem Konstrukteur.
ENDE
Kommunikation
(Operative) Tätigkeit

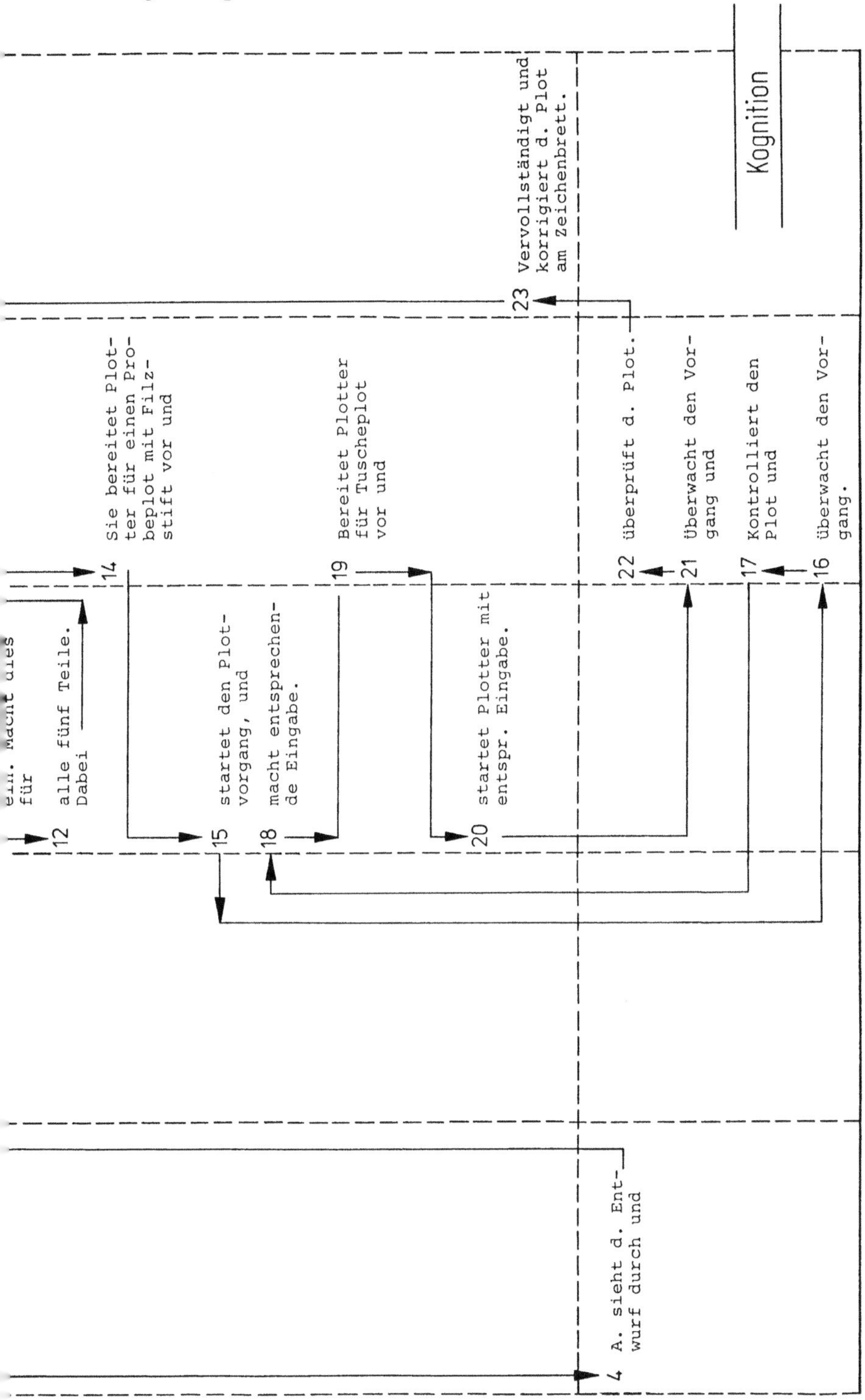

Abbildung 4.8. Ablauf einzelner Arbeitsschritte bei Programmanwendung (Zeichnungserstellung)

rein äußerlich sichtbaren Vermehrung der Arbeitsebenen führt, sondern auch zu einer Komplizierung der "inneren" Planungsprozesse (vgl. "Programmroutinen überlisten"). Gleichzeitig wird das noch beim konventionellen Zeichnen beobachtbare enge Wechselspiel zwischen Kognition und Tätigkeit "entzerrt".

Folgende Befunde, die die anderen Aspekte unseres Variablenschemas beleuchten, seien für diese Programmanwendung ergänzt:

- Keine der von uns befragten vier Benutzerinnen verfügte über vorgängige EDV-Kenntnisse. Umso größere Bedeutung wäre einer Schulung zugekommen, die in den drei Fällen mehr eine Einweisung in die Handhabung war. Nach den vorliegenden Daten verdienen die Unterweisungen - mit partieller Ausnahme in einem Fall - nicht den Namen Schulung. Daß hier nicht größere Anstrengungen von seiten der Ausbilder, sprich CAD-Experten, unternommen wurden, mag an dem Pioniercharakter dieser Anwendungen liegen und auch daran, daß aus der Sicht der Experten dieses Programm zu den einfacheren Softwarepaketen zählt, und sie selbst die Probleme erst nach und nach erkannt haben mögen.
- Die Angaben der Anwenderinnen zur Zeit, die sie aufgewendet hatten, um das Programm handhaben zu können, variieren von 1 Woche bis zu vier Wochen, je nach der Häufigkeit des Programmeinsatzes und der Vorkenntnisse. Die Einweisung dauerte in der Regel 1 - 3 Tage. Die Zeit bis zu einem Status, den man "Beherrschung" des Programms nennen kann, ist je nach Anwendungshäufigkeit zu verdoppeln, eher jedoch zu verdreifachen. Als Regel könnte man formulieren, daß man für die Programmbeherrschung mindestens dreimal soviel Zeit benötigt wie für die Aneignung der Benutzung im Sinne einer Handhabung. Vorkenntnisse, Anwendungshäufigkeit und Qualifikation können selbstverständlich diese Relation verschieben, aber nach den Befragungsergebnissen scheint uns dies eine vernünftige Grundlage. Eine ähnliche Relation wird sich bei den interaktiv-grafischen Variantenprogrammen ergeben. Man kann die Relation auch konservativer so lesen: die Einweisungszeit zählt nach Tagen, die Zeit bis zur Handhabung nach Wochen, und die für die Beherrschung nach Monaten.
- Ein interessanter Befund ergab sich bei der Frage nach der Einschätzung der subjektiven Schwierigkeiten bei der in diesem Programm erforderlichen Form- und Funktionszerlegung der Entwurfszeichnungen. Das "Herausholen der Teile" falle leichter als die Umsetzung in DETAIL-Sprache, so eine typische Äußerung. Auf dem

Hintergrund der anderen Schilderungen überrascht diese Angabe. Läßt man jedoch die Daten und subjektiven Angaben stehen, wie sie sind, dann läßt sich die Hypothese aufstellen, daß bei diesem Programmpaket die Schwierigkeiten der Benutzung nicht so sehr in der begrifflichen Übersetzung der Form- und Funktionselemente liegt (weil ja die konventionelle Zeichnungsarbeit auch nicht a-konzeptionell erfolgt). Die Schwierigkeit liegt vielmehr in der Beherrschung der Vollständigkeit des Inventars und seiner Akronyme sowie in der durch die Elementenzergliederung geschaffenen veränderten inneren Prozeßstruktur des Arbeitens, wie dies insbesondere eine Benutzerin charakterisierte: Man könne nicht mehr Schritt für Schritt die Zeichnung aufbauen, sondern man müsse zu den einzelnen Elementen alles im vorhinein bedenken.

- Schließlich sei ein Befund zur Einschätzung des Handlungsspielraumes in der Wahl von CAD als Arbeitsmittel wiedergegeben.

Eine Anwenderin sah ihre Aufgabe infolge des CAD-Einsatzes als eingeschränkter an, nicht hinsichtlich der zu erzielenden Arbeitsergebnisse oder des Arbeitsablaufes, sondern hinsichtlich der Verwendung von CAD als Arbeitsmittel (Rotationsteile sollen mit dem Programm gezeichnet werden, und sie ist die einzige CAD-Benutzerin). Entsprechend verneinte sie eine Erweiterung der Arbeitsinhalte durch CAD und bejahte eine Tendenz zur Vereinfachung und zu einer strikteren Prozeßkontrolle ihrer Arbeit, wobei der CAD-Experte, der sich urteilsmäßig auf dieselbe Situation bezieht, in den letzten beiden Punkten (Vereinfachung, größere Prozeßkontrolle) eine konträre Einschätzung vornahm. Eine andere Anwenderin sah nun wiederum ihre Aufgabensituation fast spiegelbildlich zu dieser Anwenderin, usw.. Es scheint, als würde sich hier überhaupt keine durchgehende Linie ergeben. Das ändert sich jedoch bei einem zweiten Blick.

Wenn man weiß, daß ein Urteil wesentlich davon bestimmt wird, welcher Vergleichsmaßstab einfließt, dann läßt sich das verwirrende Bild leicht aufhellen: Jede der vier Anwenderinnen stand vor der CAD-Benutzung in einer anderen Arbeitssituation, und auf diesem Hintergrund erscheint es nur zu verständlich, daß die eine die neue Aufgabe der CAD-Programm-Benutzung nicht als Bereicherung, sondern als Verarmung erlebt, während eine andere dies gerade umgekehrt sieht. Diese Urteile mögen sich in einigen Jahren angeglichen haben.

Einige Aspekte der Anwendung dieses Zeichnungserstellungs-Paketes wurden etwas ausführlicher kommentiert, weil sich zukünftige CAD-Anwendungen in diesem Bereich der Detaillierungs- und Zeichnungstätigkeiten zum großen Teil abspielen werden. Das mag dann ein solches Paket wie das beschriebene sein oder nicht. Jedenfalls sollte in Zukunft stärker als in diesen Fällen auf eine solide Schulung geachtet werden. Auch sollte man den Anwendern Gelegenheit geben - wie dies hier in einem Fall geschehen ist - das Software-Paket auszukundschaften, d.h. auch Erfahrungen darüber zu machen, was nicht geht. Die Experten sind gleichfalls gehalten, auf den Aspekt der Veränderung der inneren Planungsstruktur durch einen Programmeinsatz stärker zu achten und ein Programm nicht nur nach dessen softwaretechnischer Mächtigkeit zu beurteilen, sondern auch nach den handlungsmäßigen Konsequenzen für diejenigen, die damit dann tagtäglich arbeiten müssen.

4.5.2.2 Befunde zur Benutzung zweier Berechnungsprogramme

In der Auswahl der Programme sind zwei Berechnungsprogramme vertreten (E, H). Zum einen handelt es sich um eine Anwendung der Finite-Element-Methode (FEM) auf Belastungsberechnungen von großen Industriepressen, zum anderen um ein Software-Paket für die Simulierung und Optimierung von Kurven-Koppel-Getrieben (KKG), und zwar in einer speziellen von einem Software-Haus entwickelten Version für einen HP-Kleinrechner (DISKO-CAM45, im folgenden DISKO). Beide Berechnungsanwendungen sind für den gesamten Maschinenbau eher untypische Anwendungen, insofern wir die vielen, meist "selbstgestrickten" Programme nicht einbezogen hatten. Beide Programmarten sind im übrigen ohne EDV-Medium nicht realisierbar. Es wird deshalb im folgenden mehr Wert gelegt auf die Herausarbeitung allgemeinerer Gesichtspunkte von Berechnungen in der Konstruktion. Bevor diese Analyse aufgegriffen wird, seien einige Befunde für diese beiden Berechnungs-Anwendungen berichtet.

Die Aufgabe, die im Falle des KKG-Berechnungsprogramms der Benutzungsanalyse zugrundegelegt wurde, bezog sich auf die Neukonstruktion einer Leimblockmaschine, und im einzelnen auf die Konstruktion der Zu- und Abführvorrichtungen einschließlich des von einem KKG angetriebenen Greiforgans. Das für die Prüfung und Optimierung für diese KKG-Funktionen eingesetzte Programm DISKO wird in diesem Unternehmen nur bei Neukonstruktionen verwendet. Drei Mitarbeiter haben insgesamt mit diesem Programm zu tun; einer wurde von uns als CAD-Experte befragt, da er auch andere EDV-Anwendungen betreut. Mit dem zweiten Anwender, ebenfalls ein graduierter Ingenieur, wurde das spezielle Benutzergespräch geführt. Der von uns befragte Benutzer war in seiner früheren Firma "Berechnungsingenieur". Er ist in seiner neuen Firma verstärkt mit konstruktiven Aufgaben betraut.

Wenn wir einen typischen Arbeitsablauf betrachten, dann zeigt sich deutlich, an welchem Punkt und wie das genannte Programm zum Einsatz kommt:

- Der Konstrukteur erhält vom Konstruktionsleiter oder seinem Stellvertreter die Aufgabe übertragen, die bezeichnete Baugruppe zu konstruieren;
- er überlegt sich die Problemstellung und sucht zunächst nach anderen Lösungen, die bereits realisiert wurden, und nach entsprechenden Unterlagen;
- er skizziert auf einem DIN A4 Blatt den Entwurf, den er
- anschließend am Zeichenbrett in einem größeren Format ausführt.
- Er unterteilt diesen Gesamtentwurf in verschiedene Untergruppen und
- konstruiert diese anschließend durch. In dieser Phase wird auch das Kurven-Koppel-Getriebe konstruiert.
- Bei der geschilderten Aufgabe ging es um den Antrieb für ein auf einen geleimten Papierstoß zugreifendes Organ für den Wegtransport aus dem Leimstern. In diesem Stadium kommt das erwähnte Programmpaket zum Einsatz. Dabei hat er innerhalb des Programms verschiedene Getriebeelemente zur Verfügung, die er sich für den gebrauchten Zweck zusammensetzen kann. Dieser Schritt ist für den befragten Benutzer der entscheidende und auch der schwierigste, neben der Interpretation der Resultate, wenn er also die Getriebeelemente eingegeben hat und anhand der vom Programm ausgedruckten Kennwerte zu entscheiden hat, ob sie der Aufgabenstellung genügen.
- Nach der Konstruktion der einzelnen Untergruppen bespricht der Konstrukteur die Ergebnisse mit dem stellvertretenden Konstruktionsleiter, die Berechnungsergebnisse gegebenenfalls mit dem CAD-Experten.
- Er vervollständigt nun den Gesamtentwurf und
- gibt den Entwurf an die Zeichnerin weiter, damit diese die Einzelteile zeichnen kann.

Obwohl die Befragung zeigte, daß diese Programmbenutzung auch einige unangenehme Restriktionen enthält - so ist die Abarbeitung komplexer Gleichungen aufgrund der geringen Rechenkapazität etwas umständlich, die Flexibilität im Programmablauf könnte besser sein - sind die bedeutungsvolleren Aspekte andere als die programmbezogenen im engeren Sinne. Obwohl KKG auch konventionell konstruiert wurden und werden mußten, gibt das Programm die Möglichkeit der Optimierung in einem begrenzten Spielraum. Es kann nun exakt geprüft werden, ob das konzipierte und durchgerechnete KKG die Leistungswerte liefert, die die Firma z.B. einem Kunden versprochen hat, und ob das Getriebe den Belastungen standhält. Für den Anwender ergibt sich die Anforderung, aus mehreren Möglichkeiten auszuwählen. Der Benutzer kann dann - wie der CAD-Experte ergänzte - leicht mit Informationen "überschüttet" werden, die nicht auf Anhieb oder nur mit Hilfe des Berechnungsexperten, der die Diagramme zu lesen gewohnt ist, integriert werden können.

Im Vergleich zu dieser Anwendung ist der Einsatz des FEM-Programms in dem zweiten Unternehmen völlig anders gelagert: Es geht hier nicht um eine punktuelle, wenngleich sehr entscheidende Anwendung, sondern es geht um ein komplexes Tätigkeitsfeld für mehrere Mitarbeiter. Zwei der FEM-Anwender konnten neben dem CAD-Experten in dieser Firma befragt werden. Dieses Unternehmen gehörte im übrigen zu den Erstanwendern dieses von einem Software-Haus im süddeutschen Raum entwickelten Systems. Diese Erstanwendung liegt nun gut 10 Jahre zurück, so daß hinsichtlich der Programm-Benutzung eine völlig andere Situation als in der vorgenannten Firma herrscht. Die FEM-Technik gehört auch im Maschinenbau inzwischen zu den Standardmethoden, während von dem obengenannten Programm inzwischen vermutlich nicht mehr als ein halbes Dutzend Anwendungen laufen dürften. Da die FEM-Anwendung im Abschnitt über die qualitativen, arbeitsbezogenen Wirkungen (vgl. 5.2) noch ausführlich kommentiert wird, seien nur zwei mehr allgemeinere Aspekte dieser Programmanwendung herausgegriffen:

- Entscheidend bei einer FEM-Anwendung ist der Aufbau der Netzstruktur, die entsprechend der gewählten Lastannahmen und des gewünschten Feinheitsgrades erstellt werden muß. Bei dieser Teilaufgabe im Rahmen der Programm-Benutzung muß offensichtlich eine spezifische Denkleistung vollbracht werden: Der Benutzer muß auf der einen Seite die ganze zu erstellende Struktur schematisch schon im Kopf haben, und er muß auf der anderen Seite bei dem schrittweisen Aufbau mit den einzelnen Elemente deren Verträglichkeit zueinander sowie Formatanforderungen beachten. Es geht also nicht um eine kurzzeitige Anspannung der geistigen Kräfte, aber auch nicht um das Durcharbeiten eines hinlänglich bekannten Formalismus. Vielmehr treffen in der Benutzung eines FEM-Programms beide Anforderungen zusammen: Immer mit Blick auf die Gesamtstruktur müssen eine Vielzahl von Routineschritten mit hoher Konzentration und Sorgfalt durchgeführt werden. Das gleicht einer Autofahrt auf einer kurvenreichen Gebirgsstrecke, bei der bei keiner Kurve auch nur der kleinste Fehler verziehen werden kann.

  In den kommenden Jahren wird sich diese Anforderungssituation wandeln, da traditionelle FEM-Benutzer inzwischen dazu übergehen, spezielle Prozessoren für den Netzaufbau bzw. entsprechende Programmfunktionen in den CAD-Programmen hierfür einzusetzen (vgl. Kapitel 7).

- Ist die Netzstruktur aufgebaut, sind die Elemente benummert, mit realen oder maßstäblichen Größen versehen, der Berechnungsfall gewählt usw., steht nach der Bewältigung des Gleichungssystems durch den Rechner der Schritt der Interpretation der Ergebnisse an, d.h. es muß ein Abgleich zwischen formalem Modell und Erfahrungswissen vorgenommen werden. Dabei bezieht sich dieses Erfahrungswissen sowohl auf das Modellverhalten als auch auf die praktische Verwertbarkeit der Ergebnisse. Dieser Interpretationsschritt ist nach Auskunft der befragten Benutzer, des CAD-Experten sowie der Programmentwickler der eigentlich entscheidende Schritt, der von den Benutzern des Programms trotz jahrelanger Spezialisierung nicht alleine vorgenommen werden kann, bei dem vielmehr der Experte selbst gefordert ist.

Bei der Einschätzung verschiedener Belastungsaspekte ergab sich bei den beiden dargestellten Berechnungsanwendungen, daß die CAD-Experten in beiden Fällen eine Zunahme der Anforderungen an Sorgfalt und Verantwortung konstatierten. Hierin liegt ein gemeinsames Merkmal der sonst recht divergenten Berechnungsanwendungen: Beide Programme führen zu einer Ausweitung des dem Konstrukteur verfügbaren Lösungsraumes. Der Tribut für diese Leistungssteigerung ist eine Erhöhung motivationaler Anforderungen.

Mit diesem Befund seien abschließend einige allgemeinere Überlegungen zu der Frage angestellt, was es bedeutet, im konstruktiven Problemlösungsprozeß Berechnungsprogramme einzusetzen. Kehren wir zu dem eingangs des Kapitels gemachten Hinweis zurück, daß beim Einsatz von CAD-Programmen der unterschiedliche Mittelcharakter des jeweiligen Programms für den einzelnen Benutzer in seinem Aufgabenbearbeitungskontext zu beachten ist. Was also bedeutet es für das Konstruieren, einerseits Berechnungsprozeduren zu verwenden, andererseits diese Prozeduren in Programmform zur Verfügung zu haben?

Zunächst läßt sich unschwer erkennen, daß jede Form der Berechnung heißt, ein Modell oder eine weniger ausgearbeitete Idealisierung über das Verhalten eines Gegenstandes zu verwenden. Mit solchen idealisierten oder Modell-Beziehungen sollen bestimmte, gelegentlich hochselektive Aspekte antizipiert werden, wobei es um Werkstücke, um Werkstoffe, um einzelne Aggregate oder um das komplexe Systemzusammenspiel gehen kann. Diese antizipatorische Grundleistung einer Berechnung liegt auch dem alltäglichen Begriff von "berechnen" zugrunde.

Nun liefert das Berechnungsmodell nicht nur eine mögliche Lösung für eine Aufgabe, sondern es ist zugleich ein Modell der Aufgabe, d.h. es enthält eine Abstraktion der Aufgabe. Es muß bei jedem Modell entschieden werden, ob es auf einen Gegenstandsbereich anwendbar ist oder nicht. Erst in der Sicherung dieser Gegenstandsbeziehung wird ein Modell zur Theorie, ein Umstand, der häufig vernachlässigt wird. Das Modell ist für die Aufgabe aber nicht nur bloße Abstraktion, sondern unter der Voraussetzung, daß die Abstraktion brauchbar ist, auch ein Lösungsgenerator kraft der verwendeten Algorithmen. Diese Algorithmen können sehr einfach, aber auch sehr kompliziert sein.

Verwendet nun z.B. ein Konstruktur ein Berechnungsmodell, dann muß er die eben genannten beiden Beziehungen verantworten: zum einen die Beziehung zwischen Modell und Aufgabe (also daß das Modell eine gültige Aufgabenabstraktion ist; hier handelt es sich um das Problem der internen Validität), zum anderen die Beziehung zwischen Modellvoraussetzungen und den Anwendungsvoraussetzungen, also deren Gültigkeit unter realen Bedingungen (Problem der externen Validität). Man kann demnach sagen, daß ein Berechnungsmodell verwenden heißt, den Einsatz eines idealisierenden Modells als Lösungsprinzip oder -algorithmus für eine konkrete Aufgabe zu verantworten.

Die abschließende Frage bezieht sich darauf, was es bedeutet, daß solche Lösungsprinzipien in Programmform, also als Software-Paket, verfügbar sind. Ein Berechnungs-Programm erleichtert einerseits den Zugriff auf die Lösungsprinzipien, erschwert aber andererseits die Durchschaubarkeit der Anwendungsvoraussetzungen. Denn der bereitgestellte Lösungsschematismus kann im Extrem blind bedient bzw. ausgelöst werden. Durch die Tatsache, daß das mühsame und schrittweise Durcharbeiten einer Berechnungsprozedur dem Konstrukteur oder Ingenieur aus der Hand genommen wird, entfällt der Zwang der subjektiven Bewältigung der Routineschritte. Wer weiß, daß er nach der Sicherung der Anwendbarkeit eines Berechnungsmodells Tage damit zubringen wird, die Prozedur selbst auszuführen, wird schon aus eigenem Interesse, nicht überflüssige Arbeit zu verrichten, mit großer Sorgfalt darauf achten, daß die in Angriff genommene Berechnung richtig ansetzt und fehlerfrei durchgeführt wird. Ein Berechnungs-Programm setzt ihn nun in die Lage, den Lösungsschematismus für ihn arbeiten zu lassen. Die Verantwortung für dessen richtige Verwendung aber verbleibt bei ihm, doch ist sie abgekoppelt, entflochten von der eigenen Arbeitsmühe.

Verantwortung tritt nun als punktuelle Anforderung auf. Die distanzierte und kritische Betrachtung, ob und inwieweit die Verwendung einer Berechnung sinnvoll ist, muß als eigenständige motivationale Leistung hervorgebracht werden. Hierin liegt die Erklärung, weshalb die mit Berechnungen befaßten und von uns befragten CAD-Experten immer wieder auf das Problem der Erhaltung von "Kritikfähigkeit" hinweisen.

Wenn wir nun die früheren Typisierungen zum Mittelcharakter von Zeichnungsprogrammen bei den entsprechenden Benutzern aufgreifen, so können wir für Berechnungsprogramme ergänzen: <u>Berechnungs-Programme sind Problemlösungs-Mittel für eine Aufgabe</u>. Dies soll die Abbildung 4.9. zum Ausdruck bringen.

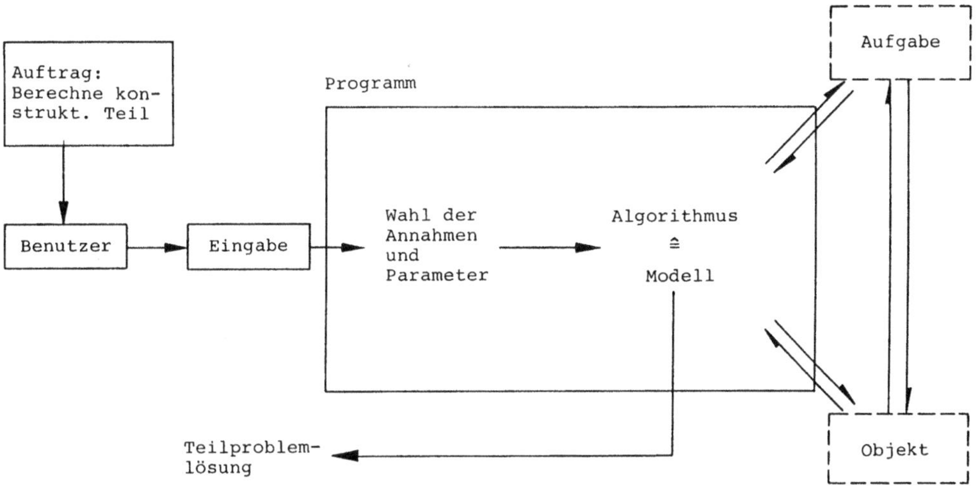

Abbildung 4.9. Beziehung zwischen Benutzer, Aufgabe und Modell bei einem Programm für Berechnungsaufgaben

Die beiden geschilderten Anwendungen von Berechnungs-Programmen zeigten, daß es nicht genügt, solche Programme einfach verfügbar zu machen. Insbesondere wenn Programme zum Einsatz kommen, die neu entwikkelte Theorien aufnehmen (Fall H) oder eine Modellierung erlauben, die an der unmittelbaren Erfahrung des Programm-Benutzers nicht mehr geprüft werden kann (Fall E), dann muß äußerst sorgfältig darauf geachtet werden, daß entweder der Benutzer die Beurteilung der Angemessenheit der Modellverwendung selbst vornehmen bzw. sich dies aneignen kann, oder daß entsprechende Unterstützung immer bereitsteht. Hinsichtlich dieser Frage folgten die beiden berichteten Anwendungen eher der zweiten Alternative. In der ersten Erhebung der Hauptuntersuchung (vgl. Ergebnisbericht, Wingert u.a. 1981) hatten wir jedoch bei etlichen Unternehmungen die Situation, daß die Anwendung der FEM-Pakete im individuellen Ermessen der Ingenieure stand.

4.5.2.3 Befunde zur Benutzung verschiedener Variantenprogramme

a) Zu verschiedenen Arten von Variantenprogrammen

Für die Variantenprogramme soll ebenso wie für die anderen CAD-Programm-Arten eingangs herausgearbeitet werden, worin der springende Punkt des Programmeinsatzes zu sehen ist. Wenn wir bei den Berechnungsprogrammen und Zeichnungsprogrammen die Eigenart des Verhältnisses zwischen Aufgabe und Programm dadurch herausarbeiten konnten, daß dem Prozeß der eigentlichen konstruktiven Lösungsgenerierung anders geartete Teilprozesse gegenübergestellt wurden (Zeichnen als darstellungsmäßige Umsetzung einer schon vorliegenden Lösung; Berechnung als Generieren und Prüfung einer Teil-Lösung der Aufgabe mittels abstrakter Modelle), so versagt dieser Ansatz naturgemäß bei den jetzt anstehenden Variantenprogrammen. Denn wenn der Name überhaupt eine sachliche Berechtigung haben soll, heißt dies ja, daß das Programm selbst bei der Erzeugung der Varianten eine maßgebliche Rolle spielt. Das bedeutet aber zunächst nichts anderes, als daß das Verhältnis zwischen konstruktivem Problemlösungsprozeß und Programm noch enger wird als bei den bisherigen Programmen, auch enger als bei Berechnungsprogrammen, die nur eine selektive Kongruenz zwischen Aufgabe und Modell qua Lösungsgenerator zustandebringen. Man kann also zunächst einmal festhalten, daß die Abbildungsbreite zwischen Aufgabe und Modell (im Programm) zunehmen muß. Das Programm muß in einer noch zu klärenden Form ein Modell-Objekt enthalten, in dessen Darstellungsraum die - für die Varianten zu findenden - Lösungen in bestimmter Weise schon vorhanden sind.

In der Untersuchung sind zwei verschiedene Arten von Variantenprogrammen vertreten: zum einen handelt es sich um das Paket PROREN. Es wird seit zwei Jahren in einer weiterentwickelten Version vertrieben, die jedoch mit dem von uns analysierten Paket kaum mehr etwas zu tun hat. Bei dem von uns untersuchten Programm in den Firmen B und L wurden für bestimmte Objekte, z.B. Stanzwerkzeuge oder Wärmetauscher, Teilefamilien erarbeitet, deren konstruktiver Zusammenhang und deren Variationsgrenzen in geeignete Programm-Algorithmen aufgenommen wurden, so daß nach dieser Algorithmisierung bestimmte Alternativen durch Eingabe weniger Parameter abgerufen werden können. Das Programm enthält also bestimmte Modell-Objekte, die durch entsprechende Angaben dimensioniert werden können. Die abgerufene Alternative ist dann die Aufgabenlösung.

Hiervon sind die anderen Variantenprogramme zu unterscheiden. Es handelt sich um interaktiv-grafische Pakete verschiedener Entwicklungsstellen (MEDUSA, CADLAN, COMPUTERVISION). Diese Systeme enthalten eine Basissoftware für die grafische Verarbeitung, die nun für den betrieblichen Anwendungsfall ergänzt werden muß durch bestimmte Formteile, Makrobefehle, Sondersymbole etc.. Zunächst enthalten diese Systeme also weder konstruktionslogische Zusammenhänge noch Konstruktionen. Aber selbstverständlich ist es möglich, die mit einem Programm erarbeitete Lösung so abzuspeichern, daß sie für spätere Bearbeitungen abgerufen werden kann, wenn etwa an einem bereits erstellten Plan nur geringe Änderungen auszuführen sind. Geschieht dies, dann wandelt sich das System von einem Grafik-Paket zu einem "Konstruktionsspeicher". Im Gegensatz zum eben beschriebenen System PROREN enthält dieser Speicher keine algorithmisierte Objektlogik, sondern im elektronischen Medium realisierte Zeichnungen oder - bei rechnerinterner 3D-Darstellung - das geometrische Äquivalent für Konstruktionen. Das CAD-Programm fungiert mithin - wenn wir die typisierende Beschreibung hier fortsetzen - als ein Medium für eine Lösungsdarstellung, und zwar im ersten Fall durch Repräsentation von Modell-Objekten (PROREN), im zweiten Fall durch Speicherung echter Pläne bzw. der Geometrie von Konstruktionen. Das gesamte CAD-System in F stellt eine Mischung beider Varianten dar.

Unsere Programm-Kasuistik ist aber um eine weitere Variante zu ergänzen: So wird z.B. das MEDUSA-Programm nicht nur in der mechanischen Konstruktion eingesetzt, sondern auch in der Elektrokonstruktion (in unserer Untersuchung in N, in G das ähnliche CV-System, während in A, F und J Anwendungen für die mechanische Konstruktion vorliegen). CAD-Programme mit der Fähigkeit der Grafikverarbeitung können nicht nur für das Konstruieren von Varianten verwendet werden, sondern auch für das Zeichnen bzw. das Ändern von Schaltplänen. Eine solche Verwendung war in den drei Fällen der mechanischen Anwendung nicht zu beobachten, dafür aber in den beiden Elektro-Anwendungen. Damit zeigt sich an diesem Punkt, daß letztlich die Art der Aufgabe darüber entscheidet, in welcher Weise ein CAD-Programm als Mittel verwendet wird, vorausgesetzt selbstverständlich, das CAD-Programm ist für verschiedene Arten der Aufgabenbearbeitung geeignet, was für die Zeichnungs-, Berechnungs- und automatisierten Variantenprogramme nicht zutrifft.

Eine weitere Besonderheit müssen wir beachten: Die Elektro-Konstruktion ist als Aufgabe völlig anders gelagert als eine Konstruktionsaufgabe im mechanischen Bereich. Wenn ein Konstrukteur - der in diesem Bereich auch Entwickler oder Sachbearbeiter genannt wird - einen Schaltplan entwirft oder eine Bedientafel für eine NC-Maschine oder dergleichen, so bewegt er sich in einer mehr oder weniger durchstandardisierten Symbolwelt. Er arbeitet dabei auch schon konventionell mit diesen Symbolen. Der Unterschied zwischen einer konventionellen Symbolbevorratung und einer mithilfe eines CAD-Programms liegt nur in der anderen Art der Informationsträger, zusätzlich in einigen weiteren Vorteilen, daß z.B. fertige Schaltpläne aus dem elektronischen Speicher abgerufen, in diesem Medium geändert und dann über einen Plotter als neuer Plan ausgegeben werden können. Natürlich ist auch in der Elektrokonstruktion das Symbol für einen Schalter von der realen Entität des Schalters zu unterscheiden; nur spielt diese Differenz für die Konstruktion - ganz im Gegensatz zum mechanischen Bereich - aufgrund weitestgehender Standardisierung keine Rolle mehr. Die Frage kann offen bleiben, ob es für den mechanischen Bereich jemals gelingen wird, die Erarbeitung einer konstruktiven Lösung so weitgehend zu standardisieren und modularisieren, daß sich die Lösung in der Wahl bereitgestellter Lösungs-Module oder -Symbole erschöpfen kann.

Die verschiedenen Formen der Mittel-Charakteristik sind schematisch in der Abbildung 4.10. zusammengestellt.

b) Automatische Variantenprogramme

Vieles was in der Konstruktion entwickelt wird, ist nicht neu und ist in einem breiteren Verständnis nur eine Variante von bereits vorliegenden Konstruktionen. Insofern ist die Idee eines Variantenprogramms

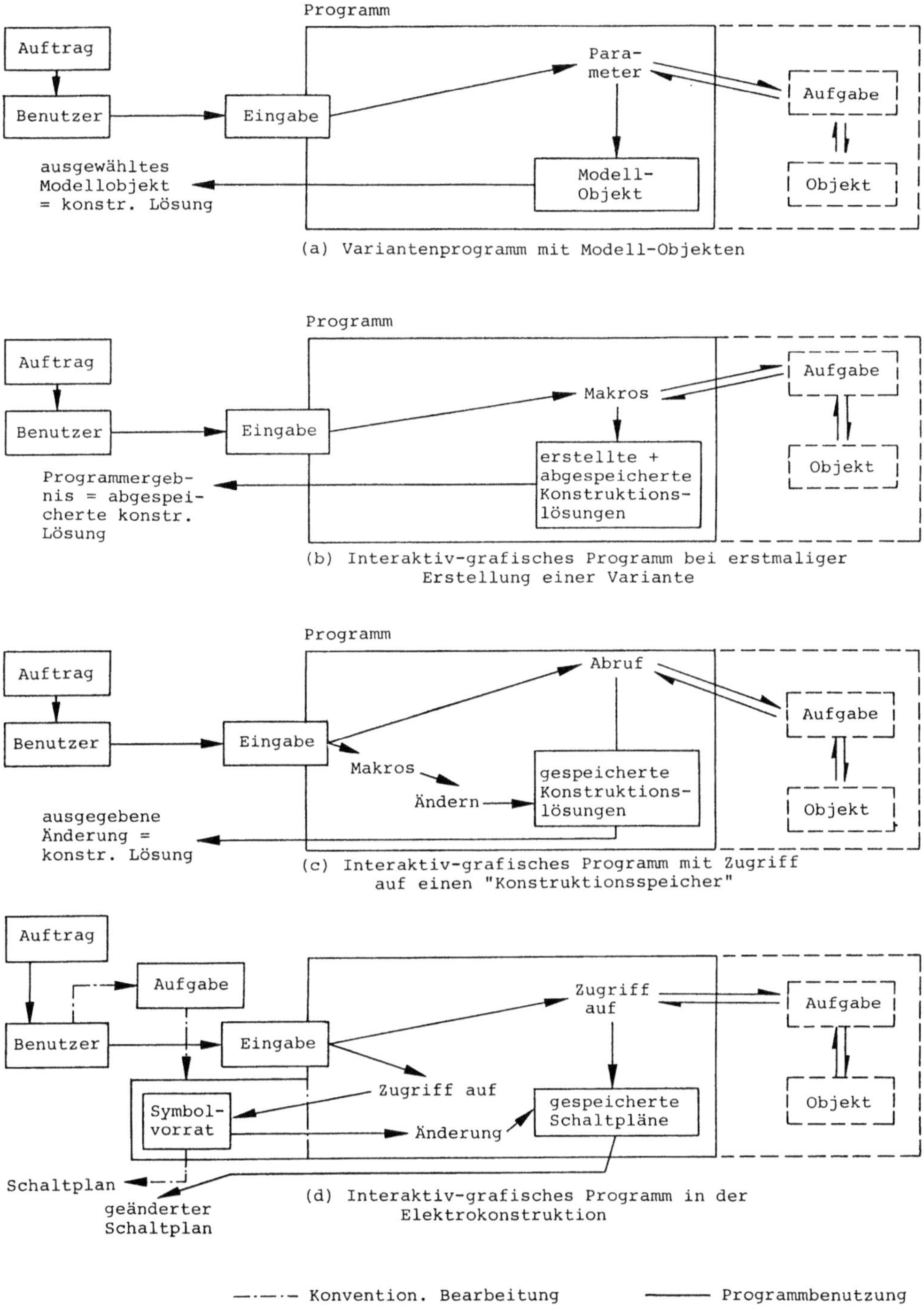

Abbildung 4.10. Verschiedene Arten der Programmverwendung bei einem interaktiv-grafischen Variantenprogramm

zunächst schlüssig, nämlich sich durch entsprechende Vorarbeiten eine Systematik der anfallenden Varianten anzueignen und diese Varianten anschließend, in Kategorien oder "Teilefamilien" geordnet, zugänglich zu machen. Die Ergebnisse zu den beiden Anwendungen solcher automatischer Variantenprogramme in den Unternehmen B und L zeigen aber, daß dieser Ansatz im Lichte konkreter Erfahrungen etwas relativiert werden muß.

Die der Benutzungsanalyse zugrundegelegten Arbeitsaufgaben bezogen sich in einem Fall auf die Auslegung von Wärmetauschkammern eines bestimmten Typs, der etwa 50% der Aufträge ausmacht. Im einzelnen ging es um die Anfertigung von Werkstattzeichnungen; im konventionellen Bearbeitungsfalle wurde dies mit Formblättern erledigt, in die die entsprechenden Leitungsverbindungen eingetragen wurden, was jetzt mit dem Programm erledigt wird. Dieses produziert Schemazeichnungen auf dem Bildschirm, die anschließend als Hardcopy ausgegeben werden. Das ist die Grundlage für die Fertigung.

Durch die bereits vor CAD erfolgte weitgehende Standardisierung der Produkte gelangte man in diesem Unternehmen zur Überzeugung, daß gerade hier ein CAD-Einsatz sinnvoll sei. Folgt man den Angaben des befragten Benutzers, dann muß man bezweifeln, daß der Arbeitsschritt der Erstellung der Schemazeichnungen mit CAD schneller erfolgen kann als vorher. Der Nutzeffekt könnte vermutlich gesteigert werden, wenn in die Computerunterstützung auch andere Arbeitsschritte aufgenommen würden, so die Stücklisten-Generierung oder eine Unterstützung im Wiederauffinden früherer Pläne, was bislang in der vorgefundenen Anwendung noch nicht möglich war.

Dem Benutzer bereitete übrigens der Übergang zu dem neuen Medium (Bildschirm, Umgang mit Tastatur) die größeren Schwierigkeiten. Das Verständnis für die parametrisierende Eingabe war dagegen kein Problem, denn die Objekte kannte er schon vor CAD. Obwohl das Programm in diesem Unternehmen seit 1980 benutzt wird, scheint es nicht mehr aktiv verfolgt zu werden.

Dieser Anwendungsfall zeigt einen interessanten Aspekt, nämlich das Wechselspiel zwischen vorgängiger Produktstandardisierung und CAD. Ist diese Standardisierung schon soweit vorangetrieben wie im vorliegenden Fall, dann kann CAD nur noch geringe oder gar keine Effizienzbeiträge mehr liefern, insbesondere dann nicht, wenn das Programm den Benutzer auf die in den Programmalgorithmen fixierten Prozeduren festlegt und ihm damit die Möglichkeit nimmt, <u>innerhalb</u> des Systems eine ausgewählte Variante weiter zu optimieren.

Die Anwendung dieses Programms im zweiten Unternehmen unserer Stichprobe teilt mit der gerade beschriebenen zwar die grundsätzlichen Grenzen, ist aber in einen anderen Kontext eingebettet, der die Aussicht auf eine erfolgreiche Handhabung dieses Programms günstiger erscheinen läßt:

- Dieses Unternehmen verfügt über umfangreiche CAD-Erfahrungen. Ein Zeichnungserstellungsprogramm ist bereits erfolgreich im Einsatz, allerdings erst nachdem nicht unerhebliche eigene Entwicklungsanstrengungen in die jetzige Programmversion eingeflossen waren. Ein FEM-Programm wird ebenfalls eingesetzt und ein Grafik-Paket befand sich zum Zeitpunkt der Interviews in der Auswahl.
- Die späteren Benutzer des Programms - die Sachbearbeiter - waren an den Algorithmisierungsarbeiten beteiligt, und
- die bereits erstellten Teil-Programme für PROREN beziehen sich auf unterschiedlich komplexe Teile.

Allerdings befanden sich die Teil-Programme zum Zeitpunkt der Befragung noch nicht in einem Stadium der routinemäßigen Nutzung, so daß die Hinweise zur Programm-Benutzung noch einen gewissen hypothetischen Charakter haben. Es geht in diesem Unternehmen um die Bearbeitung von Stanzwerkzeugen, wobei dem Benutzer die Aufgabe zufällt, Maße, Toleranzen, Werkstoffqualitäten etc. festzulegen. Faßt man die Angaben zum Verhältnis des Programms zu den Bearbeitungsaufgaben zusammen, so ergibt sich folgendes Bild:

- Das Programm ist auf die Bearbeitung der einfacheren Stanzwerkzeuge beschränkt; man nimmt an, daß etwa 10% der im Unternehmen vorkommenden Stanzwerkzeuge mit dem Programm bearbeitet werden können.
- Der Programmeinsatz lohnt sich nicht bei singulären Werkzeugen, die in keine Teilefamilie passen und nur selten gebraucht werden; er lohnt sich gleichfalls nicht bei sehr komplizierten Werkzeugen (z.B. für Kupplungsgehäuse), weil der Programmieraufwand zu hoch wäre.
- Der mit dem Programm arbeitende Konstrukteur ist durch die vorgängige Algorithmisierung festgelegt, so daß fallweise Anpassungen eines Werkzeuges (z.B. Änderung der Anzahl der Schrauben) nicht mehr möglich sind.

- Änderungen in der Werkstatt-Technologie führen zu einer Modifikation des Programms, so daß dieses - wie es der CAD-Experte ausdrückte - einem "ständigen Wandel" unterworfen sein wird.

Die Programmbenutzung beläuft sich bei einem einfacheren Stanzwerkzeug auf ca. 2 Stunden, was etwa 4 - 5 Stunden bei konventioneller Bearbeitung mit Mutterpausen gegenübergestellt werden muß. In diesem Fall sind etwa 4 - 5 Parameter zu variieren. Bei einem anderen Unterprogramm für Kaltstanzwerkzeuge geht es dagegen um 40 - 50 Parameter, so daß sich die Zeit für die Eingabe schon auf etwa drei Stunden beläuft. Die befragten beiden Benutzer empfanden die Werkzeugbearbeitung mit dem Programm als stärker festgelegt; früher hätten sie mehr Freiheitsgrade zur Verfügung gehabt. Gleichwohl wiesen sie darauf hin, daß die Eingabe der Parameter im Vergleich zur vorliegenden Programmversion noch vereinfacht werden könnte, z.B. daß Werte, die bei einem bestimmten Werkzeug nicht gebraucht werden, automatisch auf Null gesetzt werden und nicht einzeln eingegeben werden müssen. Bei den Fragen zum Interaktionskomfort, den das Programm bietet, wurde erwähnt, daß man sich einen Wiederholteile-Katalog als Programmfunktion wünscht. Für solche Wiederholteil-Kataloge sei früher in diesem Unternehmen Reklame gemacht worden, und diese hätten sich daraufhin auch durchgesetzt. Nun werde diese bewährte Einrichtung gerade bei einem CAD-Programm nicht realisiert! Im übrigen empfanden die Benutzer ihre CAD-Arbeit als nicht gerade attraktiv. Auf die Frage, ob sie das Programm nach den Schulungen auch beherrschen würden, meinten sie: "Parameter eingeben kann jeder". Es lohnt sich, dieses Statement etwas näher zu untersuchen.

Zunächst kann man wohl nicht erwarten, daß die befragten Benutzer die Effekte der Mitarbeiter an der Algorithmisierung aus ihrem Urteil wegregeln könnten. Die Frage bleibt jedoch, ob ein an solchen Entwicklungsschritten nicht beteiligter Konstrukteur auch bei den einfachen Unterprogrammen für die Stanzwerkzeuge für eine verantwortungsbewußte Eingabe, also keine blinde Bedienung, nicht doch erhebliche Anstrengungen unternehmen müßte. Denn er müßte sich mit der Programmbenutzung die Systematik der Zusammenhänge (Teile-Familien) mit erarbeiten, ein Wissen mithin, welches in dieser expliziten, durchgearbeiteten Form bei konventioneller Bearbeitung sicher nicht präsent ist. Nicht umsonst wird ein erheblicher Teil der Effizienz bei einem solchen automatischen Variantenprogramm der Durchforstung der Teile-Familien, der dann vorliegenden Transparenz der Zusammenhänge, der Explikation der Variationsgesichtspunkte und der Neuordnung, Bereinigung und eventuell Standardisierung der Produkte, Maschinenteile oder Werkzeuge zugeschrieben. Zugespitzt formuliert: Die Vorbereitung des Einsatzes eines Variantenprogramms macht das Programm selbst fast überflüssig. Die durch die Systematik entwickelte Ordnungsleistung scheint also die Quelle der Effizienz zu sein, weniger das Programm selbst.

Dieser Gedanke wird durch die Erfahrungen in einem anderen Unternehmen bestätigt. Dort gelang es dem verantwortlichen Experten nicht, nach der Durchforstung und Standardisierung noch einen zusätzlichen Effekt bei zukünftigem Einsatz des CAD-Programms nachzuweisen. Dies führte, freilich im Verein mit einer anderen Geschäftspolitik, zum vorläufigen Abbruch des CAD-Vorhabens.

Da die Idee der Variantenkonstruktion so schlüssig erscheint und auch die Methodik des Konstruierens zu einem großen Teil dieser Logik der schrittweisen Veränderung folgt, sollen abschließend einige Voraussetzungen formuliert werden, die bei jeder betrieblichen Implementation von Variantenprogrammen zu beachten sind:

Variantenprogramme (nach Art von PROREN) sind dann sinnvoll,

- wenn die benötigten Varianten immer wieder gebraucht werden und mehr oder weniger ähnlich sind;
- wenn das Programm die benötigten Varianten vollständig so abbilden kann, wie sie dann konkret gebraucht werden, und das Programm die Suche nach ähnlichen Teilen unterstützen kann;
- wenn das Variantenspektrum selbst nicht variiert, also stabil bleibt, und sich ebenfalls die in den Programmalgorithmen implizit festgelegte Fertigungstechnologie nicht verändert, und schließlich
- wenn der Algorithmisierungs- oder Programmieraufwand für die gebrauchten Varianten im Vergleich zum Einspareffekt vertretbar bleibt.

Sinnvoll ist also der Einsatz dieser Art von Programmen - zumindest in wirtschaftlicher Hinsicht - auf einem desaggregierten Niveau, nicht für komplexe Produkte, sondern für wiederkehrende, immer wieder ähnliche Teile, deren Variationsraum leicht überblickt werden kann.

c) Interaktiv-grafische Variantenprogramme

Bei den interaktiv-grafischen Variantenprogrammen mit den Systemen MEDUSA, CV und CADLAN (in den Firmen A, F, J, G und N) geht es um Software-Pakete, die eine Basissoftware für die Grafikverarbeitung enthalten. Damit können diese Pakete für die Variantenkonstruktion eingesetzt werden, aber auch als Zeichnungsprogramm, wie in den Anwendungen in der Elektro-Konstruktion (in G und N). Ob Variantenprogramm oder Zeichnungsprogramm entscheidet die jeweilige Aufgabe. Um derzeitige oder künftige CAD-Anwender in dieser Hinsicht für die Zusammenhänge zu sensitivieren, sei dieser Punkt anhand zweier Experten-Äußerungen (in F und G) ausführlicher beleuchtet.

Das in F eingesetzte System CADLAN kann sowohl der Konstruktion als auch dem Zeichnen zugeordnet werden. Arbeitet der von uns befragte graduierte Ingenieur als Benutzer mit dem Programm und erstellt dabei in einem interaktiven Prozeß am Bildschirm den ausdetaillierten Entwurf, dann handelt es sich um eine Konstruktions- bzw. Detaillierungs-Tätigkeit. Nimmt er in diesem Prozeß bereits abgespeicherte Varianten resp. die Ansichtszeichnungen in Anspruch, um an ihnen nur das Neue zu verändern, so treibt er Variantenkonstruktion. Diese beiden Anwendungen waren im Unternehmen F zu beobachten.

Nun wäre es auch denkbar, daß er selbst oder eine Zeichnerin einen fertigen Entwurf hernimmt und diesen mithilfe des Software-Paketes in das EDV-Medium überträgt, das einen Plot ausgeben kann. Dieser wäre dann die Zeichnung, die auch konventionell hätte erstellt werden können. Der CAD-Experte merkte hier an, daß selbst eine solche Arbeitsweise doch wieder von einem konventionellen Zeichnungserstellungs-Prozeß zu unterscheiden wäre, denn das konventionelle Zeichnen sei "Nachzeichnen", nicht aber ein Umsetzen einer Konstruktionsdarstellung in ein neues Medium unter Zuhilfenahme eines Programms. Wir haben jedoch gesehen, daß die Art der Zeichnungserstellung mit dem Paket DETAIL durchaus ein u.U. nicht einfacher Umsetzungsprozeß ist.

In der Firma G wird mit dem CV-System das Ziel verfolgt, nach und nach die elektrischen Grundpläne von allen Maschinen abzuspeichern, so daß sie später nur noch abgerufen und geändert zu werden brauchen. Hier liegt also eindeutig ein Variantenprogramm vor. Die technische Zeichnerin aber, die später Änderungen in dem abgerufenen Plan nach

Vorgaben einträgt, vollzieht im Grunde nur eine darstellungstechnische Tätigkeit, die man kaum mehr Variantenkonstruktion nennen kann, wenngleich sie Varianten zuhilfe nimmt, um ihre Aufgabe zu erledigen.

Bei den interaktiv-grafischen Variantenprogrammen müssen in aller Regel zur vorhandenen Basissoftware Anwendungsprogramme und -Makros entwickelt werden, da nur so die jeweiligen betrieblichen Gegebenheiten effektiv bearbeitet werden können.

Zur Beschreibung der mit den Programmen arbeitenden Benutzer, der Art der der Benutzungsanalyse zugrundegelegten Aufgaben sowie der Abfolge der Arbeitsschritte wird auf die Tabelle 4.9. verwiesen. Zu beachten ist dabei, daß die befragten Benutzer die Aufteilung der einzelnen Arbeitsschritte selbst vorgenommen haben. Wichtig ist die weitere Randbedingung, daß bei den mechanischen Anwendungen der befragte Benutzer eine Aufgabe in der Regel vollständig alleine bearbeitet (A, J und F), während in den Elektro-Anwendungen (G und N) eine arbeitsteilige Aufgabenbearbeitung vorliegt.

Die in der Tabelle 4.9. zusammengestellten Arbeitssequenzen seien nicht weiter kommentiert. Auffällig ist, daß in diese subjektive Phrasierung des Arbeitsprozesses Arbeitsschritte <u>innerhalb</u> der Programmbenutzung nur sehr spärlich einfließen, und daß die thematische Gliederung der "Arbeit im Programm" nach wie vor problemorientiert erfolgt. Nur vereinzelt tauchen Hinweise auf programmbezogene Prozeduren auf wie "Verschieben und Spiegeln" (in J) oder "erstellt Makro für Plotter" (in F). Dieser Befund kann als Hinweis auf die medialen Eigenschaften von CAD verstanden werden. Die Benutzung dieser Programme scheint einen hohen Grad der Selbstverständlichkeit zu haben, obwohl die Art des Arbeitens, die Mikrostruktur des Handelns, anders als die konventionelle Tätigkeit ist.

Zum Verhältnis der jeweiligen Aufgabe zum Programm und seinen Bearbeitungsfunktionen ergab die Befragung und Arbeitsbeobachtung eine Fülle von Hinweisen, die hier nicht alle dargestellt werden können. Im allgemeinen wird die Brauchbarkeit der CAD-Programme für die Aufgaben nicht infrage gestellt; doch werden viele Einzelverbesserungen für nötig gehalten:

- Von beiden Benutzern in F wird die Größe des Bildschirmes bemängelt. Dies führt dazu, daß der Konstrukteur seine vom "Brett" her gewohnte Arbeitsweise nicht beibehalten kann, weil der Bildschirm höchstens für eine Ansicht ausreicht; er benö-

Tabelle 4.9. Abfolge von Arbeitsschritten bei verschiedenen Anwendungen von Variantenprogrammen

CAD-Anwendung	MEDUSA	MEDUSA	CADLAN u.a.	CV-System	MEDUSA
Arbeitsaufgabe	Modifikation einer Metallhülse	Außenring eines Lagers mit Einstichen	Bearbeitung eines Kolbens f. einen Traktor	Bearbeitung eines Schaltplanes	Bearbeitung d. Bedientafel eines Spindelschlittens
CAD-Benutzer	Techn.Zeichner in Technikerausbild.	Maschinenbautechniker, Konstrukteur	grad. Ingen. Konstrukteur	Techniker	Elektro-Zeichnerin
Abfolge der Arbeitsschritte	- erhält Auftrag, - sucht sich Unterlagen zusammen, - macht sich Gedanken über Aufgabenstellung u. Lösung, - fragt, was machbar ist, - erstellt Varianten und - stimmt Ergebnis mit Abteilungsleiter ab, - macht Detaillierung.	- erhält Auftrag, - macht Skizze, sucht Vordrucke, berechnet Maße - Legt Maße fest und - legt Lage d. Elemente fest - bearbeitet d. Kontur mithil-CAD u. Funktionen wie Klappen,Verschieben oder legt Hilfslinien, - schlichtet d. Körperkanten, - baut d. Vermaßung auf, - macht Schraffur, - beschriftet; - macht Zeichnungskopf, - schickt Zeichnung per Kommando in Prüfbereich, - macht parallel Berechnungen, z.B.Fettmenge.	- erhält Auftrag m. groben Maßen, - läßt sich in STATKON Grobentwurf n.Maßen geben mit entspr.Befehl; - trägt erhaltene u. geänderte Daten in Formular für K-CAD ein, modifiziert,wenn nicht d.Normen entsprechend, - geht damit in interaktiven Teil,CADLAN f. d.Detaillierg. und insges. 4 Ansichten; - macht Bemaßung u. Schraffur, - erstellt Makro f. Plotter und startet diesen, - vervollständigt manuell Zeichn., zieht Plotterlinien nach, - übergibt Ergebnis d.Gruppenleiter zur Prüfung.	- erhält Auftragszettel, - liest Angaben u. Daten, und - sucht selbst nach ähnlichen Fällen in Katalogen bzw. - delegiert diese Aufgabe an techn.Zeichnerin, die entspr.Plan aus Speicher abruft; - prüft Unterlagen auf Verwertbarkeit,u. - stellt Daten u. Änderungen f.d.neuen Plan zusammen; - gibt dies an CAD-Zeichnerin, die fertige Unterlagen mit CAD erstellt.	- erhält Auftrag v.Sachbearbeiter, - Pläne von einer ähnlichen Maschine wie Auftrag rauszusuchen und plotten zu lassen; - führt dies aus u. gibt Pläne d.Sachbearbeiter; - dieser trägt erforderliche Änderungen ein; - Zeichnerin überträgt diese mit CAD, - und liefert geänderte Zeichnung an Sachbearbeiter.
Anteil CAD-Arbeit an Gesamttätigkeit im Durchschnitt	10 %	5 %	40-60 %	noch keine Routineanwend.	30 %
Benötigte Zeit für Arbeitsschritte	keine Angabe, geschätzt ca. 3-4 h bis zur Abstimmung	keine Angabe, geschätzt ca. 4-6 h	Gesamtaufwand für konkreten Fall 23 h; dabei für 1+2 2 h; für 3+4 14-16 h; für Bemaßung und Beschriftung 3-4 ;,Plotter-Makro u. Vervollständigen 0,5-1 h	Zeitbedarf für Zeichnungserstellung nicht erfaßt;variiert stark n. Komplexität v. 1h bis mehrere Stunden; vorgeschaltete Sachbearbeitung ca. 3-4 h	3-4 Tage, dabei werden ca. 30 Einzelblätter mit Zeichnungen erstellt

Legende: Die senkrecht durchgezogenen Linien bezeichnen die Schritte mit CAD-Programm. Die Phrasierung der gesamten Arbeitssequenz in einzelne Schritte nahmen die Benutzer selbst vor.

tigt aber (in diesem Gebiet) insgesamt vier Ansichten. Er muß diese gewissenmaßen im Kopf ergänzen. Hier wird also die beim konventionellen Arbeiten am Zeichenbrett typische Simultanpräsenz von Ganzem und Teil aufgebrochen. Auch ist es bei einem kleinen Bildschirm nicht möglich, wie im konventionellen Fall, Hilfslinien zwischen Ansichten zu ziehen, um korrespondierende Teile zu verknüpfen.

- Zu lange Antwortzeiten aufgrund mangelnder Speicherausstattung oder aufgrund von Systemüberlastung werden verschiedentlich genannt (J, F).
- Das Verschieben von Teilen auf dem Bildschirm sei noch zu umständlich (A).
- Bei der Intersektion von zwei Kreisen mit großem Durchmesser kommt es zu Schwierigkeiten (A). Die Abwicklung von Punkten in einem Winkel über 45° gehe oft nicht, so daß korrespondierende Punkte neu definiert werden müssen (F).

Die Angaben zu den Fragen nach der Notwendigkeit von Arbeitsvorbereitung und -planung zeigen, daß von diesen CAD-Benutzern (ganz im Gegensatz zu den Zeichnerinnen mit dem Zeichnungserstellungsprogramm) eine Veränderung der Planungsstruktur ihrer Tätigkeit kaum thematisiert wird. Die mediale Struktur dieser CAD-Programme - man arbeitet seine Aufgaben <u>in</u> einem neuen Medium mit einer Vielzahl von Einzeloperatoren ab und delegiert nicht einzelne Anteile an das CAD-System - scheint nicht zu einer Veränderung der inneren Planungsstruktur zu führen.

Wenn wir diese und viele weitere Einzelergebnisse zusammenfassen, so lassen sich drei Hauptbefunde zum Komplex Aufgabe/CAD-Programm formulieren:

1. Die Grafikpakete haben den Vorteil, daß man mit ihnen aufgrund der Basissoftware von Anfang an schon arbeiten kann bzw. beginnen kann zu arbeiten. Damit kann der Anwender dem Problem der Anwendungsvorbereitung aber nicht entgehen. Es muß auch bei den Grafikpaketen ein u.U. hoher Aufwand getrieben werden,
   - um die Symbolsammlungen zu erweitern und auf die betrieblichen Erfordernisse abzustimmen, und
   - um die meist mit diesen Paketen explizit verfolgten Ziele der Variantenkonstruktion einlösen zu können. Dazu ist eine Neuordnung der Teile- bzw. Zeichnungsfamilien erforderlich.

2. Die Einsetzbarkeit dieser Pakete schon zu einem frühen Zeitpunkt und die Möglichkeit, die Anpassungsarbeiten begleitend zur Einführung vorzunehmen, können die Hoffnung nähren, der Einführungsaufwand sei kleiner als bei anderen CAD-Programmen. Die Erfahrung

zeigt jedoch, besonders deutlich in einem Fall in unserer Untersuchung, daß die weitere Ausdehnung der Anwendung durch Erweiterung des Symbolvorrates und durch Erschließung neuer Objektbereiche zu einer krisenartigen Situation führen kann, wenn nämlich dieser Aufwand den konventionellen Bearbeitungsaufwand übersteigt. Das Problem liegt hier mithin nicht so sehr darin, den Anfangsaufwand zu bewältigen, sondern die Folgelasten in Grenzen zu halten. Die relevante Überlegung ist nicht: Wie fange ich an? sondern: Wie geht es weiter? Interessanterweise hatten alle Unternehmen mit interaktiv-grafischen Variantenprogrammen mehr oder weniger selbständige Einführungsorganisationen ausgebildet. Organisationstheoretisch gedeutet heißt dies, daß die Einführungskosten für CAD als Gemeinkosten für den Betrieb betrachtet werden.

3. Bei den Grafikpaketen geht es für den Benutzer nicht so sehr um die Handhabung eines neuen Arbeitsmittels (wie dies bei Berechnungsprogrammen deutlich ist), sondern um ein neues Arbeitsmedium, das ihm zwar ähnliche Konstruktionsschritte erlaubt, aber er muß diese Schritte in einer anderen Art und Weise, als Bedienen von Operatoren, vollbringen. Der einzelne Benutzer hat kaum Vergleichsmöglichkeiten, diese Unterschiede begrifflich und erfahrungsmäßig zu fassen. Die Tatsache, daß die interaktiv-grafischen Variantenprogramme weniger ein umschriebenes und begrenztes Arbeitsmittel als vielmehr ein neues System und Medium sind, drückt sich auch in den Zeiten aus, die man für die Aneignung des Systems ansetzen muß. Aufgrund der Angaben können wir die Zeiten für die Schulung, die selbsteingeschätzte Zeit für die Handhabung im Sinne der Benutzung des Programms sowie die Zeit bis zu einer kompetenten Beherrschung miteinander vergleichen. Die Ergebnisse gibt Tabelle 4.10. wieder.

Die Ergebnisse weisen auf einen Steigerungsfaktor von 2 bis 3 hin: Die Zeit für die Schulung, d.h. also ab wann der CAD-Experte meint, daß der Benutzer das System begriffen haben und es bedienen können müßte, wäre X, dann muß noch zweimal bis dreimal soviel Zeit aufgewendet werden (ca. 3 X), bis der Benutzer sich dem System gewachsen fühlt (Handhabung); und bis zur kompetenten und versierten Beherrschung muß diese Zeit abermals verdoppelt oder verdreifacht werden, je nach Anwendungshäufigkeit und Qualifikation (also 2 - 3 (3 X)). Diese Angabe ist ähnlich wie bei den Zeichnungsprogrammen nur ein Anhaltspunkt, es ist keine experimentell erhärtete Lernkurve. Wenn man sicher gehen will, kann man wie erwähnt die Einweisung nach Tagen, die Handhabung nach (entsprechend vielen) Wochen und die Beherrschung nach Monaten zählen.

Berücksichtigt man, daß in diese Grafikpakete in der Regel kein neues oder neu systematisiertes konstruktives Wissen einfließt (wie bei den Berechnungsprogrammen oder den automatischen Variantenprogrammen), so drückt sich in dieser Zeitrelation anschaulich der Tribut aus, der für die Benutzung des CAD-Systems bezahlt werden muß. Tritt nun noch konstruktives Wissen hinzu (so im Falle F), dann verlängern sich die Zeiten. Denn der Benutzer muß nun durch das neue Medium CAD auf neue Konstruktionsinhalte zugreifen.

Tabelle 4.10. Vergleich der aufgewendeten Zeit für Schulung, Handhabung und kompetente Beherrschung bei interaktiv-grafischen Variantenprogrammen

Unternehmen	A	J	F	G	N
Zeitaufwand für Schulung	1 Woche	2 Wochen (je 3 Wo. halbtags + 1 Wo. Nachschulung)	3 Tage (nur CAD-LAN)	3 Wochen, zeitlich versetzt	1 Woche (2 Wo. je 3 h / Tag)
Zeitaufw. für Handhabung	3 Wochen	4 Wochen	1,5 Wochen	3 Wochen	1 Woche
Zeitaufw. für Beherrschung	2-3 Monate	2 Monate bei regelmäßiger Benutzung	4 Monate (geschätzt)	keine Angabe	keine Angabe f. Benutz. laut Experte 2 Monate (n. eigener Erf.)

Die Inhalte der Schulung sind je nach Anwendungsfall recht unterschiedlich. Wenn wir aber mehr auf die pädagogischen und didaktischen Aspekte achten, dann kann man aus den Angaben schließen:

- Die Notwendigkeit eines praktisch-übenden Arbeitens mit dem neuen System wird zwar erkannt, aber in der Schulung nicht immer voll verwirklicht.
- Eine gezielte Förderung des Systemverständnisses (Wie funktioniert EDV? Wie ist die Logik des Programms?) und des methodischen Verständnisses wird vernachlässigt.

Einen weiteren Hinweis auf die Systemeigenschaften liefern die Angaben zu den Fragen zum Interaktionskomfort. Obwohl man nicht unterstellen sollte, daß die im Software-Paket enthaltenen Dialog- und

Interaktionsmöglichkeiten inadäquat sind, ist doch erstaunlich, daß von keinem der von uns befragten Benutzer ein deutlicher Wunsch nach mehr Interaktionskomfort geäußert wurde. Freilich gibt es einzelne Hinweise zur Vereinfachung von Prozeduren oder zur Sicherheit einzelner Funktionen. Der Grund für diese Zurückhaltung im Äußern von Wünschen liegt vermutlich darin, wie dies ein Benutzer auch ausdrücklich sagte, daß man keine Vergleichsmöglichkeiten hat, also gar nicht weiß, was man vernünftiger- oder billigerweise fordern könnte. Würde man die Benutzer z.B. an einem Seminar über Möglichkeiten der Maskengestaltung auf dem Bildschirm teilnehmen lassen, sähe dies vermutlich ganz anders aus.

Abschließend seien zwei Aspekte kommentiert. Der erste bezieht sich auf die Trennung von Operationsebene und Arbeitsebene, der zweite auf das Problem der Wirkungskontrolle in einem elektronischen Medium.

4.5.3 Arbeits- und Operationsebene und das Problem der Wirkungskontrolle

Das Benutzerinterface hat bei den Grafikpaketen zwei durchgehende Merkmale: in irgendeiner Weise müssen die System- und Programmfunktionen bereitgestellt werden. Hierfür gibt es meist zwei Eingabemedien, zum einen die Tastatur, zum anderen eine Zusammenstellung häufig gebrauchter Symbole oder Befehle, die ohne die Zuhilfenahme einer Tastatur abgerufen werden können. Die Befehlszusammenstellung kann ein "Menü" sein oder ein "Tablett", welches zusätzlich für die freie Definition (bzw. Digitalisierung) von Punkten verwendet werden kann. Es handelt sich hier um eine elektrisch leitende Unterlage. Das Menü kann auch auf dem Bildschirm selbst angeordnet werden, z.B. in Form eines Kranzes auf dem Bildschirmrand. Tastatur und/oder Menü/Tablett können die Operationsebene genannt werden. Davon ist die Arbeitsebene zu unterscheiden, d.h. die Darstellung der konstruktiv oder zeichnerisch zu bearbeitenden Inhalte. Die verschiedenen möglichen Konfigurationen brauchen hier nicht beschrieben zu werden (vgl. Duus und Gulbins 1983). Es geht uns nur um das Verhältnis der beiden Ebenen.

Neben der bisher geschilderten Konfiguration wäre es auch denkbar - wenngleich es derzeit solche ausgereiften Systeme noch nicht gibt (vgl. aber Pahl u.a. 1980, 1982) - daß sich Arbeits- <u>und</u> Operationsebene auf dem Zeichenbrett befinden. Der springende Punkt ist nun, daß bei den meisten heute eingesetzten Systemen die beiden Ebenen getrennt sind, typischerweise ein neben der Tastatur befindliches Menü und der Bildschirm. Ein solches Menü enthält je nach Anwendungsgebiet hundert oder mehr Zeichen, die entweder Textkürzel, sog. Akronyme, sein können oder Bildkürzel nach Art der Piktogramme oder auch Symbole wie solche für Schalter, Widerstände etc. im elektrotechnischen Bereich. Obwohl insbesondere die Verwendung eines Menüs den Eindruck einer flüssigen und eleganten Arbeitsweise entstehen läßt, darf nicht übersehen werden, welche Leistungen der Benutzer vollbringen muß:

- was früher die Tätigkeit des Benutzers am Zeichenbrett war, ist jetzt zu einem großen Teil in das Menü eingegangen; es enthält sozusagen die Grammatik seines Handelns;
- der Benutzer muß weiterhin die operative Bedeutung der Zeichen wissen, z.B. auch daß ähnlich aussehende Zeichen Operatoren auf völlig verschiedenen Ebenen sind (so liegt eine Operation wie "ziehe Linie von ... nach ..." auf einer völlig anderen semantischen Ebene als "save", also "speichere den aktuellen Bildschirminhalt ab");
- drittens muß der Benutzer die Zeichen zwecks Abruf finden, was bei einem dicht bepackten Menüfeld durchaus nicht einfach ist.

Der Benutzer muß also insgesamt drei verschiedene Arten von Leistungen bewältigen: eine Umsetzungs-, eine Memorierungs- und eine Orientierungsleistung, und das alles <u>bevor</u> er inhaltlich arbeitet bzw. <u>neben</u> dem inhaltlichen, aufgabenbezogenen Arbeiten. Das scheint uns eine nicht-triviale Anforderung zu sein, insbesondere wenn Operationsebene und Arbeitsebene getrennt sind. Selbstverständlich läßt sich diese Arbeitsweise üben und habitualisieren, jedoch muß ein Großteil der Aufmerksamkeit des Benutzers dem Operationsfeld zugewandt werden. Auf dieses Merkmal im Unterschied zum konventionellen Arbeiten hat insbesondere Finne (1984) aufmerksam gemacht. Obwohl nach neueren Ergebnissen der Lern- und Gedächtnisforschung (vgl. Neisser 1979) eine solche Aufmerksamkeitsteilung (etwa Zahlen addieren <u>und</u> einen Text vorlesen) und ein "Mehr-Ebenen-Arbeiten" nach Übung in einem größeren Ausmaß als angenommen möglich erscheint, bleibt festzuhalten, daß das Arbeitsmittel CAD einen Teil der Aufmerksamkeit absorbiert, der früher den Aufgaben selbst gewidmet werden konnte. Diese Schlußfolgerung darf jedoch nicht dahin mißinterpretiert werden, daß das konventionelle Entwerfen und Zeichnen am

Zeichenbrett selbstverständlich sei. Auch diese Arbeitsweise mußte angeeignet und geübt werden.

Bei dem in F eingesetzten CAD-System ist das Menüfeld auf dem Bildschirm selbst angeordnet, und die Makros werden mit einem Steuerhebel für ein Fadenkreuz auf dem Bildschirm angesteuert. Diese Konfiguration hat den Vorteil, daß Operations- und Arbeitsebene nicht getrennt sind. Freilich ist das Ansteuern mit einem Fadenkreuz umständlich. Daneben könnte der Bildschirm ruhig doppelt so groß sein, um z.B. Überschreibungen zu vermeiden, oder um dem Benutzer die Möglichkeit zu schaffen, mehr als nur eine Ansicht auf dem Bildschirm anzuordnen. Daß auch bei der vorderhand eleganten Arbeitsweise mit einem Menü neue Beanspruchungen für den Benutzer gesetzt werden, zeigen die Experteneinschätzungen zur Frage der Arbeitsbelastung. Von maximal 9 Nennungen entfielen auf eine Zunahme der Konzentration 8 Bejahungen, bei Sorgfalt 7, bei Belastungen aufgrund der Bildschirmarbeit 9.

Um jenes Element der Selbstverständlichkeit von Bewegungen zurückzugewinnen, welches das konventionelle Zeichnen und Konstruieren kennzeichnet, könnte man sich vorstellen, daß die Makroansteuerung nicht mithilfe eines Steuerhebels oder Griffels erfolgt, sondern mit einer sog. "Maus", deren Bewegung auf einem Tablett neben dem Bildschirm analog auf dem Bildschirm abgebildet wird. Die Hand kann dabei blind geführt werden, weil die optische und kognitive Kontrolle der Bewegung auf dem Bildschirm erfolgt, auf dem zugleich gearbeitet wird. Auch eine solche Konfiguration wird inzwischen angeboten (vgl. das Perq-System von ICL), wenngleich nicht in erster Linie für das CAD-Gebiet. Ein Großteil der Faszination des STAR-Systems von XEROX (vgl. Seybold Report 1981) hängt neben der Maus und der Maskengestaltung mit dem "move-"Befehl zusammen und mit der Bereitstellung von Raum-Substituten. So gibt es (symbolische) Aktenordner, die man auf dem Bildschirm hin- und herschieben kann, sowie andere sinnfällige Symbole (vgl. Abbildung 4.11). Die kurze Betrachtung führt u.E. zu zwei Forderungen: erstens sollten Operationsebene und Arbeitsebene nicht getrennt sein, und zweitens sollte der Modus des Operierens Bewegung erlauben.

Wenden wir uns abschließend der Frage der Wirkungskontrolle in einem elektronischen Medium zu. Im Fragenkomplex zum Vorkommen von Fehlern und deren Behandlung durch das System kamen zahlreiche Hinweise, die sich meist auf Verwechslungen oder ein Verfehlen der Eingabekonventionen bezogen. Auch das Systemverhalten der Hardwarekonfiguration ist nicht unproblematisch; Systemzusammenbrüche sind zwar nicht an der Tagesordnung, sind auf der anderen Seite aber keine Seltenheit.

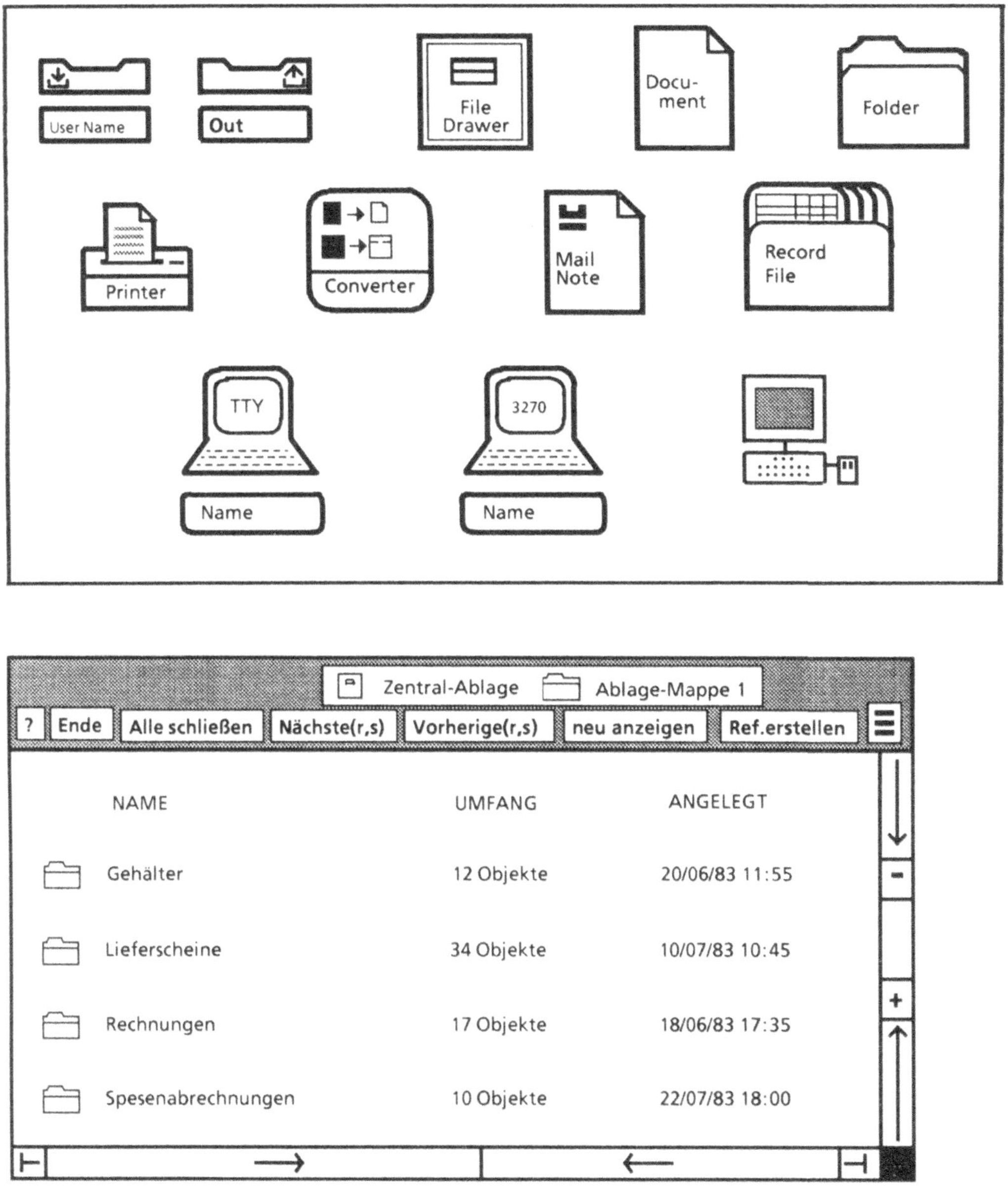

Abbildung 4.11. Darstellung einiger Symbole ("icons") im XEROX STAR System (mit freundlicher Genehmigung Rank Xerox GmbH)

Die Antwortzeiten werden nicht als zufriedenstellend empfunden. Was an diesen Angaben belangvoll erscheint, ist nicht die Tatsache, daß Fehler und Systeminstabilitäten vorkommen, sondern die Art, wie sie vorkommen. Sowohl Eigenheiten des EDV-Systems als auch kleine, unbeabsichtigte Fehler können zu weitreichenden Folgen führen, im Extrem zu einem Verlust des Arbeitsergebnisses. So kann der in einer halben Stunde aufgebaute Bildschirminhalt plötzlich verloren sein. Sowohl Hardwarelieferanten als auch Softwareentwicklern darf man unterstellen, daß sie stabile, sichere und transparente System- und Software-Funktionen bereitstellen wollen. Die Frage ist, ob man prinzipiell alle Fehlermöglichkeiten ausschließen kann, und ob eine systematische Fehlerkorrektur in den Anwendungsprogrammen ökonomisch vertretbar ist. Die prinzipielle Nichtausschließbarkeit von Fehlern und deren Nichtvorhersehbarkeit beleuchten nur zwei Aspekte einer neuen Form der Kontingenz, dem jeder CAD-Benutzer ausgesetzt ist. Was der Benutzer mit den abgerufenen Funktionen bewirkt, hat er selbst nur teilweise in der Hand. Das System definiert mit, was eine zugelassene Wirkung und was ein Fehler ist. Insbesondere mit den für die Variantenkonstruktion eingesetzten Grafik-Paketen hat der Benutzer ohne Zweifel ein im Vergleich zu den konventionellen Arbeitsmitteln mächtigeres "Werkzeug" zur Verfügung, aber er hat es buchstäblich nicht mehr in der Hand.

Es wurde herausgestellt, daß Zeit, Raum und Bewegung im neuen Medium CAD einem Wandel ausgesetzt sind. Doch ist Bewegung schon dadurch gegeben, daß der Benutzer Symbole auf dem Bildschirm verschieben kann? Ist Räumlichkeit gegeben, wenn ein bestimmter Text einem symbolischen Aktendeckel zugeordnet werden kann? Die Begrifflichkeit der traditionellen Phänomenologie scheint zu versagen. Ähnliches ist zu beobachten, wenn wir Merkmale wie Anschaulichkeit und Gegenständlichkeit versuchen zu beschreiben. Hacker (1982) hat in einem Diskussionsbeitrag darauf hingewiesen, daß die Ausbreitung der neuen Informationstechnologien in Büro und Verwaltung, in Fertigung und Konstruktion zu einer Vereinheitlichung der Arbeitsmittel und der Arbeitsweisen führt. Spezifische Arbeitsmittel wie Rechenschieber, Buchungsautomaten, Fahrkartenbeschriftungsautomaten etc. verschwinden und machen dem universellen Arbeitsmittel Bildschirm Platz. Ob ein Bildschirmbenutzer Ablaufpläne (für die Verwaltung), Schaltpläne (für elektrische Geräte) oder Konstruktionspläne (für mechanische Teile) erstellt, ist auf den ersten Blick nicht zu erkennen. Die Unterschiede zwischen den jeweiligen Aufgaben bleiben zwar - in Form spezifischer Software - erhalten. Die Differenz wird aber immer schwerer erkennbar, u.U. auch für den Benutzer, dem der Sinn für die Abbildungsrelationen verloren gehen kann, daß also Symbole, Textkürzel oder "Bilder" für etwas stehen.

Der Konstrukteur arbeitet bei CAD zunehmend weniger mit Papier, d.h. einer Skizze oder Zeichnung, die ein potentielles Dokument ist, sondern er arbeitet in einem elektronischen Medium, das ein Hardcopy auf Befehl erst erzeugen muß. Auf der anderen Seite ist allerdings zu beachten, daß die Möglichkeit einer rechnerinternen, datenmäßigen Abbildung der Konstruktionsobjekte zu einer Intensivierung der - freilich unanschaulichen - Gegenständlichkeit führt. Es gibt nun das Konstruktionsobjekt als Geometrie, während konventionell diese Geometrie per Ansichten dargestellt wurde. Nimmt man beide Tendenzen des Wandels der Anschaulichkeit und der Gegenständlichkeit zusammen, so ergibt sich eine merkwürdige Ambivalenz in der Art, wie Arbeitsgegenstände im elektronischen Medium erscheinen: sie sind zugleich unanschaulich und - funktionell gesehen - real (vgl. zu diesem Themenkomplex auch Wingert 1984).

4.6 Handlungsvoraussetzungen bei CAD-Arbeit

4.6.1 Einleitung und Übersicht

In der Einleitung zum Kapitel 4. wurde der Zusammenhang der verschiedenen Untersuchungsteile, die sich mit der Veränderung der Arbeit durch CAD befassen, dargestellt. Unter dem Dach der Auftragsanalyse reihen sich die Tätigkeitsanalyse, die Programm-Benutzungsanalyse, die Aufgabenanalyse und schließlich die Handlungsanalyse ein, über die im folgenden berichtet wird. Mit diesem Teil "Handlungsanalyse" wurde der Versuch unternommen, für ausgewählte Komplexe eine Rekonstruktion der Handlungsvoraussetzungen vorzunehmen, also die "innere" Struktur aufzudecken. Es war nicht das Ziel, durch eine mehr oder weniger erschöpfende, vorherige Auflistung aller möglichen Qualifikationsanforderungen ein vollständiges Bild der CAD-Arbeit zu geben, denn zunächst sind die spezifischen Eigenarten des CAD-bedingten Arbeitshandelns erst zu explorieren. Demgemäß wurde ein Explorationsleitfaden entwickelt, dessen wichtigste Schritte in der Abbildung 4.12. wiedergegeben sind.

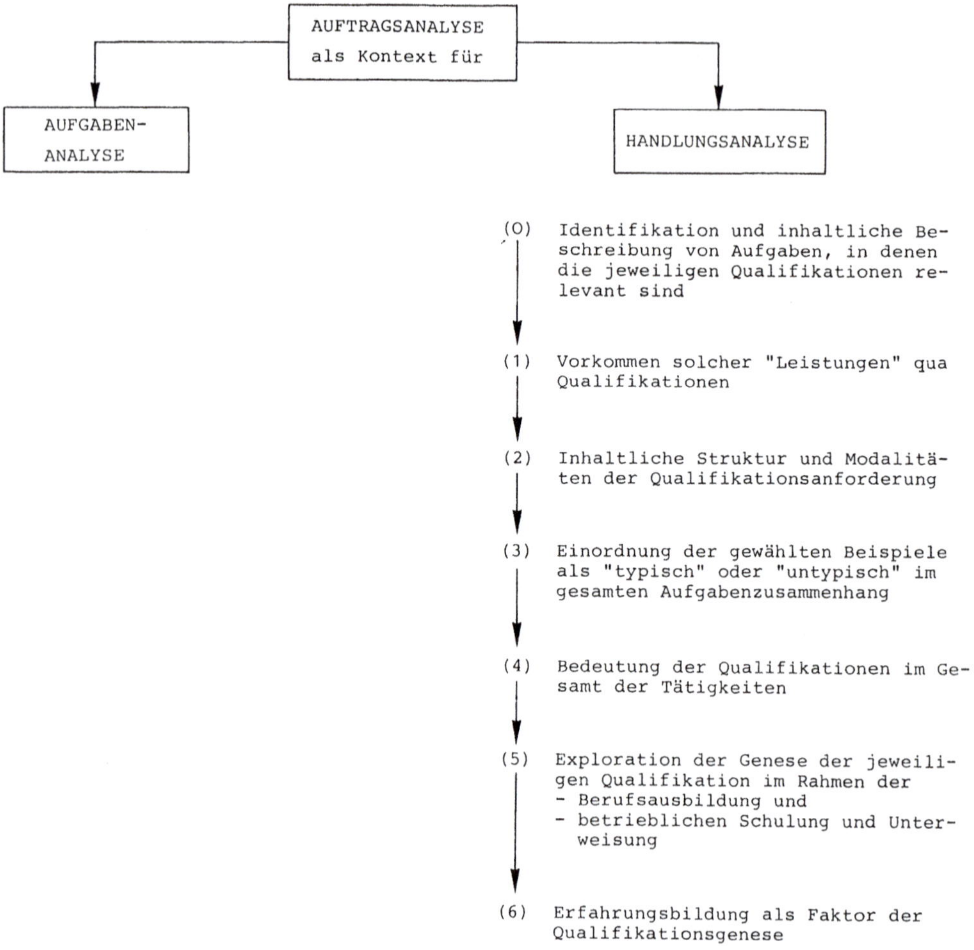

Abbildung 4.12. Grobschema der Exploration zu den Qualifikationskomplexen

Die in der Handlungsanalyse zu explorierenden Leistungs- bzw. Qualifikationseinheiten sind also mehr als "Themen" zu verstehen denn als ein standardisiertes Repertoire von Fähigkeiten und Fertigkeiten. Dabei sollte der befragte CAD-Benutzer eine Haltung reflektierter Selbstbeobachtung einnehmen. Dies erwies sich allerdings als eine relativ anspruchsvolle Anforderung an die Befragten, so daß in etlichen Fällen dieser Untersuchungsteil nicht zu unserer vollsten Zufriedenheit durchgeführt werden konnte.

Die theoretischen Vorgaben für diesen Teil stammen aus verschiedenen Quellen: Zunächst orientierten wir uns an den von Volpert (1974) diskutierten Konzepten und insbesondere seiner Forderung, die "innere Aufgabenanalyse", wie er unseren Teil nennen würde, in eine äußere Aufgabenanalyse (vgl. unsere Aufgabenanalyse in Teil 4.4.), und diese wiederum in den betrieblichen Kontext (vgl. Tätigkeitsanalyse und Auftragsanalyse; 4.2 und 4.3) und darüberhinaus in den Branchenkontext einzubetten. Solche Branchenanalysen wurden durchgeführt, werden hier aber nicht dargestellt. Erkenntnisleitend war daneben die Konzeption von Ekardt (1978), insbesondere sein Verständnis von "Entwurfsarbeit" und der Rolle der Technologie sowie der Bedeutung von planerischen Leistungen; schließlich die Konzeption von Hacker (1973) und die von ihm diskutierten Orientierungs-, Vergleichs- und Bewertungsleistungen, die er in seinem Handlungsschema zu der "VVR-Einheit" zusammenfaßt ("Vergleichs-Veränderungs-Rückkopplungseinheit"). Diese theoretischen Vorgaben und eigene Überlegungen führten zu folgenden Komplexen, die in der "Handlungsanalyse" exploriert wurden:

- Aufgabenklärung
- Suchleistungen
- räumliches Vorstellen
- Gestalten als objektbezogenes Antizipieren
- Arbeitsplanung als prozeßbezogenes Antizipieren
- Entscheidungen

Diese Komplexe dürften den Vorteil haben, daß sie sich an typischen Eigenarten konstruktiver und zeichnerischer Tätigkeiten orientieren und damit weniger äußerlich bleiben wie klassische Tätigkeitserhebungen oder nur psychologisch orientierte Qualifikationsprofile. Von Nachteil ist, daß motivationale Leistungsvoraussetzungen weitgehend ausgeblendet wurden. Es werden aber die nachfolgenden Befunde zeigen, daß kognitive und motivationale Voraussetzungen aufs engste miteinander zusammenhängen.

Neben den mit den CAD-Benutzern zu besprechenden o.g. Qualifikationseinheiten wurden an die CAD-Experten und die Konstruktionsleiter ebenfalls Fragen nach der Veränderung der Qualifikation durch CAD gestellt, dies aber nur nach dem einfachen Schema, welche "herkömmlichen" Qualifikationen durch CAD überflüssig und welche "neuen" erforderlich werden.

Im folgenden wird also der Versuch einer Rekonstruktion gemacht. Dabei müssen gelegentlich künstlich erscheinende Differenzierungen eingeführt werden, die sich von der beobachtbaren CAD-Arbeit zu entfernen scheinen, die gleichwohl nicht zu vermeiden sind. Um dies zu verdeutlichen, ein Beispiel.

Wenn wir herausarbeiten, in welchem inneren Zusammenhang etwa "räumliches Vorstellen", "Gestalten" und "Entscheiden" stehen, dann zeigt sich, daß es dabei keineswegs um distinkte, wohlabgegrenzte Bereiche geht, sondern eher um Aspekte in einem Konglomerat von Leistungsvoraussetzungen. Wenn wir das "räumliche Vorstellen" betrachten, so ist es eher eine Grundleistung, die sowohl beim konventionellen Detaillieren und Konstruieren als auch bei der CAD-Benutzung relevant ist, als auch bei leichter faßbaren Leistungen wie etwa "Suchen nach Unterlagen" oder beim "Gestalten". Nun ist aber "Gestalten" mehr, als sich die räumliche Konfiguration von Maschinenteilen zueinander vorstellen und diese auf das Papier bringen zu können. "Gestalten" meint auch, sich von einem Entwurf zu entäußern, der als Probelösung für eine Aufgabe solange eingesetzt wird, bis er ihr genügt. So gesehen enthält "Gestalten" immer auch "Entscheiden", vor allem das "sich-Entscheiden", also das subjektive Eintreten für eine Lösung. Wäre folglich "Gestalten" dann das "sich-Entscheiden" zwischen "vorgestellten" Konstruktions-Alternativen?

Diese kurze Analyse zeigt bereits, in welch verwickelten Verhältnissen die von uns angeführten Qualifikationskomplexe stehen. Die Analyse kann hier nicht ausgebreitet werden. Als Folgerung für die nachfolgende Darstellung jedoch ergibt sich, daß die zu berichtenden Befunde nicht als Einzelindikatoren zu verstehen sind, sondern als Veränderungsmomente in einem inneren Gefüge eines Leistungssystems.

4.6.2 Ergebnisse zu Handlungsvoraussetzungen bei verschiedenen CAD-Programmen

Die Ergebnisse zu den Handlungsvoraussetzungen werden im folgenden nach den verschiedenen CAD-Programmarten geordnet. Zwar ist mit der Art eines CAD-Programms (Zeichnungserstellung, Berechnung usw.) nicht eindeutig festgelegt, welche Benutzer mit welchen Qualifikationen damit arbeiten werden, doch gibt es gewisse Verknüpfungen. So ist nicht zu erwarten, daß z.B. Zeichner komplizierte Berechnungsprogramme bedienen oder daß Ingenieure ein Zeichnungserstellungsprogramm benutzen. Auf der anderen Seite würde eine themenbezogene Darstellung - wie sie im Abschnitt 5.2 über die qualitativen arbeitsbezogenen Wirkungen gewählt wird - für den mit Qualifikationsfragen nicht unbedingt vertrauten betrieblichen Experten noch schwieriger zu verstehen sein. Vor den Einzelbefunden sollen jedoch einige allgemeine Tendenzen dargestellt werden, die sich herausschälten.

4.6.2.1 Allgemeine Tendenzen

Sowohl an die CAD-Experten als auch an die CAD-Benutzer wurde die Frage gestellt, wie die Benutzer für die CAD-Programm-Benutzung ausgewählt wurden. Bei der Auswahl der CAD-Benutzer ist in keinem Fall festzustellen, daß aus der CAD-Benutzung spezifische, inhaltliche Qualifikationskriterien abgeleitet worden wären, die dann als Grundlage für die Auswahl der entsprechenden Benutzer herangezogen wurden. Dieses Vorgehen ist insofern wenig erstaunlich, als die Kenntnisse über die spezifischen Eigenarten einer CAD-Arbeit bislang noch gering sind. Generell tendieren die befragten CAD-Experten und Konstruktionsleiter zu der Annahme, daß durch CAD herkömmliche Qualifikationen nicht überflüssig würden, und neue Qualifikationen werden verstärkt mit dem neuen Medium "EDV" in Verbindung gebracht. Damit zeigt sich ein Urteilsmuster, welches auch der Laie in einer Art personalistischer Voreingenommenheit häufig verwendet, nämlich äußerlich beobachtbare Erscheinungen mit "inneren" Ursachen auszustatten, und von einem Fortdauern des Überkommenen und Vertrauten auszugehen.

Die Kenntnislücke läßt sich durch die nachfolgenden Ergebnisse, auch die in den anderen Kapiteln dargestellten, teilweise schließen, aber eben nur teilweise. In Ermangelung inhaltlicher Kriterien war das Vorgehen bei der Auswahl der CAD-Benutzer im wesentlichen von drei Faktoren bestimmt:

- Man zog für CAD eher höherqualifizierte Mitarbeiter heran, um gewissermaßen "auf Nummer sicher" zu gehen. Diese Strategie ist in F, I und D (hier nach entsprechenden Mißerfolgen) zu erkennen.
- In anderen Fällen wurden solche Mitarbeiter ausgewählt, die von ihrer Tätigkeit her und dem für CAD gewählten Einsatzgebiet sowieso infrage gekommen wären. Dies ist deutlich zu erkennen in G, L, C und B.
- Ein dritter Faktor sind die motivationalen Kriterien, teilweise in Kombination mit anderen Kriterien (so in A, G und L). Für CAD

ausgewählt wurde, wem arbeitsbezogene Einstellungen wie Sorgfalt, Aufgeschlossenheit gegenüber einer neuen Technologie und generelles Motiviertsein, hier mitzumachen, zugesprochen wurde.

Insbesondere die letztgenannte Strategie mag in Ermangelung spezifischer Kriterien durchaus erfolgversprechend sein, da Motiviertheit auch in anderen Situationen eine der wichtigsten Erfolgsvariablen ist.

4.6.2.2 Handlungsvoraussetzungen bei konventioneller Arbeit

Um eine Vergleichsgrundlage für die durch CAD veränderten Qualifikationen zu erhalten, seien kurz die Ergebnisse der Handlungsanalyse berichtet, die in der "Kontrollfirma", also beim CAD-Nichtanwender, durchgeführt wurden, zum einen mit einem als Konstrukteur arbeitenden Ingenieur, und zum zweiten mit einer technischen Zeichnerin, die für diesen Konstrukteur arbeitet.

Die Handlungsanalyse des konventionell tätigen Konstrukteurs ergab folgendes Bild:

- Beiträge des Konstrukteurs zur Aufgabenklärung hängen stark vom jeweiligen Auftrag ab, vor allem dessen Neuartigkeit und Komplexität. Normalerweise sind solche Anforderungen nicht stark gegeben, weil ein Großteil des Maschinenwissens und folglich der Abklärung bei Aufträgen bei vorgelagerten Stellen liegt. Aufgabenklärung ist für diesen Konstrukteur zeitlich nicht fixiert; es ist mehr eine die gesamte Arbeit begleitende Aktivität.
- Anforderungen an Suchleistungen sind ebenfalls eine begleitende Aktivität; sie haben im Gesamtrahmen der Tätigkeit eine geringe Bedeutung. Bestimmte Dinge hat er im Kopf (wie z.B. Schraubenmaße, passende Senkungen, einfache Freistiche, Toleranzgrenzen, Schlüsselweiten, Vorhandensein von Zeichnungsfolien etc.).
- Leistungen zum Komplex "räumliches Vorstellen" schätzte dieser Konstrukteur zunächst als "weniger gefordert" ein, hob jedoch in einer abschließenden Frage, welche Teilqualifikation in seiner Arbeit die wichtigste sei, hervor, "die räumlichen Vorstellungen aufs Papier bringen". Betrachtet man die Beispiele, die Grundlage der Exploration waren (die konstruktive Bearbeitung einer Spannvorrichtung an einer NC-Drehmaschine, die Konstruktion eines Ka-

belschlepps an einer Drehmaschine), dann ergibt sich die Interpretation, daß er zwei verschiedene Urteilsgrundlagen für seine Einschätzungen gebrauchte, einerseits den konstruktiven Alltag, andererseits besondere Aufträge, die gerade hinsichtlich des "räumlichen Vorstellens" besondere Anforderungen stellten (insbesondere der zweite der o.g.).

Interessant sind in diesem Komplex die Hinweise auf Hilfsmittel, um sich eine komplizierte Sachlage zu verdeutlichen: Er zeichnet dann Schnitte oder eine Abwicklung, macht sich ein Papiermodell, gelegentlich eine perspektivische Zeichnung. Kritisch scheint das "räumliche Vorstellen" dann zu werden, wenn es (wie im Falle des Kabelschlepps) um freie Raumkonfigurationen geht, die funktionell nicht angekoppelt sind, so daß der Kontext eines Teiles dieses Teil nicht mitdefinieren kann. Gleichzeitig lassen die gegebenen Beispiele erkennen, daß im Falle eines konstruktiv tätigen Ingenieurs Zweck des "räumlichen Vorstellens" vorrangig nicht die Darstellung ist, sondern die Darstellung als Grundlage für Analysen.

- Leistungen im Bereich Arbeitsplanung spielen fast keine Rolle, solche bei Entscheidungen nur eine untergeordnete, da die grundlegenden Entscheidungen in den vorgelagerten Stellen gefällt werden.
- In Übereinstimmung mit den Angaben beim Komplex "Entscheiden" stehen seine Angaben zu "Gestaltungsleistungen": Freies Konstruieren komme praktisch nicht vor, weil es Vorgaben gibt, frühere Konstruktionen zu berücksichtigen sind und auch - in diesem besonderen Fall - zusätzliche Restriktionen, die kooperierende Firmen einbringen. Die besondere Eigenart konstruktiver Tätigkeit kam in folgender Aussage zum Ausdruck: Die genaue Konstruktion ließe sich nicht von vornherein festlegen; wie es zu machen sei, merke man erst beim Konstruieren. Hier spielen insbesondere bestimmte Restriktionen eine große Rolle, die die gestaltende Tätigkeit bewältigen muß: Verfügbarkeit von Materialien wegen der Kosten, vorhandener Platz, um eine Konstruktion unterzubringen, technische Einzeldaten (wie z.B. die Biegeradien für die Leitungen des Kabelschlepps) usw.

Insgesamt ergibt sich für diesen Konstrukteur, daß auf der einen Seite seine konstruktive Arbeit in hohem Maße vorbestimmt und durch Vorgaben begrenzt ist; sie ist auf der anderen Seite jedoch inhaltlich nicht soweit eingeengt, daß bestimmte Sonderanforderungen (wie beim räumlichen Vorstellen) nicht vorkommen würden. Die Art der Beanspruchung scheint nicht von der Art, daß dauernd bestimmte Qualifikationen in einem hohen Maße gebraucht würden, sondern eher von der Art, daß seine Qualifikationen eine Vorsorge für kritische Situationen geben müssen.

Bei der konventionell tätigen Zeichnerin konnten die beiden Komplexe des Gestaltens und der Arbeitsplanung für die Exploration entfallen, weil sie im Gesamt der Tätigkeit keine Rolle spielen. Eine relativ untergeordnete Bedeutung haben auch Entscheidungen und Aufgabenklärungen. Im letzteren Fall wäre die Vorstellung allerdings verfehlt, genügend genaue Vorgaben könnten solche Teilleistungen völlig überflüssig machen, zumal diese Zeichnerin gelegentlich auch Detaillierungsarbeiten übernimmt, die über das reine Zeichnen hinausgehen. Größere Bedeutung haben die Komponenten der Suchleistungen, diezwar nicht schwierig seien, aber subjektiv negativ getönt sind ("es sei eine Rennerei!"), und das räumliche Vorstellen. Dieses ist praktisch bei jeder Zeichnung relevant; man müsse sich sowohl das Ganze als auch die Einzelteile vorstellen können. Dieses empfindet sie als insgesamt recht schwierig. Als Beispiele wurden erwähnt Blechteile mit verschiedenen Biegungen oder deren Abwicklungen. Auch sie hilft sich bei Problemen mit Papiermodellen. Im Gegensatz zum Beanspruchungsprofil des Konstrukteurs legen die Angaben der Zeichnerin die Schlußfolgerung nahe, daß bestimmte Teilleistungen (wie die erwähnten zwei) dauernd auf einem relativ hohen Niveau beansprucht werden.

4.6.2.3 Handlungsvoraussetzungen bei den Zeichnungsanwendungen

Betrachten wir uns auf dem Hintergrund konventioneller Tätigkeit die Anforderungsprofile bei den entsprechenden CAD-Programmen. Um den möglichen Verdacht auszuräumen, daß wir uns mit den handlungstheoretischen Konstruktionen vielleicht doch zu weit von dem entfernen, was ein von CAD Betroffener an seiner eigenen Qualifikation noch begreifen kann, soll eine Zeichnerin zu Wort kommen, die mit einem Zeichnungserstellungsprogramm für Rotationsteile arbeitet. Auf jene Dinge angesprochen, die bei ihrer jetzigen Arbeit wichtig seien, sagte sie, sie müsse jetzt "mehr denken", die "Konzentration sei höher als früher", sie müsse jetzt "konkret nachfragen" und sie könne "selbständiger arbeiten". Ihre letzte Aussage bezieht sich darauf, daß sie nun, mit diesem Programm, zunächst alleinige CAD-Anwenderin ist, während sie früher in der Normabteilung arbeitete. Sie wurde übrigens deshalb als Benutzerin ausgewählt, weil die erste CAD-Runde mit Zeichnungen für neuentwickelte Normteile gefahren wurde. Die Aussagen dieser Benutzerin stehen stellvertretend auch für die anderen beiden Anwendungen mit diesem Programm (in I und D). Betrachten wir alle Nennungen der Anwenderinnen, so sind folgende Punkte herauszustellen:

- die mit dieser Programmanwendung in zwei Firmen verbundene organisatorische Entkopplung von konventioneller Tätigkeit und CAD-Benutzung zieht einen höheren Klärungsaufwand nach sich (vgl. oben: "konkret nachfragen"). Die von verschiedenen Konstrukteuren angeliefer-Entwurfszeichnungen müssen zunächst von dem Benutzer selbst kognitiv durchgearbeitet werden, bevor an die Übersetzung in die Programm-Beschreibungs-Sprache gegangen werden kann. Fällt dieser zusätzliche Aufwand im Falle C bei der Benutzerin selbst an, so erlaubt die organisatorische Einbettung dieses Programms bei I in einem Detaillierungsbüro, diesen Aufwand an die vorgelagerten Stellen (Konstrukteure) zu schieben. Sie müssen in diesem Fall die Entwurfszeichnungen besser durcharbeiten. Wichtig ist im Falle C zu erkennen, daß die Aufgabenklärung nicht nur eine kognitive Komponente hat, sondern auch eine soziale, also an den Konstrukteur auf der Grundlage des eigenen beschränkten konstruktiven Wissens Fragen zu stellen.
- Das Programm (bei diesen Anwendungen) liefert für rotationssymmetrische Teile einen Formen- und Funktionskatalog für die Einzelteilbeschreibung. Man könnte deshalb annehmen, daß eigene Vorstellungsleistungen infolge der Programmleistung zurücktreten könnten. Das ist aber nicht der Fall. Insbesondere die Benutzerin D hatte klar erkannt, daß die Programm-Benutzung zu einer Verdichtung der zu erbringenden Vorstellungsleistungen führt, weil die Art des Arbeitens mit dem Programm verändert ist: die Zeichnungen können nicht mehr schrittweise entwickelt werden (Hauptansicht, Schnitte usw.), vielmehr muß der Zusammenhang von vornherein, vor der Eingabe, durchdacht sein.

Daneben erfordert die Programmbenutzung ein differenziertes Wissen über die Folgen bestimmter Eingaben (in den angetroffenen Anwendungen war das Programm noch nicht völlig ausgetestet, so daß mit bestimmten Eingaben auf dem späteren Zeichnungsplot manchmal Dinge generiert wurden, die die Benutzerinnen wieder auskratzen mußten).

Dies sind bereits Aspekte der

- Arbeitsplanung. Obwohl hier die Programm-Benutzung zu einer deutlichen Komplizierung solcher Planungsprozesse führt, was sich durch die Arbeitsbeobachtungen und durch Aussagen an anderen Stellen belegen läßt, werden diese Aspekte unter dem Qualifikationsthema der Handlungsanalyse eigenartigerweise nicht zur Sprache gebracht.

Der Aspekt der Arbeitsplanung ist auch bei den anderen Programmanwendungen nur sehr dürftig mit Aussagen der Benutzer zu belegen. Man kann vermuten, daß die CAD-Benutzer die Veränderung dieser Leistungskomponente nicht als Planungsproblem für ihre eigene Arbeit wahrnehmen, sondern als Mangel oder als Eigenart der benutzten Programme, mit denen man eben - wie die Situation einmal ist - zurandekommen muß. Denn hätte ein Benutzer die Chance, das Arbeiten mit einem CAD-Programm unter Hinweis auf die Komplizierung seiner Arbeitsprozesse (vorausgesetzt er hat dies erkannt) zu verweigern?

4.6.2.4 Berechnungsanwendungen

Die Handlungsanalyse der beiden Berechnungsanwendungen erbrachte folgende interessante Hinweise:

- das "räumliche Vorstellen" werde im Laufe des Berufes routinisiert, man lerne ein "räumliches Sehen";
- ähnlich werde das Gestalten im wesentlich durch die im Laufe der Jahre bearbeiteten, vielfältigen Aufgaben und der sich ausbildenden Konstruktionserfahrung gespeist.
- Die befragten Konstruktionsleiter wiesen auf die Gefahr hin, daß das "Dimensionsgefühl" verloren gehen könne (ähnlich der Außerkraftsetzung einer Fertigkeit wie Kopfrechnen durch den schematischen Einsatz von Taschenrechnern!). Trotz Vorhandensein von Berechnungsprogrammen dürfe die Fähigkeit nicht verloren gehen, die Konsequenzen für die Maschinen abzuschätzen, also die Ergebnisse nicht blind zu verwenden und sich eine "Kritikfähigkeit" zu bewahren.
- Im Falle des Finite-Element-Paketes wurde von dem einen Benutzer auf die eigentümliche Beanspruchung beim Netzaufbau hingewiesen, immer wieder gleiche Schritte mit hoher Aufmerksamkeit und Sorg-

falt auszuführen. Man müsse dies "durchhalten" können, wie er sagte.

Alles in allem kommt in diesen Hinweisen jedoch die spezifische Anforderung bei Einsatz von Berechnungsprogrammen (die in den beiden Fällen keineswegs einfach sind!) nicht voll zum Ausdruck, welches im Teil 4.5 (Analyse der Programmbenutzung) als Spezifikum herausgearbeitet wurde, nämlich das Verantworten einer Modellabstraktion. Der Grund für diesen etwas unergiebigen Rapport mag darin liegen, daß die Berechnungsanwendung in einem Falle erst am Anfang stand, im anderen aber bereits jahrelange Praxis war.

Die Hinweise in Richtung des Verantwortungsproblems werden deutlicher, wenn wir den Entscheidungsbegriff etwas differenzieren, und zwar nicht entlang der Linie der klassischen Entscheidungstheorie als Entscheiden unter Sicherheit, Risiko und Unsicherheit (vgl. Kirsch 1977). In den Explorationen der Handlungsanalyse zum Thema "Entscheidungen" treten immer wieder folgende drei Variante auf: a) Entscheiden als Wahl zwischen objektbezogenen Alternativen (also z.B.: Soll die Verbindung geschweißt oder geschraubt werden?); b) Entscheiden als das Verantworten der Folgen (Ist das gefertigte Teil außerhalb der Toleranzgrenzen noch vertretbar?); c) Entscheiden als das persönliche Eintreten für eine Lösung (Ich habe das Teil so konstruiert, weil ...). Interpretiert man auf dem Hintergrund dieser Differenzierung obiges Statement über das "Durchhalten-können", dann wird deutlich, daß die spezifische Beanspruchung in einer Bewältigung der Folgen des Netzaufbaus liegt. Jeder einzelne Schritt ist mit einer nicht genau begrenzbaren Folgelast beladen, so daß Aufmerksamkeit und Sorgfalt nicht dispensiert werden können. Wenn auch der große Vorteil von Berechnungsalgorithmen darin liegt, bei richtig gewähltem Ansatz eine Lösung sicher zu generieren, so kann doch die Verantwortung für die Richtigkeit der Lösung nicht dem Algorithmus aufgebürdet werden. Sie liegt weiter beim Benutzer.

4.6.2.5 Interaktiv-grafische Variantenprogramme

Bei den Befunden zu den Variantenprogrammen ist zunächst in Erinnerung zu rufen, daß die beiden Anwendungen mit automatischen Variantenprogrammen in B und L vorkommen, und daß die interaktiv-grafischen

Programme in A, F und J in der mechanischen Konstruktion eingesetzt werden, in G und N aber in der Elektrokonstruktion.

Beim Komplex Aufgabenklärung zeigt sich in drei Fällen (B, G, F), unabhängig vom Einsatzbereich, wie das Problem der Aufgabenklärung im wesentlichen durch die Vorgaben von vorgelagerten Stellen erledigt wird, so daß für die befragten CAD-Benutzer eine Aufgabenklärung nur im Rahmen der zugeordneten Aufgaben erforderlich wird (vgl. hierzu die Befunde zur Auftragsanalyse in Abschnitt 4.3.). Allerdings enthalten alle drei Fälle auch Hinweise darauf, daß die arbeitsteilige Struktur das Problem der individuellen Aufgabenklärung nicht völlig beseitigen kann. In zwei Fällen (B und G) wird betont, daß es hierbei vor allem auf die betriebliche Erfahrung ankomme. In zwei anderen Fällen (N und L) spielt die Aufgabenklärung als individuelle Anforderung noch eine geringe Rolle. Von diesem Muster weicht der Fall J ab. Dieser CAD-Benutzer, Konstrukteur, bearbeitet Einzelaufträge selbständig, so daß er die Klärung des jeweiligen Arbeitsauftrages auch selbst erledigen muß. Dies reicht von den Terminen über die Materialdisposition bis zur Berücksichtigung der Fertigungstechnik aufgrund möglicher Auslagerung der Fertigung auf Zweigwerke.

Betrachtet man die Beispiele zur Aufgabenklärung nach ihrem wesentlichen Inhalt, was also geklärt werden muß, so kommen drei Varianten vor: a) die Klärung bezieht sich auf die Definition des Arbeitsauftrages (J, teilweise F); b) auf die Frage des Wie des Fertigens als Randbedingung der eigenen konstruktiven Tätigkeit (vor allem J), und c) als die Klarlegung der eigenen individuellen Aufgabe (teilweise B). Es ist jedoch in keinem Fall erkennbar, daß CAD hier zu einer Änderung oder Verschiebung von Anforderungen führt. In welchem Maße also Aufgabenklärung als individuelle Anforderung anfällt, hat mit der Arbeitsteilung und der Einbettung der individuellen Arbeitsstelle in den betrieblichen Kontext zu tun, nicht mit CAD.

Diese Sachlage ist bei den Suchleistungen anders. So kann das CAD-Paket selbst Konstruktionen enthalten (wie in F) oder parametrisierte Objekte (wie in B und L). In drei Fällen erscheinen die von CAD geleisteten Dokumentationen auch im subjektiven Bericht der Befragten: In J verspricht man sich von CAD eine Reduzierung des Suchaufwandes durch Dateien über die Produkte; in G erwartet man nach der Dokumentation der elektrischen Pläne über die Maschinen eine "größere Transparenz" und ein "leichteres Suchen"; und in L wird die Vermutung angestellt, daß dann, wenn alles im CAD-System gespeichert ist, solche Suchleistungen weitgehend entfallen werden. In diesem Fall wurde übrigens die mangelnde Unterstützung des Systems bei der Suche nach Wiederholteilen bemängelt. Aufschlußreich ist, daß das Problem, wie man in einer Dokumentation suchen bzw. etwas auffinden kann, noch gar nicht thematisiert wird. Denn auch bei noch so intelligenten Suchhilfen wie dem "Browsing" (also das sich Durchblättern durch ein hierarchisch geordnetes System) oder der "Beispielkonstruktion" (vgl. Fischer 1983) bleibt dem Benutzer nicht erspart zu wissen, was er möglicherweise in dem System finden könnte, und wie er dahin gelangen kann, wo er etwas zu finden hofft.

Bei den Angaben zum "räumlichen Vorstellen" bei den Variantenprogrammen ist erstaunlich, daß nur ein Benutzer (in F) diesen Komplex als besondere Anforderung nennt, während die anderen Befragten dieser Komponente nur eine unterstützende Funktion in ihrer Arbeit zuschreiben (B und L) bzw. ihm im Vergleich zu anderen Anforderungen wie dem logisch-funktionellen Denken in der Elektrokonstruktion (G) oder dem Betriebs- und Fertigungswissen (J) eine untergeordnete Bedeutung beimessen. In zwei Protokollen finden sich Hinweise auf eine spezifische Form des "räumlichen Vorstellens", die man als "perzeptuelle Habitualisierung" bezeichnen kann: Benutzer F sagte, er "sehe" gewissermaßen einen Schnitt durch einen Kolben; und in L wird gesagt, daß die Erfahrung es erlaube, aus dem Produkt auf die Eigenschaften der Stanzwerkzeuge zu schließen. Diese beiden Beispiele verweisen darauf, daß die mit dem Vorstellungsbegriff einhergehende Konnotation eines "inneren Raumes" möglicherweise inadäquat ist. Ein erfahrener Konstrukteur "sieht" gewissermaßen an einem Teil eine Art "Tiefenstruktur", ein Erfahrungsprodukt, dessen Ersetzung durch eine Technik wie CAD man sich schwerlich vorstellen kann.

Auch bei den Variantenprogrammen sind die Hinweise auf Arbeitsplanungsleistungen sehr spärlich. Eine Interpretation hierfür haben wir bei der Ergebnisdarstellung zu den Zeichnungsanwendungen schon angeboten. Erscheint diese Datenlücke noch interpretierbar, so müssen die gleichfalls spärlichen Aussagen zu Gestaltungsleistungen doch verwundern. Nur ein Benutzer (F) erwähnt sie als besondere Komponente in seiner Tätigkeit. In N umfaßt die Tätigkeit der befragten Benutzerin keine Gestaltungsleistungen, in G werden solche - da Elektrokonstruktion - nicht für relevant gehalten, in J werden sie hinter die Fertigungskenntnisse gesetzt und in B ist ohnehin kaum Gestaltungsspielraum vorhanden, und in L, dem zweiten Fall des automatischen Variantenprogramms wird gesagt, nach CAD kämen Gestaltungsleistungen kaum noch vor. Die Frage stellt sich, ob solche Gestaltungsleistungen nicht vorkommen; ob sie vorhanden sind, aber nicht von den Befragten thematisiert werden; oder ob es uns nicht gelang, den richtigen Rapport bei den Befragten zu stimulieren. Alle drei Interpretationen haben etwas für sich.

Der Hauptgrund dürfte jedoch in den beiden ersten Ansätzen zu suchen sein, denn Fall F zeigt, daß Gestaltungsleistungen thematisiert wurden. Auch die anderen Fälle belegen, daß im Rahmen des Interviews über Gestaltung gesprochen wurde, nur wird sie - im Vergleich zu anderen Komponenten - nicht für hervorstechend gehalten.

Nun ist explizites Ziel solcher Variantenprogramme, den Arbeitsaufwand für die Erzeugung von Varianten zu reduzieren, und ein Variantenprogramm ist nach dieser Logik umso besser, je vollständiger es die anfallenden Varianten abzudecken in der Lage ist. Damit trägt CAD dazu bei, daß personale Gestaltungsleistungen im gesamten Konstruktionsgeschehen immer marginaler werden. Es ist sicher nicht so, wie der o.g. Benutzer es ausdrückte, daß nach CAD Gestaltung überhaupt kaum noch vorkomme (gerade dieses Programm wurde auf einem sehr engen Gebiet eingesetzt). Er hat aber gewiß recht auf dem speziellen Gebiet.

Wenn nun gilt, daß die Benutzung von CAD nur dann effizient werden kann, wenn eine dauernde Benutzung ein gewisses Übungsniveau garantiert, dann kann dieses Argument auch für das Gestalten herangezogen werden. Es wäre also darauf zu achten, daß mit dem Ausbau immer umfassenderer und komplizierterer CAD-Programme die Konstrukteure das Gestalten und die Zeichner das Zeichnen nicht verlernen. Eine Strategie, die voll auf das vermutete Rationalisierungspotential von CAD vertraut, erscheint uns mit Blick auf die im Konstruktionsgeschehen erforderlichen Qualifikationen zu riskant.

5 Arbeitsbezogene qualitative und organisatorische Wirkungen

Im folgenden Abschnitt geht es um verschiedene Komplexe von Wirkungen:

- zunächst werden in einem längeren Abschnitt qualitative Wirkungen des CAD-Programm-Einsatzes dargestellt; danach werden
- organisatorische Regelungen diskutiert, die sich bisher herausgebildet haben;
- Personalbewegungen werden aufgezeigt und abschließend wird kurz die Frage gestreift,
- ob CAD für die Benutzer individuelle Karrierechancen eröffnet.

5.1 Qualitative Wirkungen des Programmeinsatzes

5.1.1 Erläuterung der Wirkungsaspekte

Die qualitativen Wirkungsaspekte zum CAD-Programmeinsatz waren in einem eigenen Fragebogen zusammengefaßt. Diese Fragen richteten sich vor allem an die betrieblichen CAD-Experten, eine Auswahl der Fragen wurde den Konstruktionsleitern gestellt. Eine Zusammenstellung der Fragen gibt Tabelle 5.1., eine stärkere Systematisierung Abbildung 5.1..

Bevor wir einige Erläuterungen zu den Aspekten und den im Hintergrund stehenden Thesen geben, seien die Ziele für diesen Untersuchungsteil dargelegt. Denn zunächst dürfte nicht ohne weiteres einsichtig sein, weshalb wir den Experten solche qualitative und recht komplexe Einschätzungen abverlangten, zumal im letzten Kapitel die durch CAD bedingten und eingeführten Veränderungen ebenfalls dargestellt wurden.

Führt ein Betrieb CAD ein, dann machen die Beteiligten, wenn sie sich ein Stück Unbefangenheit bewahrt haben, eine Reihe von Erfahrungen,

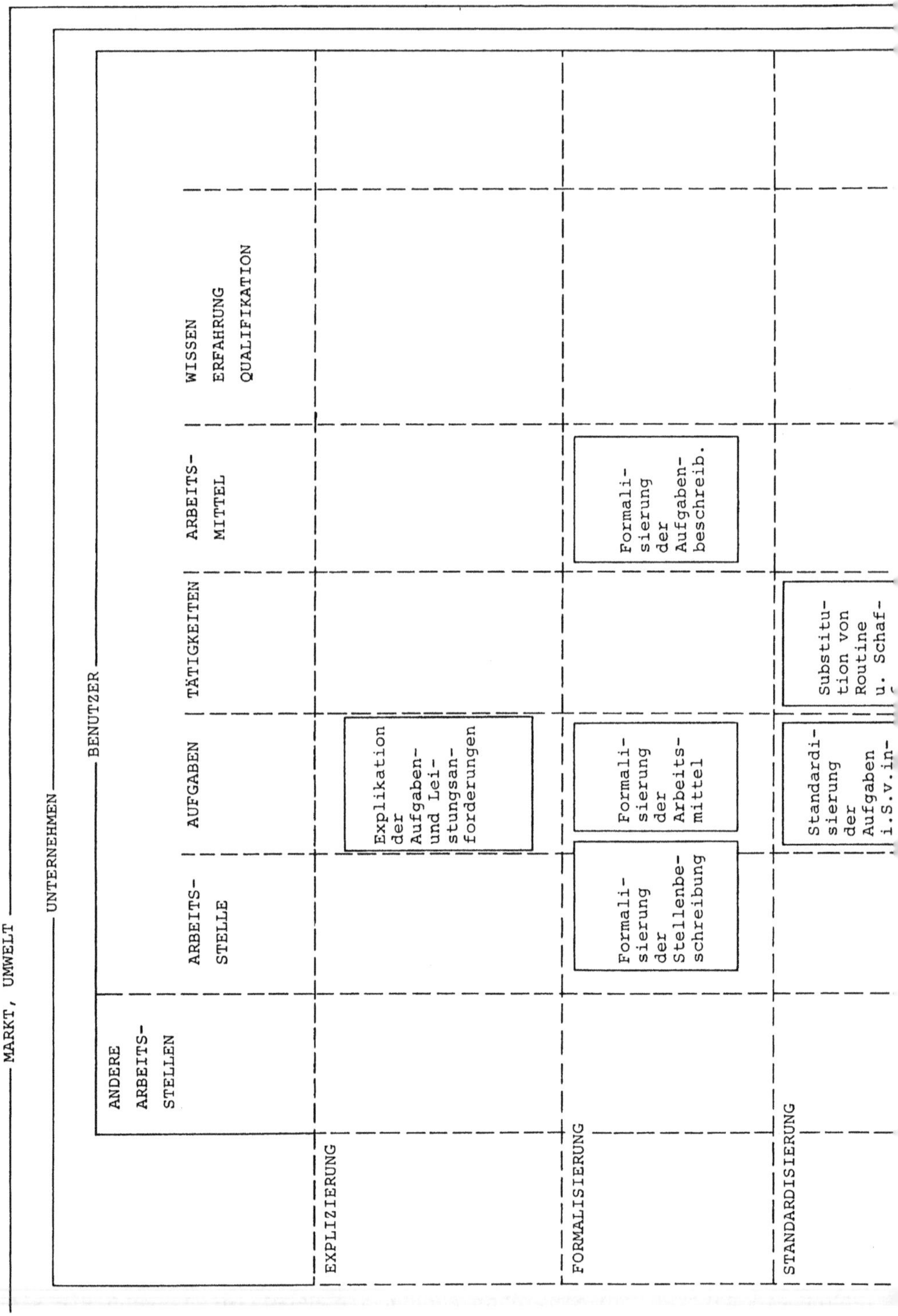
MARKT, UMWELT
UNTERNEHMEN
BENUTZER
ANDERE ARBEITS-STELLEN
ARBEITS-STELLE
AUFGABEN
TÄTIGKEITEN
ARBEITS-MITTEL
WISSEN ERFAHRUNG QUALIFIKATION
EXPLIZIERUNG
FORMALISIERUNG
STANDARDISIERUNG
Explikation der Aufgaben- und Lei-stungsan-forderungen
Formali-sierung der Stellenbe-schreibung
Formali-sierung der Arbeits-mittel
Formali-sierung der Aufgaben-beschreib.
Standardi-sierung der Aufgaben i.S.v.in-
Substitu-tion von Routine u. Schaf-

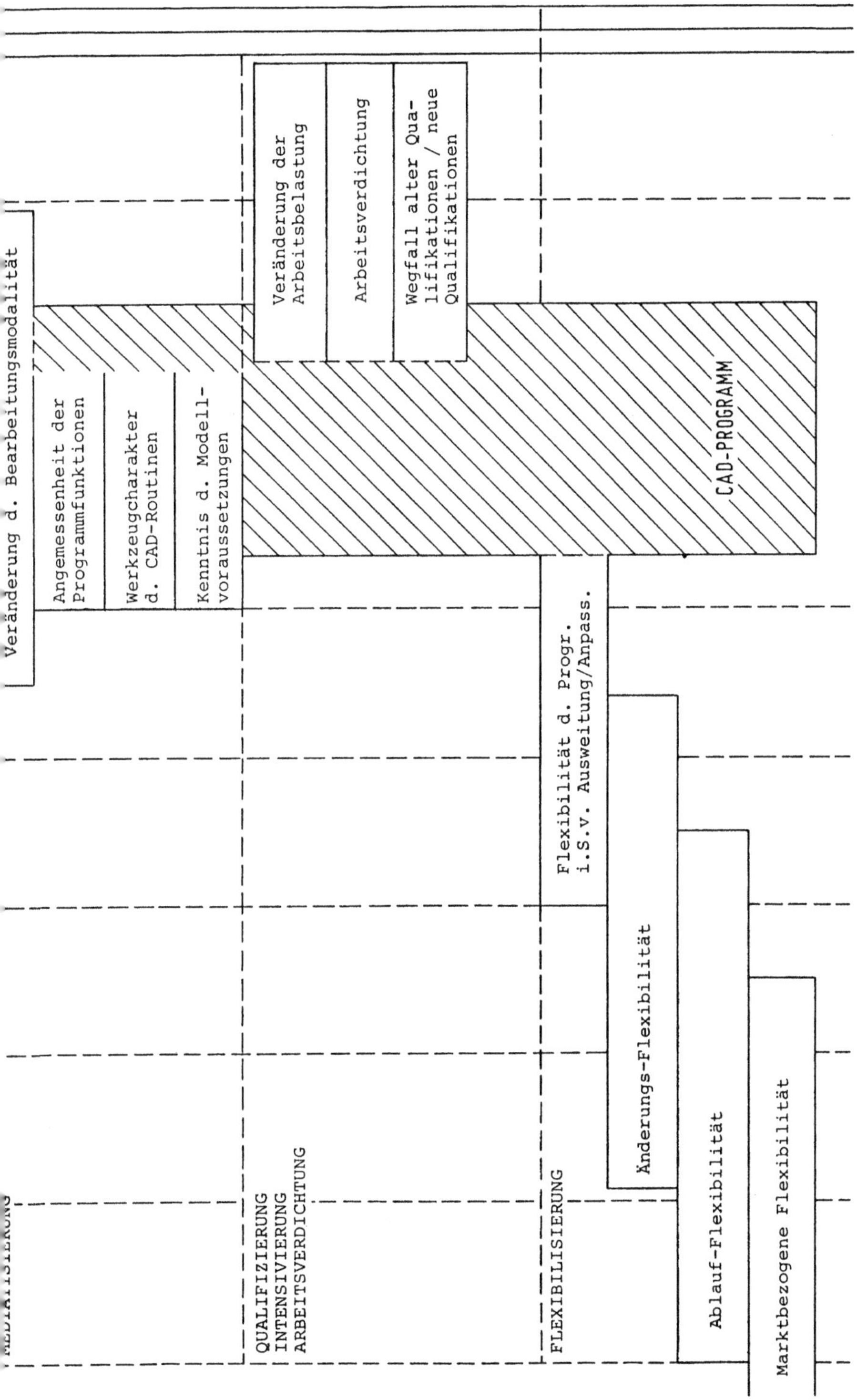

Abbildung 5.1. Systematik der Wirkungsaspekte zu CAD in einem Mehrebenen-Design

Tabelle 5.1. Zusammenstellung der Fragen für die Exploration der CAD-Wirkungen

Fragen / Variablen	bei CAD-Experten	Konstruktionsleiter
E x p l i z i e r u n g		
- Explizitere Aufgaben- und Leistungsfestlegung als Folge von CAD	X	
- Explikation des Wissens und Überführung in eine Programmform	X	
F o r m a l i s i e r u n g		
- Vorliegen einer formalisierten Aufgabenbeschreibung für CAD-Benutzer	X	
- Formalisierte Stellenbeschreibungen im Vergleich zu informellen Regelungen	X	
- Arbeiten mit Formularen bei CAD im Vergleich zu konventionellen Arbeitsformen	X	
S t a n d a r d i s i e r u n g		
- Stärkere Standardisierung (i.S.v. inhaltlicher Einengung) bei CAD im Vergleich zu konventionellen Arbeiten	X	
M e d i a t i s i e r u n g		
- Veränderung der Bearbeitungsmodalität von Aufgaben durch CAD und Ausmaß der Differenz (qualifikatorisch) zwischen konventioneller und CAD-Bearbeitung	X	X
- Werkzeugcharakter von CAD-Routinen und Schwierigkeit des Überganges für Benutzer	X	X
- Möglichkeit der Bewältigung des Überganges für einen "durchschnittlichen" Konstrukteur	X	X
- Aufgabenangemessenheit der Programmfunktionen und -algorithmen	X	
- Kenntnis der Modell-/Programmvoraussetzungen bei jeweiliger Anwendung und Sicherung der Beachtung	X	
A r b e i t s b e a n s p r u c h u n g		
- Belastungszunahme/-abnahme durch CAD und Einschätzung der Arbeitsbedingungen	X	X
- Arbeitsverdichtung durch CAD	X	X
- Wegfall herkömmlicher Qualifikationen und Erfordernis "neuer" Qualifikationen	X	X
R o u t i n e		
- CAD ersetzt Routine und/oder schafft eine neue Routine (bzw. neue Formen)	X	X
F l e x i b i l i s i e r u n g		
- CAD als möglicher Beitrag zur Flexibilität gegenüber dem Kunden (i.S.v. Angebotserstellung)(marktbezogene Flexibilität)	X	X
- CAD als möglicher Beitrag zur Flexibilität gegenüber überraschenden Anforderungen (i.S.v. Änderungen)(Änderungs-Flexibilität)	X	X
- Möglichkeit einer problemlosen Steigerung und Ausweitung der Programmleistung (programmbezogene Flexibilität)	X	X
- CAD als Beitrag / Behinderung von Flexibilität bei Arbeitsabläufen (ablaufbezogene Flexibilität)	X	X

die sie nicht auf Anhieb interpretieren können. Weder verfügen die beteiligten betrieblichen Experten oder die späteren Programmbenutzer über die hierzu erforderlichen konzeptionellen Mittel, noch hat die Forschung das methodische und theoretische Rüstzeug für eine solche Analyse schon parat. Die Forschung muß sich vielmehr offen halten, um solche Erfahrungen aufzugreifen und sie begrifflich und theoretisch zu überarbeiten. Auch für ein Unternehmen, welches CAD bereits einsetzt oder welches an einem Einsatz interessiert ist, können solche Erfahrungen wertvolle Hinweise geben, auch wenn man sie mehr als praktische Orientierungen denn als handfeste und konzise Urteile verstehen muß. Hierin lag das erste Ziel: den Experten Gelegenheit zu geben, problembezogene, qualitative Einschätzungen abzugeben, die das Forschungsteam als Material für die weitere Reflexion über die Wirkungen von CAD aufgreifen kann. Ein zweites Ziel lag darin, einige der in der öffentlichen und Fachdiskussion geäußerten Thesen und Vermutungen über die Wirkungen des CAD-Einsatzes zu prüfen, ob sie sich mit den bislang gemachten Erfahrungen decken. Schließlich - und das ist das dritte Ziel - hat selbstverständlich die auf CAD und verwandte Technologien bezogene technik- und sozialwissenschaftliche Forschung eine Reihe von Hypothesen entwickelt, die ebenfalls einer vorläufigen Prüfung unterzogen werden können.

5.1.2 Thesen zu den Wirkungen

Im folgenden werden insgesamt fünf Thesen erläutert, die sich aus den praktischen Erfahrungen, der öffentlichen Diskussion und der Forschung gewinnen ließen.

These 1: CAD führt zu einer Explikation des Wissens und damit zu einer Objektivierung vordem subjektiver und persönlich gebundener Erfahrungen.

Es mag für manchen Konstruktionsleiter eine verlockende Idee sein, das bei seinen Mitarbeitern vorhandene, für ihn nicht unmittelbar einsehbare und zugängliche konstruktive Wissen durch gezielte Anstrengungen zu explizieren, zu objektivieren und anschließend allen Mitarbeitern zugänglich zu machen. In der konstruktionswissenschaftlichen Forschung werden solche Ideen und Ziele immer wieder propagiert (vgl. Hirschmann 1980, zur Problematisierung Wingert 1980, 1983). Selbst im Bereich der Architektur und für die gerade dem Architekten zugeschriebene, gewöhnlich als nicht objektivierbar geltende Gestaltungs- und ästhetische Kompetenz gibt es Bemühungen, den Planungsprozeß durch Entwicklung geeigneter Planungshilfsmittel und auch CAD-Programme auf eine versachlichte und "demokratische" Grundlage zu stellen (vgl. Maver 1976).

Das Thema der Wissensexplikation wird uns in Zukunft noch weitaus stärker beschäftigen, denn neben den bereits für bestimmte medizinische und chemische Forschungsgebiete entwickelten sogenannten "expert systems" (vgl. Feigenbaum 1980) werden ähnliche Systeme auch für den Konstruktionsbereich propagiert (vgl. Latombe 1978). Die Explikationsbemühungen richten sich neben dem Faktenwissen vor allem auf das Regelwissen. Dieses ist auch der Kern von Konstruktionserfahrung. Daneben gibt es aber auch Stimmen, die vor der Illusion warnen, daß man "Konstruktionserfahrungen" so ohne weiteres und ungestraft zum Gegenstand einer Verwissenschaftlichung machen kann (vgl. Cooley 1978).

Selbstverständlich war es im Rahmen unserer Erhebung nicht möglich, alle angesprochenen Aspekte zu erfassen. Die obigen Belege sind mehr Hinweise auf die vor allem zukünftige Relevanz dieses Problemkreises. In unserem Fragebogen zu den qualitativen Wirkungsaspekten des Programmeinsatzes beschränkten wir uns auf zwei Aspekte, nämlich erstens einen mehr äußerlichen Aspekt der mit CAD u.U. einhergehenden Explizierung von Aufgaben- und Leistungsanforderungen, und zweitens einen mehr inhaltlichen Aspekt der Transferierung subjektiven Konstruktionswissens in die objektivierte Form eines CAD-Programmes.

<u>These 2:</u> CAD ist das Fließband für den Konstruktionsbereich.

Diese These wird - je nach Standpunkt - einmal mit einem optimistischen Zwinkern, ein andermal mit einem besorgten Stirnrunzeln geäußert. Ihr Hintergrund ist die vor Jahren noch lebhafter als heute geführte Debatte über die "Taylorisierung" (vgl. Kirsch 1973; Hermann & Teschner 1980; kritisch hierzu Ekardt 1983). Frederick Winslow Taylor, am meisten durch seine "Grundsätze wissenschaftlicher Betriebsführung" bekannt, liefert bis heute mit seinem Namen das Stichwort, wenn es darum geht, Formen der Arbeitszerstückelung und -intensivierung sowie der Fremdkontrolle zu charakterisieren bzw. zu kritisieren. Die unter Formalisierung und Standardisierung zusammengestellten Fragen, aber auch die beiden oben kommentierten Aspekte der Wissensexplikation kann man unter dem Taylorismus-Stichwort zusammenziehen. Wichtiger als die Frage, ob man heute bei der Art des CAD-Einsatzes und der beobachteten Wirkungen von Taylorisierung sprechen kann oder nicht, ist die Prüfung der in der These 2 enthaltenen Behauptung, daß man den Konstruktionsbereich ähnlich dem Fertigungsbereich organisieren könne, daß also - wie es ein Kritiker einmal formulierte - CAD die "mental production line" für den Konstrukteur sei. Die in der These enthaltene Frage ist nicht nur deshalb interessant, um sie - je nach Befund - mit Ja oder Nein zu beantworten; sondern weil sie die Analyse auf den kritischen Punkt zutreibt, Grenzen der Mechanisierung und die verbleibende oder auch neu konstituierte Rolle des Arbeitssubjektes aufzuzeigen.

<u>These 3:</u> CAD ist das neue Werkzeug für den Konstrukteur.

Die Frage nach dem Werkzeugcharakter der CAD-Programme und -Systeme betrifft nur einen Aspekt der umfassenderen Mediatisierungs-These. Die anderen von uns gestellten Fragen bezogen sich auf die mit CAD geänderte Art der Aufgabenbearbeitung ("Bearbeitungsmodalität"); die Angemessenheit der Programmfunktionen für die Aufgaben, die mit einem bestimmten Programm bearbeitet werden sollen; die mehr oder weniger gegebene Notwendigkeit, bei der Benutzung eines CAD-Programmes auch die Modell- und Programmvoraussetzungen zu kennen und schließlich eine Frage zu den möglichen Schwierigkeiten des Überganges von den konventionellen Arbeitsmitteln zum neuen "Werkzeug" CAD. In der These 3 wurde nicht der Mediatisierungsbegriff, sondern der Werkzeugbegriff in den Vordergrund gestellt, weil die Behauptung, CAD sei ein neues Werkzeug, insbesondere in der technischen Fachdiskussion häufig geäußert wird. Mit Mediatisierung soll die systemhafte Vermittlung zwischen Arbeitssubjekt und seinem Gegenstand und Arbeitsresultat umschrieben werden. Die Tragweite dieser Veränderung der Tätigkeitsstruktur ist bislang noch wenig aufgearbeitet. Die Befunde werden jedoch zeigen, daß gerade die betrieblichen Experten mehr und mehr ein Gespür für diese Veränderung entwickeln. [1]

---

[1] Bei dem Begriff Mediatisierung lehnen wir uns an den psychologischen Sprachgebrauch an. Mediationstheorien sind solche, die zwischen Reiz und Reaktion innere vermittelnde, "mediierende" Prozesse annehmen. Im internationalen Recht bedeutet Mediation die Vermittlung zwischen streitenden Staaten und Mediatisierung die Einverleibung (!) eines Gebietes. Zum Werkzeugbegriff vgl. Wingert (1983) sowie Wingert und Riehm (1985).

<u>These 4:</u> CAD ersetzt Routinetätigkeiten und setzt den Konstrukteur für kreative Arbeiten frei.

In konstruktions- und ingenieurwissenschaftlichen Arbeiten ist immer wieder belegt worden, daß mit fortschreitender Abarbeitung eines konstruktiven Entwurfes bis hin zu den Einzelteilzeichnungen der Umfang relativ einfacher und gleichartiger Tätigkeiten zunimmt, entsprechend auch der Arbeitseinsatz. Insofern ist es nur folgerichtig, wenn man mit einem Programm- bzw. Maschineneinsatz (sprich: CAD) gerade diese Arbeitsphasen angeht. Denn wenn überhaupt Zeit und damit indirekt Personal eingespart werden kann, dann in diesen Arbeitsphasen. Diese Überlegung erscheint zunächst schlüssig, doch enthält sie drei Verkürzungen: erstens ist die Vorstellung zu einfach, man könne mit CAD gewissermaßen auf Knopfdruck eine gewünschte Detaillierung oder Einzelteilzeichnungen generieren; zweitens wird übersehen, daß normalerweise konstruktiv-entwerfende und ausführende Tätigkeiten auf verschiedene Qualifikationsgruppen (z.B. Konstrukteure und Zeichner) aufgeteilt sind, so daß die Ersetzung von Routine beiden Gruppen wenig nützt, weil der eine wenig Routinetätigkeiten hat und der andere - würde die These zutreffen - nichts mehr zu tun hätte. Drittens aber unterschätzt diese These den Bedienungsaufwand von CAD-Programmen. Die Befunde werden zeigen, daß sich bei denen, die bereits über CAD-Erfahrungen verfügen, die Einsicht immer mehr durchsetzt, daß CAD nicht nur Routine ersetzt, sondern auch neue schafft.

Die Problematik der Routinetätigkeit wurde im Rahmen der Untersuchung nicht nur in dem hier diskutierten "Wirkungsteil" behandelt, sondern auch in anderen Teilen, z.B. im Rahmen der Tätigkeitsanalyse (vgl. Abschnitt 4.2) und der Benutzungsanalyse (vgl. Abschnitt 4.5). Im Sinne begrifflicher Klärung sollte beachtet werden, daß im folgenden von Routine<u>tätigkeiten</u> gesprochen wird; Routine kann aber neben dem Merkmal der Gleichartigkeit noch andere Sachverhalte bezeichnen, vor allem einen Status der Geübtheit in der Ausführung bestimmter Tätigkeiten und im Entwickeln eines bestimmten Vorgehens. In diesem Sinne kann sogar das "kreative" Nachdenken über ein Entwurfsproblem "Routine" werden, wenn etwa bestimmte Problemlösungstechniken angewandt werden wie das genaue und möglichst vollständige Auflisten der konstruktiven Anforderungen oder der prinzipiellen Lösungen. "Routine" und "Kreativität" erscheinen so gesehen nicht mehr als Gegensätze, ja es stellt sich die Frage, ob sich kreative Ideen noch einstellen, wenn man sie aus einem Netz unterschiedlicher Tätigkeiten, die auch Routine umfassen, herauslöst.

<u>These 5:</u> CAD steigert die Flexibilität des Betriebes.

Mag es auch - wie die Befunde zeigen - mühsam sein, z.B. den Teilestamm einer Maschinenbaugruppe aufzuschlüsseln und mithilfe einer parametrisierenden Beschreibung in einem CAD-System zu dokumentieren, so wäre doch zu erwarten, daß dann, wenn die Teile erfaßt sind, Sonderwünsche eines Kunden leichter befriedigt werden können. Das ist der Kern der Flexibilisierungs-Idee. Bei den qualitativen Wirkungsaspekten haben wir jedoch nicht nur diese kundenbezogene Flexibilität thematisiert, sondern noch drei andere Formen: 1. eine programmbezogene Flexibilität, also die Frage, wie leicht sich eine Programmleistung steigern oder ausbauen läßt, wenn eine gegebene Version nicht mehr ausreicht; 2. Flexibilität im Sinne eines problemlosen Änderns (von Zeichnungen etwa); 3. Flexibilität im Sinne eines Beschleunigen und Transparentmachens eines Ablaufes. Eine weitere Form der Flexibilität wurde in unserem Interviewleitfaden nicht thematisiert, nämlich die langfristige Innovativität eines Unternehmens. In einigen Fällen jedoch wurde auch diese Frage mit den Experten diskutiert.

Bei diesem ganzen Problemkreis der Flexibilität kann man sich einen systemtheoretischen Gedanken zunutze machen, den einer der bekanntesten amerikanischen Soziologen, nämlich Talcott Parsons, in einem frühen Aufsatz (1961) entwickelt hatte. Er unterschied bei Innovation eine Veränderung <u>in</u> einem System von einer Veränderung <u>des</u> Systems. Ähnlich kann man das Problem der Flexibilität verstehen: sie kann durchaus <u>innerhalb</u> eines Rahmens, der mit CAD geschaffen wird, gesteigert werden, gleichzeitig im Sinne der Veränderbarkeit des Rahmens selbst abnehmen. Der zweite Aspekt läßt sich auch in die Frage kleiden: Was kosten die Innovationen <u>nach</u> CAD?

Die vorgestellten Thesen dienen als ein thematischer Aufriß, nicht als strenge Gliederung für den folgenden Teil, in dem die Befunde dargestellt werden. Auch sollte der Leser nicht annehmen, daß die Thesen unserer eigenen Überzeugung entsprächen. Wir - und mit uns ein Großteil der empirischen Ergebnisse - stehen eher auf der Seite der Antithese. Es wird im folgenden auch keine systematische Diskussion der Thesen geführt, weil das den Rahmen dieses Ergebnisberichtes sprengen würde. Es müßte zuviel Theorie ausgebreitet werden. Hierzu ein kurzes Beispiel.

Die von der ehemaligen Projektgruppe vorgelegte theoretische Überarbeitung der Pilotstudie (Bechmann u.a. 1979) wurde inzwischen von verschiedenen Kollegen aufgegriffen (vgl. Kühn 1980; Hügel 1980). Ekardt (1983) greift beispielsweise den von uns im Anschluß an Luhmann entwickelten Aspekt auf, daß Technisierung im wesentlichen in einem Herstellen kontextfreier Verweisungen besteht, die in einem organisatorischen oder maschinellen Medium realisiert werden können. Beide Entwicklungen kann man unter dem Begriff der "Mechanisierung" fassen. Bei der Prüfung dieses Konzepts an seinem Material gelangt er nun zu der Schlußfolgerung: "... nicht das Herstellen kontextfreier Verweisungen innerhalb und zwischen sozialen und technischen Elementen des Arbeitsprozesses als solches bedeutet 'Entsubjektivierung' des Arbeitsprozesses der Ingenieure. Im Gegenteil: bei komplexen Bauaufgaben sind organisatorische und maschinell-apparative Techniken mit ihrer Entlastungsfunktion unter aktuellem Handlungsdruck sogar eine Bedingung dafür, daß Übersicht und überlegtes Urteilen im Arbeitsprozeß überhaupt möglich sind. Dies veranlaßt zu der paradoxen Formulierung, daß partielle Entsubjektivierung in Form von Mechanisierung die Bedingung der Möglichkeit für die Behauptung von Subjektivität in industriellen Arbeitsorganisationen ist" (S. 144). Dieser Argumentationsfaden wäre nun aufzugreifen und weiterzuentwickeln. So zeigt sich in unserer Untersuchung, daß für jede CAD-Anwendung die Einbeziehung des betrieblichen Kontextes zu einem sperrigen, gelegentlich "bösartigen" Problem werden kann. Insofern geht die Herstellung kontextfreier Verweisungen nicht ohne schmerzliche Erfahrungen ab. Auch fanden wir Hinweise auf neue Formen der Subjektivierung von Arbeitsleistung, wie sie Ekardt ähnlich konstatiert, z.B. für Berechnungsprogramme. Die Argumentation müßte jedoch an diesem Punkt weitergeführt werden, nämlich mit einer Mikroanalyse jener modifizierten Formen, in denen sich nun Subjektivität konstituieren kann. Metaphorisch gesprochen kann man feststellen, daß der Grat, auf dem sich der einzelne als Subjekt bewähren kann, bei Verfügung über Programmleistungen zunehmend enger und auf den Spielraum von Kontext-Entscheidungen zurückgeschnitten wird, gleichzeitig wird dieser Grat aber exponierter, weil die Entscheidungen folgenreicher werden. Überspitzt formuliert: der Grat wird zwar schmaler, aber die Fühlbarkeit eines Akrobatenstückes (sc. die Notwendigkeit subjektiver Leistungsbeigabe) wird deutlicher. Die Argumentation mündet letztlich in die Frage, wie ein Programm-Benutzer seine Arbeitsleistung verantworten kann, wenn er sie zu großen Teilen durch einen Zugriff auf die Leistung eines Programmes zustandebringt, welches er in der Regel nicht selbst entwickelt hat.

5.2 Ergebnisse zu den qualitativen Wirkungsaspekten bei den Programmanwendungen

Wie in den bisherigen Kapiteln ist es unumgänglich, zwischen verschiedenen Arten des CAD-Einsatzes zu unterscheiden, nämlich zwischen Zeichnungsprogrammen, Berechnungsprogrammen und Variantenprogrammen. Die Auswertung ergab, daß je nach Programmart andere Wirkungsaspekte im Vordergrund stehen. So erscheinen bei den Zeichnungserstellungs-Programmen vor allem die Mediatisierungsaspekte als problematisch, bei den Berechnungsprogrammen sind es Probleme der Spezialisierung, der Erfahrungsbildung und der Verantwortung, und bei den Variantenprogrammen treten die Flexibilitätsaspekte in den Vordergrund. Damit ergibt sich die Möglichkeit, die Befunde im folgenden für diese drei Programmgruppen unter einen spezifischen Leitgedanken zu stellen.

5.2.1 Die Zeichnungsanwendungen und das Mediatisierungsproblem

Wie bereits angedeutet, stellen sich bei den in unserer Untersuchung vertretenen Anwendungen eines Zeichnungserstellungsprogramms für Rotationsteile die Mediatisierungsaspekte als problematisch heraus, und dabei insbesondere die Bearbeitungsmodalität. Dagegen spielen Fragen der Explikation des Wissens und seine Überführung in eine Programmform, Fragen der Formalisierung von Anforderungen, Aufgaben- und Stellenbeschreibungen, ebenso die Fragen zur Flexibilität keine große Rolle. Bei allen drei Anwendungen zeigen sich jedoch starke Tendenzen zu einer Standardisierung der Tätigkeiten der CAD-Benutzer, d.h. zu einer Ausbildung einer spezialisierten, programmunterstützten Detaillierungstätigkeit, die von den anderen Tätigkeiten abgetrennt wird.

Betrachtet man die Angaben zu der neuen Art und Weise der Aufgabenbearbeitung mit dem erwähnten Programm, dann lassen sich ein strukturelles und ein prozessuales Merkmal erkennen:

- CAD führt (bei dieser Art von Programm) zu einem Aufbrechen der für das konventionelle Detaillieren und Konstruieren typischen Simultanpräsenz von Ganzem und Teil; und es erfolgt
- eine Umformung einer früher funktional orientierten Prozeßstruktur in eine elementbezogene Prozeßstruktur.

Vermutlich lassen sich diese beiden Punkte besser verdeutlichen, wenn wir die Gesprächspartner selbst zu Wort kommen lassen. Es handelt sich dabei sowohl um Aussagen der CAD-Experten, der Konstruktionsleiter als auch einer Anwenderin:

- "Früher wuchs die Zeichnung langsam auf dem Zeichenbrett, heute muß man das Teil vor dem geistigen Auge haben; die Zerlegung muß jetzt im Kopf gemacht werden" (CAD-Experte).

- "Am Brett hat man den Arbeitsschritt und Arbeitsfortschritt immer konkret vor Augen, bei dem Zeichnungsprogramm nicht" (CAD-Experte).
- "Die Arbeitsweise des Konstrukteurs ist dadurch gekennzeichnet, daß er zugleich den großen Zusammenhang und das Detail vor sich haben muß. Bei den derzeitigen Bildschirmen ist diese Arbeitsweise nicht mehr möglich" (Konstruktionsleiter).
- "Beim konventionellen Detaillieren ist der erste Schritt das Aufreißen der gesamten Zeichnung, der zweite die Bemaßung und der dritte Schritt, die Bearbeitungszeichen eintragen. Bei diesem Programmsystem müssen diese drei Schritte gleichzeitig für jedes Funktionselement gemacht werden. Schnitte müssen z.B. im voraus gewußt werden und nicht erst dann, wenn die Aufsicht erstmal fertig ist" (CAD-Anwenderin). [1])

Bei der Frage, ob die Benutzerinnen mit den CAD-Programmen "wie mit einem Werkzeug" umzugehen in der Lage seien, äußerten die Gesprächspartner zwar keine grundsätzliche Skepsis, doch kamen eine Reihe von Randbedingungen zur Sprache, so etwa in der folgenden Aussage eines CAD-Experten, daß technische Zeichnerinnen mit diesem Programm zwar zurechtkommen würden, aber nicht alle. Vielmehr seien "geistige Beweglichkeit", "Aufgeschlossenheit" und "Motivation" erforderlich.

Wenn wir unsere Gesprächspartner nach dem Umgehen mit einem CAD-Programm "wie mit einem Werkzeug" fragen, so stimulieren wir vermutlich Assoziationen über einen Werkzeuggebrauch. Beobachtet man einen, der ein Werkzeug gebraucht (allerdings nicht einen Anfänger!), so erkennt man, daß das Werkzeug zielsicher eingesetzt wird, daß es nur für bestimmte Zwecke verwendet wird, und daß man flüssige Bewegungen beobachten kann. Diese Art des Arbeitens läßt sich selbstverständlich auch beim Benutzen eines CAD-Programmes (nach etlicher Übung) erreichen. Doch sind wir inzwischen aufgrund weitergehender Überlegungen (vgl. Wingert 1983, Wingert und Riehm 1985) zu der Überzeugung gelangt, daß die spezifische Struktur einer Tätigkeit bei Werkzeuggebrauch erhebliche Unterschiede zu der Art aufweist, wie ein CAD-Programm benutzt wird. Die drei befragten CAD-Experten hatten zu dieser Frage noch keine spezifische Meinung geäußert.

---

[1]) Die qualitativen Wirkungsfragen wurden eigentlich nur an die CAD-Experten und Konstruktionsleiter gestellt. Die Äußerung dieser Anwenderin wurde aufgenommen, weil sie prägnant einen Punkt bezeichnet.

Ein Konstruktionsleiter brachte die "Werkzeug-These" auf folgende griffige Formel: "CAD ist ein komplizierter Bleistift". Ein anderer Konstruktionsleiter fand, wohl auf dem Hintergrund eigener Konstruktionserfahrungen, eine treffende Formulierung für die Gegenthese. Er meinte:

"CAD ist mehr als ein nur ein Hilfsmittel. Den Rechenschieber begreift der Konstrukteur noch, den CAD-Rechner nicht mehr. Die Denkweise des Konstrukteurs ist davon geprägt, alles begreifen zu wollen, bis ins letzte Detail, bis zum letzten Winkel und der letzten Schraube muß alles klar und festgelegt sein. Beim CAD-Rechner weiß er nicht, was passiert, was im Innern des EDV-Kastens vor sich geht. Dies sich anzueignen ist aber fast aussichtslos, man verliert sich darin". Dieser Kommentar belegt u.E. sehr schön, wie das Potential einer Effizienzsteigerung erkauft wird mit einer Problematisierung der Wirkungssicherheit des individuellen Handelns.

Kann man die Betonung der Andersartigkeit des Arbeitens bei diesen Zeichnungserstellungsprogrammen noch damit plausibel machen, daß dieses Programm gelegentlich ein listenreiches Vorgehen des Benutzers erfordert, damit er die gewünschten Ergebnisse erzielt, dann ist es auf der anderen Seite überraschend, wie wenig sich das Problem der Bearbeitungsmodalität bei den interaktiv-grafischen Variantenprogrammen profiliert. Denn allein sie sind derzeit in der Lage, durch Bereitstellung eines komplexen Hilfsmittels größere Tätigkeitsbereiche eines Konstrukteurs oder eines Zeichners (einer Zeichnerin) abzudekken. CAD ist (mit diesen Programmen) eine "andere Arbeitsmethode", wie es ein CAD-Experte formulierte. Doch zumindest ein CAD-Experte wies bei den interaktiv-grafischen Varianten-Programmen auf zwei u. E. zentrale Veränderungen hin:

- das Verhältnis des Benutzers zu seinem Arbeitsmittel sei jetzt, mit CAD, anders; früher habe der Konstrukteur zum Bleistift als einem zentralen Arbeitsmittel ein eher indifferentes Verhältnis gehabt. Jetzt müsse er mit dem CAD-Programm seine Arbeitsschritte "begrifflich klären"; sie müßten jetzt "formalisiert" und "verbalisiert" werden, er müsse jetzt mehr "strategisch denken". Als Verdeutlichung führte er an, daß man früher mit Bleistift und Lineal ohne viel Nachdenken eine Linie z.B. an einen Kreis anlegen konnte; im Rahmen des CAD-Programmes müsse dieser Schritt als eine <u>bestimmte</u> Operation, etwa als "Tangente an einen Kreis im Punkt x,y" begriffen, definiert und als Funktion (z.B. auf dem Menüfeld) ausgeführt werden.

- Zweitens sei die "Unmittelbarkeit" zwischen Konstrukteur und seinem Arbeitsgegenstand (Zeichnung bzw. Konstruktion) nicht mehr da. "Jetzt läuft alles mehr übers Bewußtsein". Die Fingerabdrücke am Bildschirm seien durchaus Indikator für diese verloren gegangene Unmittelbarkeit.

Unseres Erachtens hat dieser CAD-Experte zwei wichtige Veränderungen angesprochen, die wir mit dem Begriff der Mediatisierung belegen. Ein Konstruktionsleiter aus dem Elektro-Bereich äußerte sich dagegen nicht so kritisch, wenngleich seine Bemerkung erkennen läßt, daß auch er den springenden Punkt sieht: Die Umstellung von direkter Tätigkeit (!) in Befehlsstrukturen (!) war kein Problem, sagte er.

5.2.2 Die Berechnungsanwendungen und das Spezialistenproblem

In unserer Untersuchung sind zwei Berechnungsprogramme vertreten, die in recht verschiedenen Firmen eingesetzt werden (H und E) und auch völlig anders gelagerte Aufgaben lösen. Zum einen handelt es sich um die Simulation von Kurven-Koppel-Getrieben (KKG), zum anderen um die Simulation des Belastungsverhaltens großer Pressen mit einem Finite-Element-Paket. Bei aller Verschiedenartigkeit berühren sich die beiden Anwendungen in einem wichtigen Punkt: Es handelt sich um Berechnungsalgorithmen, die ohne EDV gar nicht sinnvoll eingesetzt werden können, und beide Programme stellen auf die Lösung von Spezialaufgaben ab. Eine der Wirkungen ist folgende:

Im Falle der Anwendung des Softwarepaketes für die Simulation von KKG auf einem Kleinrechner ist nicht die Breite der Wirkung entscheidend (es betrifft nur drei Leute), sondern die Art der Kooperation. Hier - wie im übrigen in der anderen "Berechnungsfirma" - führt der Einsatz dieses Berechnungsprogramms klar zur Herausbildung eines Spezialisten. Er gibt Interpretations- und Entscheidungshilfe für diejenigen Konstrukteure, die mit den Ergebnissen weiterarbeiten. Er puffert den Übergang von der alten Arbeitsweise der Entwicklung von KKG, die von Erfahrung, Intuition und umständlichem Probieren gekennzeichnet war, ab. Das Berechnungsprogramm liefert dem Konstrukteur relativ schnell ein Ergebnis und es kann ihm verschiedene Alternativen generieren.

Der CAD-Experte steuerte hierzu eine interessante Beobachtung bei, daß nämlich diejenigen Konstrukteure, die früher schon in Alternativen gedacht haben, mit diesen Programmergebnissen besser zurechtkommen als jene, die "zielstrebig" auf eine Lösung zusteuern. Für sie wird die Situation aufgrund der vom Programm gelieferten Informationsfülle jetzt schwieriger.

Die Herausbildung einer Spezialistenfunktion ist sehr klar auch bei der anderen Berechnungsanwendung, des FEM-Paketes, zu beobachten. Hier liegt es aber mehr auf einer organisatorischen Ebene der Kooperation der Berechnungsabteilung mit der übrigen Konstruktion: Diese ruft die Abteilung oder besser: gibt FEM- und andere Berechnungen dort in Auftrag und vertraut dabei selbstverständlich auf die gelieferten Ergebnisse. Dadurch gehe aber - wie der CAD-Experte bedauerte - bei den Verwendern der Ergebnisse der mathematische Hintergrund verloren, die Kritikfähigkeit leide und die Bereitschaft sinke, das Ergebnis mit einem einfachen Modell oder einer Überschlagsrechnung gegenzuprüfen. So erlangt der von der Berechnungsabteilung verlangte Sicherheitsnachweis für die Tragfähigkeit einer Konstruktion gelegentlich eine ganz andere Qualität, nämlich nicht Sicherheitsnachweis, sondern Entlastungsschein für die eigene Verantwortung. Es gab in diesem Unternehmen im übrigen schon etliche Versuche, diese Frage, wer für die FE-Ergebnisse letztlich die Verantwortung tragen solle, zu regeln. Gelungen sei es bisher noch nicht.

Für dieses Mißlingen mag es einen guten Grund darin geben, daß vorgängige Konstruktion und qualifizierende Berechnung in einem engen, nicht ohne weiteres auftrennbaren Wechselverhältnis stehen, denn der Konstrukteur ist kein Berechnungsspezialist, und dieser ist kein Konstrukteur. CAD kann also - das zeigt dieser Fall und in geringerem Maß auch der vorherige - Potentiale bereitstellen, deren Nutzung für einen Betrieb existentiell notwendig sein kann, die ihn jedoch in riskante innere Kooperationsformen hineinzwingen.

Daß es gelingen könnte, CAD so zu gestalten und zu vereinfachen, daß jeder Konstrukteur sein CAD-Arbeitsmittel nach eigener Wahl heranziehen kann - diese Hoffnung müssen wir wohl begraben, auch wenn inzwischen mit Formeln wie "dem intelligenten Terminal", der "allround-CAD-Software" oder den "selbsterklärenden Systemen" neue Hoffnungen genährt werden. Die bisherigen Erfahrungen haben inzwischen die Optik, mit denen wir Wirkungen analysieren, geschärft. Das gilt für ein weiteres Problem:

Die These 1 postulierte, daß CAD eine objektivierende Rekonstruktion von Erfahrungen leisten könne. Daß dies so sein kann, zeigen zumindest zwei Anwendungen der interaktiv-grafischen Variantenprogramme und die beiden Anwendungen mit automatischen Variantenprogrammen, bei denen also jene Algorithmisierung von Variantenfamilien schon geleistet ist, die wir in der Erläuterung der These 1 beschrieben haben. Betrachten wir jedoch bei den gerade diskutierten Berechnungsanwendungen, wie sich das Problem der Erfahrungsbildung stellt. Wir haben hier den interessanten Fall vor uns, daß die beiden Programme gar keine traditionellen Erfahrungen inkorporieren, daß sie aber traditionelle Konstruktionserfahrungen durch die Bereitstellung hochentwickelter Algorithmen wirksam ersetzen. Bedeutet dies, daß man nun ohne Erfahrung auskommen kann? Keineswegs. Sie ist wieder gefordert, doch in einem völlig anderen Sinne, nämlich als Fähigkeit, das Modellverhalten und die Brauchbarkeit der Ergebnisse abschätzen zu können. Die oben diskutierte Frage der Kooperation zwischen Berechnungsspezialisten und Konstrukteuren wird unter diesem Blickwinkel erneut zum Problem.

5.2.3 Die interaktiv-grafischen Variantenprogramme und die Frage der Flexibilität

In unserer Untersuchung sind drei Anwendungen interaktiv-grafischer CAD-Pakete in der mechanischen Konstruktion vertreten (A, F und J) und zwei in der Elektrokonstruktion (G und N). Die Programmpakete sind untereinander recht gut vergleichbar, teilweise wird das gleiche Paket einmal in der mechanischen, einmal in der E-Konstruktion eingesetzt. Betrachtet man die Einschätzungen, dann schälen sich zwei Befunde heraus:

- alle Anwendungen der interaktiv-grafischen Variantenprogramme werden hinsichtlich der erläuterten Flexibilitätsaspekte recht positiv eingeschätzt;
- die Anwendungen in der E-Konstruktion scheinen hinsichtlich der Flexibilitäts-Aspekte die unproblematischsten überhaupt zu sein.

Eine Ausnahme im positiven Trend der Flexibilitätsvorteile wird nur bei der Frage der Ablauf-Flexibilität gemacht. Hier sind die Einschätzungen uneinheitlich. Man kann dies damit interpretieren, daß sich das durch CAD veränderte betriebliche Kooperationsnetz noch nicht soweit enfaltet hat, daß sich die Beförderung oder Behinderung der Ablauf-Flexibilität als konkrete Erfahrung bereits niederschlagen konnte. Daß dies gleichwohl in Zukunft ein Problem werden könnte, drückte ein Konstruktionsleiter mit der Befürchtung aus, daß es anders werden kann, wenn erst "alle einmal mit CAD arbeiten".

Wer allerdings CAD, diese neue Arbeitsmethode, erfolgreich bewältigen wird, ist alles andere als offenkundig. Wie ein roter Faden zieht sich durch die Statements der Gesprächspartner für die Grafikpakete in der mechanischen Konstruktion der Hinweis, daß man eine klare Regel nicht angeben kann. Ein CAD-Experte meinte z.B., daß Mitarbeiter, die früher in der Konstruktion das Dasein eines "Mauerblümchens" gefristet hätten, durch CAD "einen richtigen Schub" erhalten hätten. Der Übergang zum neuen Arbeitsmittel CAD scheint also nur teilweise eine Frage der inhaltlichen und technischen Qualifikation wie jenes "strategische Denken", das ein CAD-Experte anführte. Es scheint stärker eine Frage motivationaler Anforderungen. Ein CAD-Benutzer - so äußerte er - müsse die Fähigkeit haben, "konsequent, konzentriert und kontinuierlich" zu arbeiten.

Einen Grund für den o.g. Befund, daß der CAD-Einsatz im Elektrobereich als relativ unproblematisch erscheint, kann man darin sehen, daß es hier nicht wie in der mechanischen Konstruktion auf maßstäbliches Zeichnen und Konstruieren ankommt, sondern daß nur die richtigen Schemata eingesetzt werden müssen. Die vorgängige Schematisierung von Konstruktionsgegenständen und Arbeitsmitteln kommt CAD entgegen. Das hat allerdings neben der von den Experten in diesem Bereich durchgängig bejahten Arbeitsverdichtung und einer schon traditionell sehr fortgeschrittenen Arbeitsteilung eine weitere, u.U. problematische Wirkung, die ein CAD-Experte mit der "Gefahr des Wissensverlustes" umschrieb. Da der Elektrobereich schon weitgehend durchmustert und hinsichtlich der Arbeitsmittel standardisiert ist und diese vereinheitlichte Struktur CAD sehr entgegenkommt, andererseits die Standardisierung im Vorfeld der CAD-Einführung ganz zielstrebig betrieben wird, werden die Sachbearbeiter vor spezifische motivationale Anforderungen gestellt. Als Frage formuliert: Wenn das CAD-System schon eine große, bisweilen fast erschöpfende Anzahl von geprüften Standardlösungen parat hält, lohnt sich dann für den <u>einzelnen</u> Sacharbeiter bei einer <u>bestimmten</u> Aufgabe noch die Anstrengung, eine bessere Lösung als die Standardlösung zu suchen?

Mancher betriebliche Experte, der unter dem Diktat der Effizienz steht, ist vielleicht geneigt, eine solche Frage als bedeutungslos abzuwehren, da es auf die Motivation des einzelnen nicht ankomme, solange ausgefeilte Kontrollen für ordentliche Arbeitsergebnisse sorgen. Er möge aber eine andere Warnung bedenken, die ein CAD-Experte, der mit dem Einsatz eines Grafik-Paketes in der mechanischen Konstruktion befaßt ist, gab: "Ein Konstrukteur, der nur das x,y-Programm benutzt, steht in der Gefahr, seine Umwelt nur noch in x,y-Modulen zu sehen". Damit beleuchtete er auch einen spezifischen Aspekt von Routine.

Im übrigen ist die Frage, ob CAD ausschließlich Routinetätigkeiten ersetze, auf dem Hintergrund bisheriger Erfahrungen nicht mehr kontrovers. Alle Experten gaben zu, daß auch neue Routinetätigkeiten geschaffen werden, wobei die Nettobilanz sowohl negativ sein kann (wie im Fall des Finite-Elemente-Paketes, wo insbes. beim Netzaufbau sehr viele Routineschritte abgearbeitet werden müssen) als auch positiv (wie bei den interaktiv-grafischen Programmen, die mit bestimmten Funktionen recht eintönige Arbeiten wie Schraffieren ersetzen können).

Abschließend soll ein Ergebnis einer Experten-Befragung in einer Firma berichtet werden, die noch kein CAD einsetzte. Der Experte hatte auf dem Hintergrund unserer Erkenntnisse durchaus realistische Vorstellungen von den möglichen Wirkungen eines CAD-Einsatzes in seinem Betrieb. Doch auch er stand im Banne der Varianten-Idee: Wenn die Maschinen erst einmal im System drin seien, und er dann z.B. ein Sonderfutter brauche, dann genüge - so mutmaßte er - ein Abruf! Dieser Experte hatte im übrigen sein Variantenkonzept noch nicht soweit konkretisiert, wie wir es von vorliegenden Lösungen kennen, nämlich als parametrisierende Konstruktion oder als Varianten-Datei. Wie äußerte sich doch eine Konstruktionsleiter, der in seinem Bereich ein automatisches Variantenprogramm einsetzt, auf die Frage nach der kundenbezogenen Flexibilität? "Wenn's ins System reinpaßt, absolut; wenn nicht, überhaupt nicht!".

Die Variantenidee im besonderen und die Automatisierungsidee im allgemeinen scheinen wie eine anthropologische Konstante zu sein: Das Scheitern in einem Feld scheint nur Hoffnungen auf Erfolge in einem anderen Feld oder zu einem späteren Zeitpunkt zu gebären. Ob es um CAD, um Fertigungsautomation (vgl. Hatvany 1983), um Prozeßüberwachung (vgl. Bainbridge 1982) oder gar um einen Konstruktionsautomaten geht (vgl. Yoshikawa 1983b; Roth, K. 1983; Beitz 1983; Riehm 1983) - immer wieder setzt sich diese Idee durch. Wenn wir auch nicht der Überzeugung sind, daß sich die künftige Entwicklung mehr in Richtung semi-automatisierter CAD-Software bewegen wird - diese wären anpassungsfähiger und qualifikationsfördernd - so sollte mit diesen Ausführungen zumindest auf einige Gefahren hingewiesen werden. Die berichteten Befunde zu den qualitativen, arbeitsbezogenen Wirkungen sind schließlich nicht am grünen Tisch gewonnen; es sind betriebliche Erfahrungen.

5.3 Aspekte der organisatorischen Einbettung von CAD

5.3.1 Einführung

Wäre CAD - wie häufig behauptet wird - tatsächlich lediglich ein neues Werkzeug für den Konstrukteur, das seine alten Werkzeuge ergänzt oder ersetzt, wären vom CAD-Einsatz keinerlei organisatorischen Auswirkungen zu erwarten.

Die von den CAD-Experten berichteten organisatorischen Umstellungen vor bzw. nach der Einführung scheinen zunächst nicht ins Gewicht zu fallen. Fünf Unternehmen nahmen demnach vor der Einführung derartige Umstellungen vor, danach weitere drei. In vier Fällen lief diese Umstellung auf eine Neuregelung der Arbeitsteilung hinaus, in zwei Unternehmen wurde anläßlich der CAD-Einführung eine Standardisierung vorgenommen, in drei Unternehmen wurde die CAD-Anwendung durch organisatorische Anweisung geregelt und in einem letzten Unternehmen gab es die Erkenntnis, daß die Programmanwendung eine stärkere Absprache erfordert als bisher.

Eine genaue Betrachtung der Anwendungssituationen in den Betrieben ergibt jedoch in jedem Fall organisatorische Auswirkungen infolge des CAD-Einsatzes. Dies deutet auf ein mangelndes Bewußtsein für die Bedeutung der organisatorischen Komponente des Technikeinsatzes bei den CAD-Experten hin, das zwei mögliche Ursachen hat:

1. Das Problem der organisatorischen Einbettung einer neuen Technologie wird unterschätzt.
2. Es wird kein Zusammenhang zwischen Technologie und Organisationsstruktur gesehen.

In diesem Kapitel sollen vor allem die folgenden Aspekte der organisatorischen Einbettung von CAD behandelt werden:

- Regelungen der Arbeitsplatzbenutzung;
- Regelungen zur CAD-Anwendung, insbesondere zur Arbeitsteilung.
- Die Frage der Zentralisierung oder Dezentralisierung der CAD-Anwendung.

5.3.2 Zugangsregelungen, Arbeitszeitregelungen

In einer ganzen Reihe von Unternehmen war die Anwendung von CAD von vornherein auf bestimmte Mitarbeiter beschränkt, so daß es keiner besonderen Zugangsregelung bedurfte. In manchen Fällen war die zulässige Arbeitszeit am Bildschirm durch eine Betriebsvereinbarung oder sonstige Absprachen geregelt. In einigen Fällen ergab sich daraus Konfliktstoff, insbesondere dort, wo reine CAD-Arbeitsplätze eingerichtet wurden. Es sind dabei Aufwendungsformen denkbar, bei denen der CAD-Benutzer Aufgaben quasi im Stapelbetrieb abarbeitet. Diese Möglichkeit wurde in einem Unternehmen als denkbare Anwendungsform beschrieben. In einem anderen Unternehmen soll sie für eine von uns nicht untersuchte Anwendung eines Zeichnungserstellungsprogramms verwirklicht sein.

Einige Unternehmen verfolgten das Ziel, eine große Anzahl von Mitarbeitern für die CAD-Anwendung auszubilden und längerfristig entsprechend viele CAD-Arbeitsplätze einzurichten. In zwei Unternehmen (A, J) mit Einsatz eines interaktiven Grafikpaketes gab es diesen Ansatz. In beiden war die Anzahl der Arbeitsstationen geringer als die der ausgebildeten Mitarbeiter. Dennoch gab es in bezug auf die Belegung eine unterschiedliche Situation. So gab es in einem der Unternehmen eine Zugangsregelung über eine Belegungsliste, in die ein Anwender sich eine Woche im voraus eintragen mußte, um sicher zu sein, zum gewünschten Zeitpunkt mit CAD arbeiten zu können. Im zweiten Unternehmen mußten die Konstrukteure dagegen vom Konstruktionsleiter zur Anwendung angehalten werden, da die CAD-Bearbeitung in der Einführungsphase zeitaufwendiger war als die konventionelle Bearbeitung.

Lediglich in einem Unternehmen reichen derzeit die vorhandenen Arbeitsplätze nicht aus, um das Aufgabenvolumen zu bewältigen. Es wurden zwei Alternativen erwogen, um diesen Engpaß zu beseitigen: Die

Anschaffung eines weiteren Bildschirms, oder - was als wahrscheinlicher betrachtet wurde - die Regelung des Zuganges über einen Belegungsplan. Dieser Plan umfaßte einen Zeitraum von 12 Stunden pro Tag. Es sind Situationen denkbar, in denen einem Mitarbeiter durch die Belegung die Arbeitszeit vorgeschrieben wird. Von Anwenderseite gab es deshalb starke Vorbehalte gegen diese Lösung, wobei unklar war, ob es deswegen zum offenen Konflikt kommen würde.

5.3.3 Auswirkungen auf die Arbeitsteilung

Zur Begründung der Spezialisierung der CAD-Anwendung bei ausgewählten Mitarbeitern lassen sich zwei extreme Standpunkte formulieren:

1. Die Anwendung betrifft Aufgaben, die so kompliziert sind, daß sie von einem nicht-spezialisierten Konstrukteur nicht zu bewältigen sind. Dies gilt insbesondere für die von uns untersuchten Berechnungsprogramme, die komplizierte Modelle enthalten.
2. Die Anwendung betrifft Aufgaben, die als zu einfach betrachtet werden, um damit vollwertige Konstrukteure zu befassen. Allerdings können trotzdem besondere Fähigkeiten oder Übung eine Voraussetzung sein, um damit Produktivität zu erzielen. Eine weitere Voraussetzung ist, daß es um relativ häufige Aufgaben geht.

Im ersten Fall ist der hohe Lernaufwand das Hauptargument für die Spezialisierung, im zweiten die erwartete höhere Produktivität im Vergleich zur gelegentlichen Anwendung durch nichtspezialisierte Konstrukteure bei Bedarf.

Die Anwendung eines identischen Programmes kann mit unterschiedlichen Formen der Arbeitsteilung verbunden sein, wie z.B. bei den drei Anwendungen des Zeichnungserstellungsprogrammes für rotationssymetrische Teile (in D, C, I) zu beobachten war.

In zwei der drei Fälle hatte dem CAD-Experten zunächst eine Anwendung mit breitem Benutzerkreis vorgeschwebt, wobei man in einem Fall u.a. wegen Unzulänglichkeiten des Programmes und wegen der Kosten, im anderen Fall wegen des fehlenden Einverständnisses des Konstruktionsleiters von diesem Konzept abrückte. Die letzte der drei Anwendungen war in einem "Detaillierungsbüro" angesiedelt, das es bereits vor der Einführung von CAD gegeben hatte.

Das Programm konnte nicht allen Firmenspezifika der vorgelegten rotationssymetrischen Teile gerecht werden, so daß eine Entscheidung über die Machbarkeit getroffen werden mußte. Im Unternehmen mit der Detaillierungsgruppe fungierte der Gruppenleiter als eine Art von Filter und gab die Teile zurück, die nach bisheriger Erfahrung nicht mit CAD zu bearbeiten waren. Im zweiten Unternehmen griff man zur Lösung, die Zeichnungen notfalls unvollständig mit CAD anzufertigen und den Rest manuell zu ergänzen. Die Entscheidung traf der zuständige Konstrukteur, der sich vom CAD-Experten beraten lassen konnte. Im letzten der drei Unternehmen traf die CAD-Anwenderin diese Entscheidung. Die übrigen Aufträge gingen zurück an die Konstruktionsgruppen.

Die Programmbenutzung hat eine sorgfältige Vorarbeit zur Voraussetzung. In einem Fall (Detaillierungsbüro) mußten die Konstrukteure sorgfältigere Vorentwürfe abliefern, im anderen Fall mußte sich die CAD-Anwenderin um die Vervollständigung der Vorentwürfe kümmern.

Diese Beispiele verdeutlichen, daß es keine zwangsläufige Arbeitsteilung als Folge des CAD-Einsatzes gibt, sondern daß die Unternehmen einen Entscheidungsspielraum besitzen, um beispielsweise vorhandenen Organisationsstrukturen Rechnung zu tragen oder um bewußte Anwendungskonzeptionen zu realisieren. Denkbar wären auch die in zwei Fällen beabsichtigte Konzeption mit breitem Anwenderkreis oder auch Mischlösungen, in denen ein Teil der Konstrukteure bei Bedarf mit CAD arbeitet, während jene, die nicht mit CAD arbeiten wollen oder können, Aufträge an spezialisierte Anwender geben. Zusammenfassend kann gesagt werden, daß die folgenden Argumente von den Unternehmen für die Spezialisierung der Aufgabenbearbeitung mit CAD angeführt wurden:

- Die Kosten für Arbeitsplätze, die immerhin 100.000 DM oder mehr betragen.
- Die Kosten und der zeitliche Aufwand für die erforderlichen Schulungsmaßnahmen, die gegen den erwarteten Nutzen eines breiten Anwenderkreises abgewogen werden müssen.
- Akzeptanzprobleme, die sich in der Anfangsphase durch eine Beschränkung der Anwendung auf interessierte, der EDV gegenüber positiv eingestellte Mitarbeiter vermeiden lassen.
- Die Spezialisierung der Anwendung ermöglicht eine bessere Kontrolle bezüglich Effektivität, sachgerechter Anwendung etc. im Ver-

gleich zu einer Streuung über einen weiten Anwenderkreis, bei dem CAD nur einen kleinen Ausschnitt der Aufgaben bilden würde.

- Die Kompetenz der Anwender in bezug auf CAD kann durch den häufigen Gebrauch gesteigert werden.

Es lassen sich auch eine Reihe von Nachteilen nennen, die gegen eine Spezialisierung von Mitarbeitern für die CAD-Anwendungen sprechen:

- die auf CAD spezialisierten Mitarbeiter sind nach einer längeren Zeit nur noch eingeschränkt verwendbar; sie entwickeln zwar ihre programmtechnische Kompetenz weiter, dafür weniger das inhaltliche, konstruktionsbezogene Wissen.
- Die Spezialisierung hat Folgeprobleme der Abstimmung zwischen jenen Abteilungen, Gruppen bzw. Mitarbeitern, die mit CAD arbeiten, und denen, die dies nicht tun. Wenn sich CAD langfristig zu einer einheitlichen Konzeption entwickeln soll, dann bedeutet das für die Arbeitsteilung, daß nur solche Teile verselbständigt werden sollten, die eine klare inhaltliche Teilfunktion haben, wie z.B. Berechnungen durchführen mit komplizierten Modellen.
- Arbeitsteilung kann ein sinnvolles Prinzip sein. So ist die Gesamtkonstruktion von Maschinen von einem alleine heutzutage sowieso nicht zu bewältigen, insofern muß der Betrieb zu einer Arbeitsteilung greifen. CAD führt aber insofern zu einer neuen, problematischen Arbeitsteilung als diese entlang einer Maschinenbedienung erfolgt und nicht entlang von Objektbereichen, wie dies bereits traditionell geschieht. Wenn nun beabsichtigt ist, den CAD-Einsatz auf neue Bereiche der Konstruktionsarbeit auszudehnen, kann es zu der Situation kommen, daß sich ein größer werdender Teil der Konstrukteure auf CAD-Benutzung spezialisiert, während ein immer geringer werdender Teil weiterhin konventionell arbeitet. Der Charakter der den Konstrukteuren verbleibenden Tätigkeit würde von der Weiterentwicklung von CAD abhängen, so daß sie im Extremfall stark fragmentiert und aus dem Zusammenhang gerissen ist. Die Folgen für die Qualifikation der Konstrukteure wären unabsehbar.
  Gute Konstrukteure könnten zudem bloß deshalb aus dem Konstruktionsbereich hinausgedrängt werden, weil sie mit einer, in manchen Fällen, wenig durchdachten Software nicht zurechtkommen.

Für den CAD-Experten schafft die Spezialisierung der CAD-Anwendung den Vorteil eines betriebsinternen Milieus, in dem der Druck fehlt, die Berechtigung und die Leistungsfähigkeit von CAD immer erneut unter Beweis zu stellen: Die Anwender neigen dazu, sich mit dem Erfolg von CAD zu identifizieren. Für das Unternehmen stellt die Spezialisierung der Anwender in der Anfangsphase eine Möglichkeit dar nachzuprüfen, ob CAD auf einer Routinebasis funktioniert. Schließlich fehlt den CAD-Experten derzeit vermutlich die Grundlage für fundierte Entscheidungen hinsichtlich der konstruktionsadäquaten Softwaregestaltung und hinsichtlich der erforderlichen Qualifikationen für die Benutzung der CAD-Systeme. In der Vergangenheit waren Rationalisierungsmaßnahmen häufig mit Spezialisierung verbunden, so daß es leicht zu einer Gleichsetzung von Spezialisierung mit Rationalisierung kommen kann.

CAD kann allerdings auch eingesetzt werden, um die traditionellen Formen der Arbeitsteilung zumindest teilweise rückgängig zu machen. So sind Anwendungen denkbar, bei denen die Konstrukteure selbst mit CAD Zeichnungen anfertigen, anstatt diese Aufgaben an technische Zeichner zu delegieren. Diese Regelung kann dann problematisch sein, wenn es durch sie zu Entlassungen kommt.

Bevor ausgewählte Mitarbeiter für eine CAD-Benutzung/Anwendung spezialisiert werden, sollte man sich folgende Fragen vorlegen:

- Ist eine Arbeitsteilung entlang der Maschinenbedienung sinnvoll oder sollten CAD-Benutzer nicht immer zusätzlich andere Tätigkeiten ausführen?
- Welche Folgen hat CAD für die Qualifikationen der CAD-Anwender?
- Werden nur die programmbezogenen Qualifikationen gefördert oder auch die inhaltlich-konstruktiven?
- Welche Auswirkungen hat CAD auf die Qualifikationen der nicht mit CAD Arbeitenden?
- Welche Folgen hätte es, wenn die CAD-Anwendung gestoppt und die Spezialisierung rückgängig gemacht werden müßte?

5.3.4 CAD als zentrale oder dezentrale Lösung?

In vielen Unternehmen wird das angestrebte Anwendungskonzept mit "dezentraler Anwendung" umschrieben. Die Wunschformel lautet: "CAD am Arbeitsplatz". Die aktuelle Situation ist aber aus bereits genannten Gründen eher durch eine Zentralisierung in den Händen weniger Spezialisten gekennzeichnet. Dabei geht es um mehrere Dimensionen der Zentralisierung bzw. Dezentralisierung.

1. Unterschiedliche Regelungen sind für die CAD-Einführung (z.B. durch eine zentrale Projektgruppe) und die Anwendung (in verschiedenen Gruppen) denkbar.
2. Ein weiterer Aspekt ist die Lokalisierung der Computerleistung und damit die Zuständigkeit für die Hardware.
3. Weitere Unterschiede kann es bezüglich der Zuständigkeit und der Verfügbarkeit der Software geben.
4. Schließlich können wir bei der Herkunft der Aufgabe danach unterscheiden, ob es sich um eine eigene Aufgabe des CAD-Anwenders handelt oder um eine zugewiesene Aufgabe eines anderen Mitarbeiters.

Es gibt eine Reihe von Gründen, weshalb die Frage einer "zentralen" oder "dezentralen" Anwendung genau bedacht werden sollte:

- In aller Regel war das Bewußtsein eines Zusammenhangs zwischen der Einbettung der CAD-Anwendung und der Organisationsentwicklung nur schwach ausgeprägt.
- Es gibt Tendenzen zur Einführung neuer Formen der Arbeitsteilung im Zuge der CAD-Einführung, doch sind diese nicht zwingend. Sie enthalten eine Spezialisierung bestimmter Mitarbeiter für bestimmte CAD-Anwendungen, d.h. entlang der Maschinenbenutzung. Man kann CAD auch so einsetzen, daß die damit erzielbaren Produktivitätssteigerungen genutzt werden, um das Aufgabenspektrum der Anwender zu erweitern.
- Mit der Festlegung der Anwendungskonzeptionen werden auch Randbedingungen für die Entwicklung der Qualifikationen der Mitarbeiter und deren Arbeitsbedingungen geschaffen sowie Möglichkeiten zur Förderung oder Behinderung innovativer Leistungen des Unternehmens.

In organisationstheoretischer Sicht liegt das Problem der Wahl der richtigen Anwendungskonzeption darin, daß organisatorische Strukturen nicht beliebig lange in der Schwebe gehalten werden können, sondern daß bestimmte Lösungen fixiert werden müssen, die zu Folgelasten führen können. Solche Folgelasten können den Innovationsgewinn aufzehren, so daß die Nettobilanz fünf Jahre nach einer Einführung negativ sein kann. Um ein Beispiel für eine solche mögliche Entwicklung zu geben: die Benutzung eines interaktiv-grafischen Variantenprogramms bindet etwa drei der besten Konstrukteure in einer Konstruktionsabteilung. Im Verlauf der ersten beiden Jahren mag sich - ohne daß es gewollt ist - eine Spezialisierung dieser drei Benutzer auf CAD ergeben. Die früher vorgesehene Ausweitung des Benutzerkreises wird mehr und mehr hinfällig, weil man die Erfahrung macht, daß der Schulungs- und Übungsaufwand bei diesem Programm für die anderen Mitarbeiter zu hoch wäre, so daß man auf sie als CAD-Benutzer verzichtet. Nach fünf Jahren mögen die drei Benutzer zwar sehr versierte Programmbenutzer sein, als Konstrukteure sind sie aber nicht mehr oder nur eingeschränkt verwendbar.

Tabelle 5.2. gibt die gefundenen Lösungen für die bereits angesprochenen organisatorischen Aspekte wieder. Bezüglich der organisatorischen Zuständigkeit werden dabei zwei Ebenen unterschieden: "Konstruktion" (Konstruktionsgruppe, CAD-Gruppe, Abteilung) und "andere Abteilungen". Für die beiden Aufgaben Installation und Zuständigkeit für Hardware war in allen Unternehmen jeweils dieselbe Gruppe zuständig (deshalb in der Tabelle 5.2., siehe erste Zeile, keine weitere Aufteilung). In vier Unternehmen verfügten die Konstruktionsabteilungen über eigene Rechner, die sie auch hardwaremäßig betreuten.

In allen Unternehmen war die Software in der Konstruktionsabteilung verfügbar und wurde auch dort angewendet, teilweise nur durch ausgewählte Mitarbeiter. Die Zuständigkeit für die Software lag jedoch in vielen Fällen bei einer anderen Stelle, die denn auch für die CAD-Einführung zuständig war.

Die Mehrzahl der CAD-Benutzer (acht) bearbeitete mit CAD eigene Aufgaben, wobei in drei Fällen bereits vor der CAD-Einführung Detaillier- oder Zeichnungsgruppen vorhanden waren, die nunmehr mit CAD arbeiten. In zwei Unternehmen gab es eine Mischregelung, nach der die CAD-Anwender sowohl eigene als auch zugewiesene Aufgaben bearbeiteten. Daneben gibt es noch folgende Besonderheiten:

- Fünf Fälle (C, D, G, E, H) können als nahezu vollständig "dezentralisierte" Anwendungen charakterisiert werden: die Mehrzahl der Aufgaben werden auf der Ebene der späteren Anwender in der Konstruktion bearbeitet.
- In einem Fall (N) spielt sich die gesamte CAD-Anwendung ebenfalls innerhalb des Konstruktionsbereichs ab, wobei es sich um die CAD-Bearbeitung als typische Zeichner-Aufgabe handelt.

Tabelle 5.2. Merkmale organisatorischer Einbettung bei verschiedenen CAD-Programmen

PROGRAMM-ART	MERKMAL	KONSTRUKTION			ANDERE ABTEILUNGEN	
		Konstr.-Gruppe	CAD-Gruppe	Abteilung	Gruppe	Abteilung
INTER-AKTIV GRAFI-SCHE PAKETE	Installation/Zuständigkeit für Hardware		G	G, N		A, F, J
	Verfügbarkeit der Software		G	A, F, G J, N		J
	Zuständigkeit für Software		G	A, N	F, J	G
	Zuständigkeit für CAD-Einführung		G	A, N	F, J	G
	CAD-Bearbeitung als eigene Aufgabe	A, F, J, N	G			
	CAD-Bearbeitung als zugewiesene Aufgabe	F				
DETAIL	Installation/Zuständigkeit für Hardware					C, D, I
	Verfügbarkeit der Software	I	C, D			
	Zuständigkeit für Software		C, (D)	C		C, I
	Zuständigkeit für CAD-Einführung		C	D		I
	CAD-Bearbeitung als eigene Aufgabe	I				
	CAD-Bearbeitung als zugewiesene Aufgabe			D, C		
PROREN	Installation/Zuständigkeit für Hardware					B, L
	Verfügbarkeit der Software	B				
	Zuständigkeit für Software	(L)		(L)		B, L
	Zuständigkeit für CAD-Einführung					B, L
	CAD-Bearbeitung als eigene Aufgabe	B, L				
	CAD-Bearbeitung als zugewiesene Aufgabe					
BERECH-NUNGS-PRO-GRAMME	Installation/Zuständigkeit für Hardware			E, H		E
	Verfügbarkeit der Software		E, H			
	Zuständigkeit für Software		E	H		
	Zuständigkeit für CAD-Einführung		E	H		
	CAD-Bearbeitung als eigene Aufgabe		H			
	CAD-Bearbeitung als zugewiesene Aufgabe		E, H			

Legende: Angaben in Klammern ( ): Zuständigkeit noch nicht endgültig geregelt/unklar.

- In fünf Fällen wurde die CAD-Einführung von konstruktionsfremden Projektgruppen durchgeführt. Die Anwendung war dagegen in den Konstruktionsabteilungen angesiedelt.

Folgende Faktoren scheinen für die Arbeitsteilung ausschlaggebend gewesen zu sein:

- Ansiedlung des CAD-Promotors und damit Vorhandensein einer Abteilung für technische Berechnung, die sich für die Einführung, aber nicht für die Anwendung von CAD anbot (fünf Fälle).
- Verfügbarkeit von Qualifikationen in der Konstruktionsabteilung. In vier Fällen waren die erforderlichen Qualifikationen für die Einführung von CAD nur mit Einschränkung in der Konstruktion verfügbar.
- In einigen Fällen wurde die Kompliziertheit der Einführung unterschätzt, was die verstärkte Unterstützung durch konstruktionsfremde Stellen erforderlich machte.

Bereits vor der Einführung von CAD gab es zugewiesene Arbeit in der Form, daß Zeichner die Rohentwürfe von Konstrukteuren zu brauchbaren Fertigungsunterlagen ausgearbeitet haben. Dabei kann ein Zeichner einem Konstrukteur direkt zugeordnet sein oder einem Zeichnerpool angehören.

Bei einer starken Arbeitszergliederung entsteht die Gefahr, daß ein Zeichenbüro für den Konstrukteur zu einer Art "Black Box" wird, und daß der Zeichner den inhaltlichen Bezug zur Arbeit verliert. Diese Gefahr verstärkt sich noch bei der Vergabe größerer Mengen von Zeichenarbeit außer Haus.

Das Bestreben, die Notwendigkeit dafür zu reduzieren, war auch ein Grund für die Einführung von CAD. Neben den erheblichen Kosten spielte hierbei der Wunsch eine bedeutende Rolle, Fehler zu vermeiden und Bearbeitungszeiten zu verkürzen. Trotz dieser Erwägungen gibt es CAD-Anwendungskonzepte, die den Benutzer auf die Rolle des Datentypisten reduzieren: Er bearbeitet dann einen schier endlos erscheinenden Stapel gleichartiger Aufgaben. Das Programm mag zwar genau arbeiten, aber die Gefahr von Eingabefehlern durch die dafür desensibilisierten Anwender wächst.

5.4 Personalbewegungen

Die bislang beobachteten Auswirkungen von CAD auf den Personalstand sind minimal. Die CAD-Einführung hat bisher eher Neueinstellungen zur Folge als Entlassungen, aber dies liegt zum großen Teil daran, daß es sich durchweg um noch nicht ausgereifte Anwendungen handelt. Einige Anwendungen sind mit der Absicht eingeführt worden, Zeichenpersonal einzusparen. In anderen Fällen hofft man, auf Versuche oder Überarbeitung von Entwürfen verzichten zu können. Gelegentlich wurde von den CAD-Experten gegenüber der Geschäftsführung das Personaleinsparungspotential als Innovationsgrund genannt, doch wurde das Ziel als nur begrenzt realisierbar angesehen, und es wurde auch nicht öffentlich damit argumentiert.

Größere Effekte werden von der Kopplung CAD-NC erwartet, die bisher nur in drei Fällen (D, F, L) realisiert worden war bzw. bevorstand. In diesen Fällen erwartete man einen Abbau von Stellen in der Arbeitsvorbereitung, der jedoch über die Fluktuation und durch innerbetriebliche Umsetzungen erfolgen sollte.

Die bisher eingetretenen Effekte und Erwartungen der Unternehmen sind in Tabelle 5.3. dargestellt.

Im wesentlichen können folgende Trends bei den Personalbewegungen festgestellt werden:

- CAD hat die größten Auswirkungen außerhalb des eigentlichen Konstruktionsbereiches, insbesondere bei Kopplung von CAD-NC. Insgesamt ist die Nettobilanz derzeit noch positiv, wenn man nur faktisch erfolgte Umsetzungen, Einstellungen, Freisetzungen usw. beachtet, also nicht die "fiktiven Einsparungen" (d.h. an zusätzlichem Personal, das man ohne CAD einstellen müßte).
- Es wird vermutlich keine nennenswerten Entlassungen im Zuge der CAD-Einführung geben. Personaleinsparungen erfolgen durch Ausnutzen der natürlichen Fluktuation, gegebenenfalls durch Umsetzungen. "Fiktive" Einsparungen werden an der Tagesordnung sein, d.h. die Kapazitäten der Unternehmen werden mithilfe von CAD ausgebaut bei gleichzeitigem Verzicht auf Neueinstellungen.
- Auswirkungen wird es möglicherweise für Zeichenbüros geben, die bislang Fremdaufträge für die Unternehmen bearbeitet haben, die nun CAD einsetzen.

Tabelle 5.3. Überblick über bisher eingetretene Personalbewegungen

Unternehmen	Programmanwendung +)	Bisher eingetreten in Konstruktionsabteilung (=KA)	Sonstige Bereiche	Erwartungen bezüglich Effekte
A	Finite-Element Anwendung		1 zusätzl. Einstellung f. Ber.	- Einsparung von Versuchen - Verringerung des Überarbeitungsaufwandes
	Interaktiv-grafisches Paket			- Fiktive Einsparung ++) von Arbeitskräften, insbes. techn. Zeichn.
B	(Autom.) Variantenprogramm Grafikpaket geplant			- Einsparungen in Form d. Verzichts auf Neueinstellungen
C	Zeichnungserstellung für rotationssymmetrische Teile	2 Umsetzungen aus der KA für die Anwendung		- Reduzierung Fremdaufträge; - Effekte außerhalb KA werden erwartet;
D	Zeichnungserstellung für rotationssymmetrische Teile		2 Stellen in Arbeits vorber. nicht neu besetzt (z.T.d.CAD)	- Verzicht auf Fremdaufträge
E	Finite-Element Anwendung			- keine genannt
F	Interaktiv-grafisches Paket mit Eigenentwicklung	2 Umsetzungen zur CAD-Anwendung		- Ausnutzen Fluktuation, keine Entlassungen gemäß Betriebsvereinbar.
G	Finite-Element Anwendung		1 Umsetzung aus KA, 1 Neueinstellung	- keine genannt
	Turn-key-System in E-Konstruktion			- Abbau durch Fluktuation in KA, Effekte für Arvorbereitung erwartet
H	Auslegung von Kurven-Koppel-Getrieben	1 Neueinstellung, teilw. f. Anwendung	Verzicht Fremdaufträge u. Hereinnahme in eigene Fertigung	
I	Zeichnungserstellung für rotationssymmetrische Teile	1 Neueinstellung	Abbau v. 4 Stellen in Arbeitsvorbereit. lt.Betriebsrat	- Kapazitätsausweitung bei Nichteinstellung; - Einsparung b. techn. Zeichnern;
J	Interaktiv-grafisches Paket		1 Neueinstellung für techn. Berechnungen	- Abbau v. Fremdaufträgen als 1. Ziel
L	Finite-Element Anw.		2 Neueinstellungen	- Einspar.b. Versuchen
	Zeichnungserstellung für rotationssymmetrische Teile			- Abbau Fremdaufträge; - Stellenabbau nicht ausgeschlossen
	Variantenprogramme u. Kopplung CAD-NC			- Abbau Fremdaufträge; - "massiver" Stellenabbau in Arbeitsvorber. (kritisch NC-Progr.)
N	Grafikpaket in der E-Konstruktion			- Stellenabbau nicht ausgeschlossen
K	Zeichnungserstellung für rotationssymmetrische Teile		1 Neueinstellung für Implementation	- Anwendung gestoppt; Personaleffekte wurden erwartet

+) Es wurden auch Programmanwendungen berücksichtigt, die nicht im Detail untersucht wurden, aber bei der Frage nach Personalbewegungen vom Gesprächspartner genannt wurden.

++) Fiktive Einsparung; Fachterminus für Personaleinsparung, die erzielt wird im Vergleich zu der Situation, wenn die jetzt technisch unterstützte Arbeit mit konventionellen Mitteln zu erledigen gewesen wäre.

[illegible] trag mehr Aufwand zu be-
[illegible] durch CAD entgegenwirkt.

[illegible] Fehler an Programmen sind
[illegible] stehen in der Erprobung,
[illegible] den, bestimmte Verfahrens-
[illegible] ch nicht eingeschliffen,
[illegible] CAD ist für den Konstruk-
[illegible] ie enthält Chancen für
[illegible] gemeine EDV in früheren

[illegible] en aber nicht für die
[illegible] Sachlage eindeutiger
[illegible] mehr für die CAD-Benut-
[illegible] eniger offensichtlich.
[illegible] derungen und auch Ar-
[illegible] werden. Auch ist nicht
[illegible] n untergeordneten Stel-
[illegible] hance gar nicht gegeben
[illegible] ung folgender dreier

[illegible] nerin mit zweijähriger
[illegible] zunächst im Detaillie-
[illegible] Assistentin war für den
[illegible] ie CAD-Entwicklung im
[illegible] hatte in dieser Posi-
[illegible] h ein Vorgängersystem
[illegible] rogramms kennen, war
[illegible] de, am Austesten der
[illegible] weiterer Zeichnerin-
[illegible] einiger Zeit wurde
[illegible] en anderen Unterneh-
[illegible] der Anwenderinnen in
[illegible] inem Zertifikat als
[illegible] Engpaß im Detaillie-
[illegible] hef-Assistentin wech-

selte wieder in die Konstruktionsabt
tergeht, läßt sich schwer ausmachen -

Analysiert man diesen Fall, so erken
"CAD-Karriere" bestimmten:

- Auf der einen Seite ist die betri
  Einrichtung einer Entwicklungsabt
  von dieser Entwicklung konnte die
  holte sie die betriebliche Dynami
  die Konstruktion zurückversetzt.
- Sie hätte aber ihre Chance ausbau
  aktive "Qualifizierungsstrategie"
  lich erreichen können, daß sie i
  bleiben darf, um dort an der Vor
  fikpaketes mitzuarbeiten, so daß
  dieses Paketes in der mechanisch
  können.

Im zweiten Fall geht es wieder um
diesmal nahm die Entwicklung für
ganz anderen Verlauf. Sie verfolgt
vielleicht auch dadurch leichter
te Detailkonstrukteurin galt. Zuh
Unternehmensleitung bei der Auswa
gingen, so daß das CAD-Projekt vo
tuation ließ sich die Detailkonst
ablehnte - die Programm-Benutzung
hebliche finanzielle und inhaltli
das Recht, wieder in ihre angest
hen, falls sie das wünschte. Die
durch ihren Einsatz vor einem Sch
wie eine aktive Strategie - frei
aus eine Chance eröffnen kann. Z
nehmen recht teuer erkaufte Eins
dung nicht gleichsam befohlen od

Im dritten Fall geht es um einen
aus welchen Gründen auch immer
Berufsausbildung nicht die form
die ihm einen beruflichen Aufst

- Es gibt einen Trend, pro Konstruktionsauftrag mehr Aufwand zu betreiben, der den Personaleinspareffekten durch CAD entgegenwirkt.

5.5 CAD: Eine Karrierechance?

CAD ist noch keine etablierte Technologie: Fehler an Programmen sind auszumerzen, andere Varianten von Programmen stehen in der Erprobung, Pilotanwendungen müssen weiterentwickelt werden, bestimmte Verfahrensweisen und betriebliche Einbettungen sind noch nicht eingeschliffen, kurz: persönliches Engagement ist gefordert. CAD ist für den Konstruktionsbereich eine völlig neue Technologie. Sie enthält Chancen für ein neues Expertentum, wie es ähnlich die allgemeine EDV in früheren Jahren bot.

Die Frage der Karrierechancen soll im folgenden aber nicht für die CAD-Experten gestellt werden. Für sie ist die Sachlage eindeutiger und im allgemeinen positiv. Die Frage sei vielmehr für die CAD-Benutzer gestellt. Für sie ist eine solche Frage weniger offensichtlich. Damit sollen die teilweise gravierenden Veränderungen und auch Arbeitsplatzgefährdungen keineswegs verharmlost werden. Auch ist nicht zu übersehen, daß für den Großteil der meist in untergeordneten Stellungen arbeitenden CAD-Benutzer eine Karrierechance gar nicht gegeben ist. Umso aufschlußreicher dürfte die Betrachtung folgender dreier Fälle sein.

Im ersten Beispiel geht es um eine Detailzeichnerin mit zweijähriger Lehre, die nach der Ausbildung im Unternehmen zunächst im Detaillierungsbüro arbeitete, später so etwas wie eine Assistentin war für den Leiter einer Entwicklungsabteilung, der auch die CAD-Entwicklung im Unternehmen zu betreuen hatte. Die Zeichnerin hatte in dieser Position vielfältige Aufgaben. Sie lernte schon früh ein Vorgängersystem des derzeit eingesetzten Zeichnungserstellungsprogramms kennen, war später, als eine neue Version implementiert wurde, am Austesten der Elemente beteiligt und an der Einweisung zweier weiterer Zeichnerinnen, die mit dem Programm arbeiten sollten. Vor einiger Zeit wurde nun der Leiter der Entwicklungsabteilung in einen anderen Unternehmensbereich gerufen, gleichzeitig verließ eine der Anwenderinnen in der Konstruktion das Unternehmen, übrigens mit einem Zertifikat als "CAD-Zeichnerin" ausgestattet. So mußte nun ein Engpaß im Detaillierungsbüro überbrückt werden, und die ehemalige Chef-Assistentin wechselte wieder in die Konstruktionsabteilung. Wie die Entwicklung weitergeht, läßt sich schwer ausmachen.

Analysiert man diesen Fall, so erkennt man zwei Faktoren, die diese "CAD-Karriere" bestimmten:

- Auf der einen Seite ist die betriebliche Dynamik zu sehen, die zur Einrichtung einer Entwicklungsabteilung, auch für CAD, führte, und von dieser Entwicklung konnte die Zeichnerin profitieren. Allerdings holte sie die betriebliche Dynamik bald wieder ein. Sie wurde in die Konstruktion zurückversetzt.
- Sie hätte aber ihre Chance ausbauen können, wenn sie selbst eine aktive "Qualifizierungsstrategie" verfolgt hätte. Sie hätte vermutlich erreichen können, daß sie in der Rest-Entwicklungsgruppe verbleiben darf, um dort an der Vorbereitung des Einsatzes eines Grafikpaketes mitzuarbeiten, so daß sie bei dem abzusehenden Einsatz dieses Paketes in der mechanischen Konstruktion hätte mitarbeiten können.

Im zweiten Fall geht es wieder um ein Zeichnungserstellungsprogramm, diesmal nahm die Entwicklung für die betroffene Zeichnerin aber einen ganz anderen Verlauf. Sie verfolgte eine aktive Strategie, was ihr vielleicht auch dadurch leichter möglich war, daß sie als qualifizierte Detailkonstrukteurin galt. Zuhilfe kam ihr, daß Konstruktions- und Unternehmensleitung bei der Auswahl des CAD-Anwenders zu sorglos vorgingen, so daß das CAD-Projekt vor dem Scheitern stand. In dieser Situation ließ sich die Detailkonstrukteurin bewegen - was sie zuvor ablehnte - die Programm-Benutzung zu übernehmen. Dabei konnte sie erhebliche finanzielle und inhaltliche Forderungen durchsetzen, u.a. das Recht, wieder in ihre angestammte Konstruktionsgruppe zurückzugehen, falls sie das wünschte. Diese CAD-Anwendung wurde wesentlich durch ihren Einsatz vor einem Scheitern bewahrt. Dieser Fall zeigt, wie eine aktive Strategie - freilich bei gegebenen Umständen - durchaus eine Chance eröffnen kann. Zuhilfe kam ihr die in diesem Unternehmen recht teuer erkaufte Einsicht, daß der Erfolg einer CAD-Anwendung nicht gleichsam befohlen oder erzwungen werden kann.

Im dritten Fall geht es um einen Konstrukteur, der aufgrund einer aus welchen Gründen auch immer nicht konsequent zu Ende geführten Berufsausbildung nicht die formalen Zertifikate vorweisen konnte, die ihm einen beruflichen Aufstieg gesichert hätten, z.B. in die

Position eines Gruppenleiters zu gelangen. Er wechselte schließlich zu einem anderen Unternehmen, kehrte jedoch bald, nach einem halben Jahr, wieder zurück, da man ihm im Zusammenhang mit dem Ausbau der CAD-Anwendung eine entsprechende Tätigkeit bieten konnte. Seine Aufgabe bestand nun darin, die Konstruktionslogik für bestimmte Produktklassen aufzuarbeiten, um damit die inhaltliche Grundlage für entsprechende Software zu schaffen, die in einer CAD-Entwicklungsgruppe geschrieben wird. Er ist damit so etwas wie eine Schnittstelle zwischen Konstruktion und CAD-Software. Diese Vermittlerrolle erweist sich auf dem Hintergrund anderer CAD-Erfahrungen als sehr bedeutsam, auch für den Erfolg eines Teils der CAD-Anwendung in diesem Unternehmen.

Es wäre verfehlt, wollte man die durch CAD bedingten Veränderungen und die damit einhergehende betriebliche und persönliche Problematik mit der Formel entschärfen, CAD biete jedem seine Chance. So rosig stellt sich die Situation nicht dar. Auch ist die individuelle Chance kein Ersatz für allgemeine Lösungen. Doch zeigen die drei herausgegriffenen Fälle, daß es Chancen durchaus gibt, wenn die Betroffenen eine aktive Strategie verfolgen.

6 Schlußfolgerungen und Hinweise

6.1 Ratschläge zur Beratung

Wer als geplagter CAD-Experte mit jenem sprichwörtlich dicken Terminkalender oder als Aspirant in dieser Rolle nur das folgende Kapitel des vorliegenden Berichtes für das entscheidende hält und nun auf Ratschläge dazu hofft, welches System "am besten" sei, welche Strategie der "Durchsetzung" klugerweise einzuschlagen sei und wie man am schnellsten einen "return on investment" erziele, der muß enttäuscht werden. Solche Rezepte sind nicht zu liefern. Sie haben bestenfalls eine negative Form: Es gibt nicht <u>das</u> beste CAD-System oder -Programm; es gibt nicht die <u>eine</u> erfolgreiche Strategie, und die Entscheidungsmaxime, daß sich das eingesetzte Geld bald wieder auszahlen müsse, ist zweifellos legitim. Die Instruktivität dieser Regel ist dennoch gering und die Regel zumindest in dem Fall falsch, wenn sie als alleiniges Kriterium eingesetzt wird. Die langfristigen Vorteile von CAD müssen mit den monetären Effekten nicht zusammenfallen und die negativen Auswirkungen liegen vermutlich ohnehin außerhalb des Kalküls.

Die Entscheidung, diesem Bericht einen "Empfehlungsteil" beizugeben, ist nicht deshalb gefällt worden, weil wir meinten, mit den untersuchten Unternehmen in einem Beratungsverhältnis zu stehen (obschon wir etliche Male um konkrete Ratschläge gebeten wurden). Es soll vielmehr der Versuch gemacht werden, die Ergebnisse und die uns berichteten Erfahrungen dort, wo es geht, auf einen kurzen Nenner zu bringen, vielleicht auch einmal eine Regel zu formulieren, die sich als grobe Marschrichtung anbieten könnte. Von einer eigentlichen "Empfehlung" soll nicht gesprochen werden, weil dieser Begriff eine situativ und inhaltlich sehr spezifische Form der Beratung meint, die - zumindest hier - nicht zu leisten ist. Würden wir diesem Anspruch nachgeben, müßten wir unseriös erscheinen, ähnlich jenem Berater, der bei seinem Klienten die Problemlagen und Abhängigkeiten erst erzeugt, die seine Hilfe erforderlich machen. Einem anderen Mißverständnis sei vorgebeugt: Wer meint, die nachfolgenden Schlußfolgerungen und Hinweise würden sich aus unseren Ergebnissen nahtlos herausschälen oder gar "ableiten" lassen, würde die Aussagekraft empirischer Ergebnisse überschätzen. Die eigene subjektive Wertung ist selbstverständlich eingeflossen, manche Schlußfolgerung aber gelegentlich zäh erstritten worden.

Als Adressaten unserer Hinweise haben wir zunächst die betrieblichen CAD-Experten im Auge, denen aufgrund ihres Fachwissens auch in den nicht-technischen Fragen von CAD eine besondere Verantwortung zufällt, ohne daß sie gleichzeitig dafür spezifisch kompetent wären. Angesprochen seien ebenfalls die Programmentwickler und Systemausrüster, die Träger von Entscheidungsfunktionen und die betrieblichen und gewerkschaftlichen Gremien der Mitarbeitervertretung. Bleiben die Anwender selbst, oder genauer die Benutzer der Programme übrig. Die Formel, daß Forschung letztlich ihnen nutzen müßte, greift zu kurz und ist auch verdächtig. Doch gilt nicht jede Botschaft jenem, an den sie gerichtet ist. Deshalb sei hier festgehalten: Das Können und die Motivation der CAD-Benutzer spielen beim Erfolg einer Anwendung eine große Rolle. Dieser Erfolg kann weder mit formeller Macht dekretiert noch mit Geld erkauft werden.

6.2 Technologiegestaltung und die Grenze der Wählbarkeit

Im historischen Zeitraffer und in den kürzeren Innovationszyklen, in denen Technologien entwickelt, propagiert und angewendet werden, erscheint uns heute jede Technologie in einem starken Maße als machbar und gestaltbar. Die anhaltende Diskussion über Möglichkeiten und Formen der Technologiegestaltung speist sich aus dieser Erkenntnis. Sie ist tröstlich in einem historischen Rahmen, weil sie die Veränderbarkeit von Technologien belegt, und sie ist wichtig als Impuls, in der Technologiegestaltung mitzuwirken. Auf der anderen Seite ist die Erkenntnis wenig hilfreich für ein Unternehmen, welches sich heute bzw. innerhalb einer bestimmten Frist für ein bestimmtes System entscheiden muß. Diesem Unternehmen ist mit dem Hinweis wenig gedient, daß wir in zehn Jahren sicher andere CAD-Systeme haben werden als heute, daß andere Eingabetechniken, andere Darstellungsmedien usw. verwendet werden. Eine solche Grenze der Wählbarkeit existiert auch für den Benutzer. Ist das Geld für einen Bildschirm einmal ausgegeben, läßt sich die Forderung nach einem größeren Bildschirm oder einem mit einer stärkeren Auflösung oder mit Grafikfähigkeit kaum einlösen, jedenfalls vermutlich nicht innerhalb des Abschreibungszeitraums.

Man kann auf das Dilemma eingeschränkter Entscheidungsfreiheit mit zwei entgegengesetzten Verhaltensweisen reagieren, die gleichwohl beide sinnvoll sein können: entweder abwarten, bis die nächste Generation der Geräte angeboten wird, oder eben gerade nicht abwarten in der Erkenntnis, daß man Veränderungen in der Gerätekonfiguration immer wieder vornehmen kann, wenn die ersten Schritte in Richtung CAD erst einmal getan, die ersten Erfahrungen gesammelt sind.

Wählbar bleibt weitgehend die organisatorische Einbettung von CAD in einem Unternehmen. Wie die Ergebnisse zeigen, sind - gerade bei CAD-Programmen mit eingeschränktem oder spezifischem Anwendungsbereich - deutliche Spezialisierungstendenzen beobachtbar, die insbes. von dem in den Anfangszeiten von CAD häufig propagierten Ideal des "CAD am Arbeitsplatz" wegführen. Es kann nun für die jeweilige Benutzungsorganisation selbstverständlich sachliche Gründe geben, ohne daß diese aus der Technologie (sprich: der im einzelnen Fall notwendigen Konfiguration) ableitbar wären. Daß auch die Technologiegestaltung einen Pferdefuß hat, zeigt folgende Überlegung:

Kommt etwa ein Unternehmen mit Rücksicht auf die Kreativität seiner Konstrukteure zu der Einsicht, daß man ein CAD-System eigentlich nur dann akzeptieren könnte, wenn die Bildschirme entweder so groß wie die heutigen Zeichenbretter sein werden oder wenn gar keine Bildschirme mehr nötig sind, dann wird das Unternehmen heute - und noch geraume Zeit - kein derartiges System finden. Ist damit die Forderung nach größeren (und trotzdem erschwinglichen) Bildschirmen unsinnig? Gewiß nicht, sie ist derzeit nur nicht einlösbar. Und die Forderung nach einem "Zeichenbrett-CAD"? Hier handelt es sich belegbar um eine alte, gewissermaßen klassische Entwicklungsforderung, die nur lange Zeit niemand ernst genommen hatte. Und ob die derzeitigen Hochschulentwicklungen eines Tages erfolgreich sein werden, ist offen. Die Frage drängt sich auf, ob die Zeit, in der eine solche Entwicklung, die eine höchst interessante Ergänzung der derzeitigen Konfigurationen wäre, noch eine Chance haben wird, nicht doch eng bemessen ist. Wird durch die Verringerung dieser Chance die Forderung nach Gestaltung des technischen Mittels "Bildschirm" überlegter oder dringlicher? Alle Raffinesse der Bildschirm- oder Menügestaltung kann nicht überbrücken, daß es kein Zeichenbrett ist, auf dem viele Ansichten Platz haben; auf der anderen Seite kann man auf Papier nicht beliebig oft Linien einzeichnen, ändern, wieder einzeichnen usw.

Mit diesem letzten Beispiel soll nicht gezeigt werden, wie sich die Alternativen und Kriterien trefflich hin- und herwenden lassen. Es soll nur daran erinnert werden, daß wir mit jeder Entscheidung für eine bestimmte Technologie zwar gewisse Vorteile erwirken können, daß wir aber gleichzeitig und unweigerlich auch Nachteile und Folgeprobleme mitwählen. Dieser Zusammenhang gilt auch für die folgende Frage.

6.3 CAD: Ja oder Nein?

Für viele Unternehmen, für Hochschulinstitute, die womöglich eigene CAD-Entwicklungen vorweisen können, und für Industrieberater ist die gestellte Frage gar keine Frage. Jeder derzeitige Nichtanwender muß sie jedoch beantworten, allerdings zunächst nicht in der gestellten Form. Dafür gibt es zwei Gründe:

- CAD stellt sich je nach Aufgabengebiet anders dar. Bei der Auswertung hat sich gezeigt bzw. bestätigt, wie wichtig es ist, verschiedene Arten von CAD zu unterscheiden und dann zu versuchen, die Spezifik des jeweiligen Feldes zu erfassen. CAD als Berechnung, als Zeichnungserstellung und als Variantenkonstruktion - so die drei derzeit vorherrschenden Anwendungen - unterscheiden sich beträchtlich. Damit ist auch die Frage nach den Auswirkungen von CAD teilweise falsch gestellt.
- Die gestellte Frage können die Unternehmen mit recht unterschiedlichen Strategien beantworten, die im folgenden kurz diskutiert werden, um den Variationsspielraum der gestellten Frage auszuleuchten. Genau hierin sehen wir auch die Aufgabe unseres Forschungsbeitrages, nicht für ein Ja oder für ein Nein zu werben, sondern durch Differenzierung die Frage besser beantwortbar zu machen.

Wenn wir hier noch einmal die Ergebnisse der ersten Phase der Hauptuntersuchung in Erinnerung rufen (vgl. Ergebnisbericht von 1981), in der auch die Überlegungen von Nichtanwendern dargestellt wurden, so lassen sich folgende Strategien auf die oben gestellten Fragen denken:

a) Abwarten: Ein Unternehmen mag nach vorbereitenden Analysen und einem Marktüberblick zu der Überzeugung gelangen, daß man - ähnlich wie ein Konkurrent - CAD bei sich einsetzen kann und sollte, aber daß der Zeitpunkt noch nicht gekommen ist. Diese Haltung kann unterschiedliche Gründe haben. So mag man für die kommenden Jahre den Investitionsschwerpunkt anders gesetzt haben (etwa noch mehr in die Fertigungsrationalisierung zu investieren) oder man hofft auf weitere Entwicklungen, etwa weiter fallende Preise auf dem Hardwaresektor, weitere Erfahrungen, die man auswerten kann, usw. Die Devise "being first on the market" gilt weder auf dem Gebiet der Produktinnovationen noch auf dem der Prozeßrationalisierung uneingeschränkt. Abwarten kann also sinnvoll sein.

b) Kleiner Anfang: Will man in eine heute gebräuchliche Konfiguration von CAD investieren (CPU, Bildschirm A/N und grafisch, Arbeitsplatzspeicher, Plotter, evtl. Digitalisierer), z.B. für Variantenkonstruktion, so darf man ein Minimum von 200 bis 300 TDM ansetzen, ohne daß allerdings eine Zeichnung im System schon gespeichert wäre oder sich ein Bild auf dem Schirm bewegte. Einführungskosten sind selbstverständlich noch nicht gerechnet. Bei dieser Sachlage mag ein Unternehmen, welches auch über Vorerfahrungen wie technische Berechnungen noch nicht verfügt, die CAD-Innovationsschwelle für sich zu hoch halten und nach einer kleineren Anfangshürde suchen. Hier könnte sich - muß sich aber nicht - anbieten, mit Tischrechnern zu beginnen oder mit elektronischen Beschriftungsautomaten als Zeichenhilfe. Vermutlich wird es auf diesem Gebiet noch Entwicklungen geben. Besonders preisgünstig sind die angebotenen Apparate freilich noch nicht.

In einem Unternehmen der Untersuchung mit einer Berechnungsanwendung, die im übrigen sehr sophistiziert war, setzte man nicht nur deshalb auf dem Berechnungsgebiet ein, weil man das Programm technisch ganz gut gebrauchen konnte, sondern auch, um einen ersten Schritt in die CAD-Anwendung zu tun.

c) Alternative Strategien: Hierunter fallen vor allem solche Ansätze, die mit herkömmlichen - und das bedeutet dann organisatorischen - Mitteln versuchen, Zeit zu gewinnen, Kosten einzusparen, die Transparenz zu erhöhen etc. Vor allem die Standardisierung von Baugruppen, Bauteilen oder ganzen Produkten und die Reorganisation von Arbeitsabläufen bieten sich an. Jeder Anwender wird zugeben und jeder Nichtanwender sollte dies bedenken, daß CAD fast immer erst in Verbindung mit solchen organisatorischen Vorleistungen effizient wird.

d) Andere Strategien: Wir haben solche Strategie nicht untersucht. Man sollte sie aber in bezug auf die eingangs gestellte Frage erwähnen. So könnte es sich ähnlich dem Modell der Verbundforschung anbieten, daß sich mehrere Unternehmen zu einer "CAD-Kooperative" zusammentun. Solche Zusammenschlüsse gab es bereits, um gemeinsame CAD-Entwicklungen zu betreiben. Dieses Modell wird derzeit im Bauwesen für Architekten diskutiert und untersucht. In unserer Untersuchung zeigte sich, daß CAD als Zeichnungsanwendung auch deshalb eingesetzt wird, um die nicht unbeträchtliche externe Zeichnungsvergabe wieder "in das Haus zurückzuholen". Selbstverständlich wäre auch der umgekehrte Weg denkbar, nämlich die eigenen Zeichnungen an ein externes CAD-Zeichnungsbüro zu vergeben. Die sich dabei ergebenden Kooperationsprobleme wären zu bedenken; sie ergeben sich allerdings auch firmenintern.

Eine andere Variante, die wir als Vorform für CAD in einigen Firmen beobachtet haben, die mit Berechnungen viel zu tun haben, liegt darin, sich mit eigenen oder gemieteten Programmen in ein größeres Rechenzentrum einzuschalten.

e) Kein CAD: Einige Firmen der ersten Erhebung der Hauptuntersuchung waren nicht nur zu der Überzeugung gelangt, daß sie noch abwarten sollten, sondern daß CAD derzeit für sie gar nicht infrage käme. Diese Antwort kam etwa von einem Motorenhersteller, der vor allem Motorengehäuse produzierte. Selbstverständlich sind heute schon Firmen, die Motorenteile wie Kolben, Pleuel, Zündkerzen etc. fertigen, dabei, CAD einzuführen. Es mag demnach CAD bei ausgesprochener Sonderfertigung, bei sehr komplexen Teilen oder bei einem Zwang zu neuartigen, innovativen Lösungen nicht das probate Mittel sein.

f) Innovative Produkte anstatt Rationalisierung: Obwohl das Entwickeln innovativer Produkte und der Einsatz von CAD im Sinne einer Prozeßrationalisierung keine Gegensätze sein müssen (man denke etwa an die Materialeinsparung aufgrund genauerer Dimensionierung mit einem FEM-Paket), mag ein Unternehmen zur Überzeugung gelangen, daß die Priorität dem Entwickeln innovativer Produkte und dem Erschließen neuer Märkte gelten sollte anstatt der Suche nach Einsparmöglichkeiten. Mit innovativen Produkten mehr Geld zu verdienen als bei der Herstellung der vorhandenen Produkte Kosten zu sparen, wäre in einem solchen Fall die Devise. Mit dieser strategischen Option ist gleichzeitig an die im Grunde schlichte Erkenntnis zu erinnern, daß auch das eleganteste CAD-System den konstruktiven Einfall nicht ersetzt.

Ebenso wie man verschiedene Alternativen zu CAD mit Vorteilen und Nachteilen bilanzieren kann, muß man sich dies auch bei einer einzelnen CAD-Lösung vor Augen halten. Ein paar Beispiele: Die Zeichnungen für bestimmte Baugruppen werden mit CAD gemacht, andere Zeichnungen noch konventionell. Nun ist gewöhnlich ein Vorteil eines Zeichnungserstellungsprogramms, daß man Details oder größere Partien leichter ändern kann. Es kann aber vorkommen, daß solche Änderungen, z.B. eine Maßangabe oder die Versetzung einer Bohrung, noch konventionell, etwa in der Werkstatt vereinbart werden, weil es schnell gehen muß. An dieser Stelle tritt der organisatorische Zwang auf, daß diese Änderung - soll die Datenhaltung aktuell bleiben - in der ursprünglichen Eingabe oder Datei geändert und nachgetragen werden muß. Anders formuliert läßt sich der Vorteil mit CAD nur erhalten, wenn gleichzeitig die organisatorische Struktur um CAD herum fixiert wird, wenn es sein muß auch mit Machtmitteln. Wird CAD eingeführt, dann ergibt sich folgende Situation: die Zeichnungsverwaltung muß nun zweigleisig gefahren werden. Das mag für den Außenstehenden belanglos erscheinen. Aber man muß sich vergegenwärtigen, daß ein Werkzeugmaschinenhersteller mittlerer Größe einige hunderttausend Zeichnungen verwalten muß.

Ein anderes Beispiel: Gerade die Variantenkonstruktionsprogramme legen es darauf an, das Konstruktionswissen systematisch auszunutzen und das Programm so auszulegen, daß neu erarbeitete Varianten im System abgelegt werden können. Will man nun aber den sich ständig entwickelnden Variantenkatalog ausnützen, muß man Mittel bereitstellen, alte Varianten wieder aufzufinden. Damit kann der den Konstrukteuren gelegentlich nachgesagte Hang, jede Schraube neu zu konstruieren, eingedämmt werden. Soweit die Vorteile, jedenfalls aus Unternehmerperspektive. Nun wird der Konstrukteur im Laufe der Zeit die Erfahrung machen, daß man meistens mit den schon vorhandenen Varianten gut auskommt, d.h. er wird sich - weil nicht mehr in diesem Sinne gefordert - kaum anstrengen, eine gegebene Konstruktion wirklich weiter zu entwickeln. Soweit ein Nachteil, jedenfalls wäre ein solcher Verlauf, den wir heute noch nicht genau abschätzen können, denkbar.

Diese ganzen Ausführungen sind eigentlich nur Variationen zu der entscheidenden Einsicht, daß man mit dem Spektrum "CAD und andere Lösungen" überlegt umgehen muß. Es kommt darauf an, auch die Frage nach CAD richtig zu stellen. Diese heuristische Regel ist richtig und ihre Beachtung auch dann sinnvoll, wenn sie nicht angibt, wie man im einzelnen Fall die richtige Frage stellt.

In einem engen Sinne bleibt aber die gestellte Frage sehr wohl eine Entscheidung zwischen zwei Alternativen (vgl. Abschnitt 6.5). Eine Haltung, einfach mit CAD mal anzufangen, um zu sehen, welche Erfahrungen man macht, ist naiv und gefährlich. Man sollte zumindest wissen, was man wissen will.

6.4 CAD für Aufgaben oder Aufgaben für CAD?

Wer an das Problem der Auswahl eines geeigneten CAD-Programms oder -Systems mit einem rationalistischen Vorverständnis herangeht, könnte zu folgendem Modell greifen: 1. Was ist mein Problem? 2. Welche technischen, qua CAD-Möglichkeiten und andere gibt es? 3. Welche Alternative ist folglich auszuwählen?

Betrachtet man auf diesem Hintergrund die beobachteten, faktischen Auswahl- und Entscheidungsprozesse zu CAD, dann wird deutlich, wie verkürzt dieses Modell ist, weil es z.B. die soziale Problematik der Entscheidungsfindung völlig ausblendet. Dennoch enthält auch dieses einfache Modell eine wichtige Norm, wenn wir die nachfolgenden Entscheidungsumstände betrachten: Persönliche Bekanntschaften von der alten Hochschule, das Bewußtsein, daß ein "modernes" Unternehmen heutzutage CAD hat, oder eine günstige Gelegenheit, billig ein Programm zu erstehen, führten zur CAD-Entscheidung. Danach wird überlegt, was man am besten mit dem Programm und wie im einzelnen erledigen kann. Eine solche technikorientierte Einstellung muß zu Problemen führen, denn man sucht nicht für gegebene Aufgaben und Probleme die geeigneten Arbeitsmittel und technisch-organisatorischen Lösungen, sondern für ein neues Arbeitsmittel die passenden Aufgaben. Nur in dreien der von uns untersuchten Fälle wurde eine solide Analyse des Problems und der Situation in der Konstruktion durchgeführt. Es ist ratsam, auf diesen Aspekt stärker zu achten, auch in denkommenden Jahren, wenn sich mit einem weiteren Vordringen von CAD einfache Problemlösungs- oder Erfahrungsformeln herumsprechen werden, daß man "in diesem Fall" getrost CAD einsetzen könne.

Ist erkannt, daß man - je nach Blickpunkt - eine Aufgaben-, Problem- oder Bedarfsanalyse wirklich auch durchführen sollte (wobei es mehr auf das umsichtige Urteilen als auf vollständige quantitative Erhebungen ankommt), dann ist das Problem noch keineswegs durchgestanden. Bereist nun der CAD-Experte verschiedene Messen, liest Literatur, lauscht etwas bei der Konkurrenz, besucht alte Kollegen, die ihr CAD womöglich schon vorführen können, hört die verlockenden Zukunftsaussichten der Anbieter, kurz lernt er auf diese Weise, was es alles gibt und was er selbst alles noch nicht hat, dann wird sich die "Problem"-sicht des Experten mit Sicherheit wandeln, er wird seine Aufgaben- und Bedarfssituation anders sehen. In dieser Situation mag es für den zurückkehrenden Experten hilfreich sein, wenn ihn seine Kollegen mit skeptischen und vielleicht auch unkundigen Fragen bedrängen und so dazu beitragen, daß sich die wolkigen Vorstellungen zu einem realistischen Konzept wandeln.

Mit allen diesen Hinweisen soll nur eines betont werden: Es gibt eine Wechselwirkung zwischen Technologie und Aufgaben. Und da bekannt ist, daß eher die Technologie zu neuen Aufgabenerfindungen führt als daß sich die Technologie der Aufgabenstruktur unterordnet, ist bei jeder CAD-Einführung eine solide Problem- und Aufgabenanalyse zu fordern.[1)]

6.5 Wo anfangen und wo aufhören?

Der ursprüngliche Ansatz unserer Untersuchung stellte auf CAD-Anwendungen im Maschinenbau ab. Um nicht zuviel Varianz in das Faktorendesign hineinzunehmen, sollten andere Anwendungen unberücksichtigt bleiben. Dieser Gedanke war sicher stringent, doch ließ er sich nicht so ohne weiteres realisieren. Denn dazu war die Mithilfe der Unternehmen nötig. Diese aber, zumindest ein Teil von ihnen (insgesamt vier Fälle), nahmen die CAD-Anwendung in der mechanischen Konstruktion nicht

---

[1)] In einem kurzen Beitrag über einige Merkmale heutiger CAD-Systeme unterbreitet Beitz (1983) einen Vorschlag zur Einführung von CAD und unterscheidet neben einer Programmauswahl, der Computerauswahl und des Betriebs des CAD-Systems als erste Stufe eine "Selbstanalyse". Die Wortwahl enthält eine wohl unbeabsichtigte Pointierung. Die Selbstanalyse würde nach unserem Verständnis nicht nur die Problemanalyse umfassen, sondern auch die Beobachtung der Entwicklung der eigenen Wünsche gemäß der oben herausgestellten Wechselwirkung!

direkt in Angriff, sondern schlugen einen "Umweg" über die Elektro-Konstruktion ein. Wir mußten diese Schleife in zwei Fällen mitmachen, in den anderen beiden gab es bereits andere, mechanische CAD-Anwendungen. Aus dieser Lektion können auch künftige Anwender lernen: Es kann - bei Vorhandensein von genügend Aufgaben in der Elektro-Konstruktion - sinnvoll sein, zunächst hier mit CAD zu beginnen, und erst nach diesen Erfahrungen mit den mechanischen Anwendungen fortzufahren. Der Grund liegt einfach darin, daß die Elektro-Konstruktion im wesentlichen auf zweidimensionale, schon weitgehend schematisierte Aufgabenstellungen beschränkt ist. Hydraulik-Konstruktionen wären ein ähnlicher Fall.

Doch nicht jedes Unternehmen verfügt über Elektro- oder Hydraulik-Aufgaben, so daß sich die Frage: Wo anfangen? neu stellt. Soll man mit CAD in der Angebotskonstruktion einsetzen, oder bei Berechnungen und Dimensionierungen oder bei der Zeichnungserstellung oder dem Erstellen von Arbeitsplänen? Oder soll man CAD gewissermaßen von der Fertigung her, etwa der NC-Programmierung, aufrollen?

Wir haben in unserer Untersuchung für jede Variante ein Exempel, so daß sich die gestellte Frage nicht schlüssig beantworten läßt (vgl. Abschnitt 4.3).

Es gab gar Fälle, in denen CAD-Anwendungen im Arbeitsplanungsbereich existierten, ohne daß eine Verbindung zu den Anwendungen in der Konstruktion schon geschaffen war. Etwas überraschend mag der Befund sein, daß wir CAD-Anwendungen mit ausgesprochener Angebotskonstruktion nicht vorgefunden haben, wenngleich zumindest in zwei Fällen die mit CAD erstellten Pläne/Zeichnungen auch für Angebotszwecke verwendet wurden. Ein Konstruktionsleiter bei einem Werkzeugmaschinenbauer merkte zu der Frage des CAD-Einsatzes in der Angebotsabteilung an, dort sei die Atmosphäre zu hektisch, so daß man nicht genügend Ruhe finden würde, sich der Implementation von CAD zu widmen. Dabei könnte CAD gerade in diesem Bereich für etwas mehr Ruhe sorgen.

Schwieriger als die Frage, ob die Zeichungserstellung, die Variantenkonstruktion oder die Arbeitsplanung der Erstanwendungsbereich sein sollte, ist die andere, inwieweit und wie streng und konsequent man auf die <u>vertikale Integration</u>, also die <u>CAD-CAM-Kopplung</u>, zu achten hat. In zwei Fällen war eine solche Kopplung bereits realisiert, und ein großer Teil der Rationalisierungserwartung richtet sich nicht so sehr auf die Einspareffekte in der Konstruktion selbst, sondern auf die Folgeeinsparungen im Fertigungsbereich. Da CAD-Pakete mit NC-Steuerlochstreifen-Generierung angeboten werden, und da der Gedanke schlüssig ist, eine einmal in der Konstruktion entwickelte Geometrie auch weiterhin zu nutzen, liegt es selbstverständlich nahe, auf diese CAD-CAM-Kopplung zu achten. Das bedeutet u.E. aber keineswegs, daß heute bei CAD nur anfangen sollte, wer auch entschlossen ist, morgen CAM zu realisieren. Die Probleme, die mit Standardisierung, Flexibilität und Kontrolle zusammenhängen, scheinen uns für eine solche strikte Forderung noch nicht genügend durchdacht. Aber sinnvoll ist freilich, CAD so zu wählen, daß CAM nicht verbaut wird.

Die Frage des Beginns ist noch in einer anderen interessanten Variante zu stellen:

6.6 Verselbständigung oder Unterordnung?

Geht man in der Historie der EDV-Entwicklung noch vor den Zweiten Weltkrieg zurück, betrachtet das Aufkommen wissenschaftlicher Anwendungen, später der kommerziellen EDV, heute schließlich von CAD, dann stellen sich mit der Einführung von CAD in ein Unternehmen auch strategische Entscheidungen, die im zuweilen unübersichtlichen Tagesgeschäft untergehen können: Soll CAD eine eigene Art von "EDV im Unternehmen" sein, so daß eigene Rechnerkapazität besorgt werden müßte und eine eigene CAD-Abteilung zu bilden wäre, oder soll CAD an die vorhandene Anlage angehängt und einer etablierten Abteilung untergeordnet werden?

Wenn wir unser Ergebnis (vgl. Abschnitt 2.1) betrachten, so kommt die Mitbenutzung des kommerziellen Rechners zwar noch vor (mit insgesamt vier Fällen), doch weist der Trend eindeutig in Richtung der Installation eigener Rechner, wenn nicht für CAD allein (vier Fälle), so doch für das größere Gebiet der technischen EDV (10 Fälle; zur technischen EDV wurden Anwendungen in Arbeitsvorbereitung, zur Fertigungssteuerung und NC-Programmierung nicht gezählt).

Unübersichtlichere Situationen mit weniger klaren Trennungen kommen selbstverständlich vor, so die Situation, daß sowohl ein eigener CAD-Rechner vorhanden ist als auch einer für technische Berechnungen (3

Fälle). Selbst den Fall gibt es, daß alle drei Varianten auf einmal verwirklicht sind: CAD mit einem interaktiven Paket für die Entwicklung von Schaltplänen wird zunächst auf einer Turnkey-Anlage von CV gefahren, die Finite-Element-Berechnungen laufen auf dem kommerziellen IBM-Rechner mit, neuerdings wird gar die Netzgenerierung noch auf der CAD-Anlage mit erledigt und erst danach der kommerzielle Rechner beansprucht, und kleinere Programme für technisch-mechanische Berechnungen laufen auf zwei HP-Tischrechnern. Um das Bild noch weiter zu komplizieren, ist für die Arbeitsvorbereitung noch ein Mini-Rechner von Data General zu erwähnen.

Angesichts einer solch verflochtenen Situation mag die Frage nach Verselbständigung oder Unterordnung von CAD nebensächlich, wenn nicht irreführend erscheinen. Natürlich gibt es gute Gründe, den häufig schon voluminösen kommerziellen Rechner zusätzlich mit CAD auszulasten (vorzugsweise nachts und am Wochenende etwa), oder bestimmte Datenbestände gemeinsam zu nutzen. Auf der anderen Seite gibt es gute Gründe, CAD und/oder die technischen Anwendungen zu verselbständigen. Zu denken ist an passende Hardware-Software-Kombinationen, die zukünftige Bedeutung des CAD-CAM-Gebietes, die Möglichkeit zu einer engeren Wechselwirkung zwischen Softwarebetreuung und Anwendungsproblemen usw. Daß sich die etablierten EDV-Abteilungen gegen solche Abnabelungs- und Verselbständigungstendenzen wehren - wie ehedem die Eingliederung und Etablierung der kommerziellen EDV auch nicht ohne Machtkämpfe abging - kann nicht verwundern. Rationale Konfliktausgänge sind gleichwohl möglich: In einem Fall sollte die CAD-Anwendung ursprünglich auf dem kommerziellen Rechner mitlaufen. Doch kam man bei der Überprüfung verschiedener Alternativen zur Schlußfolgerung, einen eigenen CAD-Rechner zu beschaffen. Diese Entscheidung wurde auch vom EDV-Leiter mitgetragen, der an der Entscheidungsfindung beteiligt war (!). Kosten, aufgabengerechte Software und die Leistungsfähigkeit der Anlage sprachen hier für diese Lösung.

Neben der Verfügung über eigene Rechnerleistung ist die Frage der globalen organisatorischen Zuordnung von CAD ebenfalls von strategischer Bedeutung. Folgende Varianten wurden beobachtet:

- CAD läuft in einer Abteilung für technische Berechnungen, die typischerweise aus einer Vielzahl von Einzelanwendungen und dem Zwang zur Spezialisierung entstanden ist;
- CAD ist bei der Arbeitsvorbereitung integriert, wo auch die NC-Programmierung gemacht werden kann;

- CAD ist eine Abteilung oder Gruppe in der Konstruktionsabteilung und
- CAD ist eine eigene Abteilung.

Selbstverständlich sind in einer solchen Aufteilung die Spezifika einer Firmensituation nicht enthalten; auch wäre die organisatorische Eingliederung mit noch feineren Merkmalen zu betrachten (vgl. Abschnitt 5.3). Aber die Ergebnisse zeigen doch eindeutig, daß die langfristige Entwicklung auf eine Verselbständigung von CAD hinausläuft, sowohl technisch in der Verfügung über eigene Kapazitäten als auch organisatorisch.

6.7 Konsens, Koalitionen und Kompetenzen

Wenn wir die Ergebnisse zum Zielfindungs- und Entscheidungskomplex (vgl. die Abschnitte 2.3 und 2.4) Revue passieren lassen, dann ergeben sich daraus nicht so ohne weiteres "Empfehlungen". Am ehesten gelingt dies noch hinsichtlich des Vorgehens bei Entscheidungen.

Beim Zielfindungsprozeß ist zumindest ein Merkmal auffällig, das gewisse Gefährdungsmomente enthält und deshalb an dieser Stelle reflektiert werden sollte. Schon bei der Erhebung der Ziele für den CAD-Einsatz in der 1. Phase der Hauptuntersuchung zeigte sich anhand der Bemerkungen, die unsere Gesprächspartner während der Zielskalierung machten, daß die Einstufungen zwar im großen und ganzen realistisch, d.h. mit Blick auf die gegebene Situation, vorgenommen wurden. Es kamen aber auch Hinweise darauf, daß man manches mit Wirtschaftlichkeit und Einspareffekten verbundene Ziel deshalb als wichtig erachtete, weil es zur Geschäftspolitik gehörte, daran zu glauben. Diese Form des Konsenses hat kein inhaltliches Fundament und ist deshalb nicht tragfähig. Wenn die Experten in ihrem eigenen Betrieb keine Bedenken mehr anbringen dürfen und etwa zu geschönten Wirtschaftlichkeitsberechnungen greifen müssen, dann ist mit dem Meinungsbildungsprozeß etwas nicht in Ordnung. Es bedarf meist keiner großen Analyse, um dies herauszubekommen. Doch so sinnvoll es ist, an die Notwendigkeit eines gesunden Meinungs- und Entscheidungsklimas zu erinnern, so schwierig ist es, ein zu Resignation und Mißtrauen gekipptes Klima zu ändern. Hier handelt es sich um synergistische, schwer greifbare Phänomene. Je besser das Betriebsklima, desto weniger wird darüber geredet.

Leichter zu beeinflussen als Zielbildungsprozesse sind Koalitionen. Welche Koalition in einem bestimmten Unternehmen das erfolgversprechende Promotorengespann abgeben wird, ist selbstverständlich für den Außenstehenden nicht so ohne weiteres erkennbar. Doch sollten CAD-Experten und Anwender bedenken, daß zumindest vier Koalitionspartner kritisch sind: die Geschäftsleitung, der EDV-Leiter, der Betriebsrat und der Konstruktionsleiter (vgl. Abschnitte 2.4.4, 2.5.8, 2.5.9). Wir haben gesehen, daß nur in der Hälfte der Fälle ein Angehöriger der Geschäftsleitung in CAD auch kompetent war; in der anderen Hälfte war geringe oder keine inhaltliche Kompetenz in Sachen CAD festzustellen. Hier liegt möglicherweise ein Markt für Berater. Doch nicht "Informiert die Entscheider", wäre die Devise, sondern: "Bildet sie".

Die Einbeziehung der EDV-Leiter stellt gewöhnlich kein Problem dar. In dem Falle, daß CAD oder die technische EDV noch über keine eigene Rechnerkapazität verfügt, sind die EDV-Leiter nicht zu übergehen (was in diesem Fall auch nicht sinnvoll wäre, da sie schließlich für eine Linie in den EDV-Installationen sorgen sollen). Im umgekehrten Fall sind die Zuständigkeitsbereiche in der Regel schon klar getrennt.

In welchem Spannungsverhältnis die Rolle des Betriebsrates bei CAD zu sehen ist, kann an der Art und Weise abgelesen werden, wie man unsere diesbezüglichen Wünsche, mit dem Betriebsrat zu sprechen, behandelte: In einem Extrem lotste uns der CAD-Experte, der gewöhnlich der erste Ansprechpartner war, höflich aber bestimmt um ein solches Gespräch herum; im anderen Extrem bat man uns wiederholt und nachdrücklich, das vorgesehene Gespräch mit dem Betriebsrat auch zu führen. Obwohl der Kenntnisstand in Sachen CAD bei den Betriebsräten, mit denen Gespräche geführt werden konnten, nicht sehr weit entwikkelt war (ein Betriebsrat kann sich eben nicht nur um CAD kümmern), ist doch eine Bereitschaft zu erkennen, sich in CAD kompetent zu machen. Hierzu tragen auch die Bemühungen von gewerkschaftlicher Seite (Technologieberatungsstellen, Kurse) bei. So ergibt sich - völlig abgesehen von der rechtlichen Problematik, den Betriebsrat auf dem Hintergrund des Betriebsverfassungsgesetzes aus dem Innovationsgeschehen heraushalten zu wollen - die Einschätzung, den Betriebsrat stärker an der Innovationsplanung zu beteiligen.

Die bei jeder CAD-Einführung notwendige Kooperation mit der Konstruktionsleitung stellte sich aus ganz anderen Gründen als konfliktbeladen dar. Natürlich gab es den Fall, daß der Konstruktionsleiter der eifrigste CAD-Promotor war. Doch die Regel war das nicht. Die potentielle Sprengkraft der Konflikte zwischen CAD-Promotor und Konstruktionsleitung hängt damit zusammen, daß keiner am anderen vorbeikommt. In der Fachterminologie spricht man von einer "gepoolten Interdependenz": Der CAD-Promoter - sofern er nicht selbst aus der Konstruktion kommt - kennt die Detailprobleme des Konstruierens zu wenig, umgekehrt weiß der Konstruktionsleiter normalerweise zu wenig von CAD und er hat die verständliche Sorge, daß CAD ihm den ganzen Bereich durcheinander bringt (was mit Sicherheit für die Einführungsperiode nicht zu bestreiten ist!). So haben beide Partner ihre teilweise sachlich berechtigten Befürchtungen, doch sie müssen kooperieren, schließlich geht es um die Rechnerunterstützung der Konstruktion. An dieser Kooperationslinie ist u.E. noch viel Überzeugungsarbeit zu leisten und Verständnis aufzubringen. Die mangelnde Berücksichtigung der Konstruktionsleitung kann zu subtilen Widerstandsformen führen: So können Konstrukteure einfach vergessen, die CAD-Station mit Aufgaben oder Entwürfen zu beliefern, oder die Arbeiten in den Konstruktionsgruppen sind immer so dringend, daß die für CAD bereits geschulten Mitarbeiter keine Zeit finden, einen Auftrag mit CAD zu bearbeiten.

Bei den CAD-bezogenen Entscheidungsprozessen ließ sich insgesamt eine Tendenz zu einem systematischen und planvollen Vorgehen erkennen. Dies war teilweise durch die zumal bei interaktiven, grafikfähigen CAD-Programmen hohen Investitionskosten bedingt, teilweise durch ein zunehmendes Risikobewußtsein. Die Frage, ob man zum Entscheidungsvorgehen überhaupt etwas raten kann und soll, ist sehr sorgfältig zu reflektieren. Zunächst leuchtet nicht ein, weshalb man in der Entscheidung, wie entschieden werden soll (also etwa bei welchem Informationsstand, nach welchem Verfahren etc.), nicht frei sein sollte. Wir haben aber den Eindruck, daß gerade das Entscheidungsproblem sowohl von außenstehenden Beratern als auch von den betrieblichen Entscheidern selbst zu einfach gesehen wird. Der Rat, nach einem rationalen Modell (z.B. der Kriteriengewichtung) zu entscheiden, muß in einer Situation, in der aufgrund der unterschiedlichen Interessenlagen gerade über die Kriterien gestritten wird, zu einer paradoxen Aufforderung werden. So als würde man einem Depressiven raten, er solle doch fröhlich sein. Würde man auf der anderen Seite nach der Strategie vorgehen, was entschieden wird sei egal, Hauptsache die Entscheidung wird durchgesetzt, dann verkennt man die sachliche Substanz des Entscheidungsgegenstandes. Schließlich können Entscheidungen nicht einfach dekretiert werden, zumindest in großen Bereichen nicht. Auch die Geschäftsführung kann Wirtschaftlichkeit nicht verordnen, wenn Probleme und Verzögerungen in der Einführung jedes Kalkül zur Makalatur werden lassen. Aufgrund solcher Überlegungen ergibt sich, daß es nicht sinnvoll ist, zum Entscheidungsvorgehen einen spezifischen Rat zu geben, etwa hinsichtlich eines bestimmten Modells oder Verfahrens. Das spezifische Problem der Gestaltung des Entscheidungsprozesses liegt vielmehr darin, einen bestimmten "Korridor" zwischen den Extremen eines zu formellen und eines zu informellen, zu wenig festgelegten Vorgehens zu finden. Die nachfolgenden Punkte mögen für einen, der vor dem Problem steht, ein konkretes Vorgehen zu entwickeln, etwas abstrakt erscheinen. Doch wird u.E. dieses Problem etwas entschärft, wenn er sich folgende Prinzipien zu Bewußtsein führt, die zwischen einer strategischen und einer taktisch-operativen Entscheidungsebene vermitteln:

- Auf der einen Seite sollte man nicht nichts entscheiden wollen, nach Möglichkeit alles offen lassen, den Gang der Ereignisse abwarten oderdie CAD-bezogenen Entscheidungen in anderen Entscheidungen verstecken. Auf der anderen Seite sollte der Entscheidungs- und Abstimmungsprozeß nicht zu formalisiert werden, so daß ein einmal gefaßter Plan rigide durchgezogen wird, obwohl sich die Problemlage längst geändert hat. Da nun der Gewinn eines Entscheidungsverfahrens u.a. darin liegt, daß nicht immer erneut darüber zu diskutieren ist, wie entschieden werden soll, ist eine solche Tendenz zur Fixierung einmal gefaßter Pläne immer gegeben. Sie hat noch eine spezifisch soziale Seite:

- Es müssen Regelungen für die Revidierbarkeit von Beschlüssen und Plänen gefunden werden. Diese Mahnung ist so trivial wie ihre Erfüllung schwierig ist. Denn das Problem liegt nicht so sehr darin, daß bei neuen Informationen alte Beschlüsse zu revidieren sind, sondern daß gleichzeitig die Interessenbesetzung der Beschlüsse revidiert werden muß.

- Eine weitere Hürde liegt darin, den Entscheidungsprozeß so zu gestalten, daß einerseits die Bedürfnisse und Einwände der von CAD Betroffenen (also vor allem die späteren Nutzer bzw. Anwender) berücksichtigt werden, ohne daß andererseits der Abstimmungsaufwand ins Unermeßliche steigt.

- Häufig kann man sich für Entscheidungen mehr Zeit nehmen als man es gemeinhin tut. Doch auch eine CAD-Entscheidung kann nicht beliebighinausgeschoben werden. Im Entscheidungsprozeß müssen also

Verfahren für die Regelung strittiger Punkte und die Terminierung des Abwägens und Zweifelns gefunden werden. Dieser Terminierungszwang sollte nicht in Widerspruch zur Forderung nach Revision von Entscheidungen und zur Aufforderung, eine umsichtige Kriterienentwicklung vorzunehmen, gesehen werden. Die Blockierung von Entscheidungen durch Forderungen nach immer neuen Informationen oder nach einem Abwarten der immer nächsten technologischen Entwicklung darf auch nicht mit der "positiven" Entscheidung gegen CAD verwechselt werden. Dies kann - wenn wir an die Ergebnisse der ersten Phase mit den Nichtanwendern denken - durchaus eine sinnvolle Entscheidung sein.

6.8 Einführungsprozesse

Versteht man den Einführungsprozeß nur als jene Ereigniskette, die sich auf dem Wege der CAD-Einführung ergibt, so würde hier nur eine passive Nutzung der Zeit vorliegen. Erstrebenswert wäre aber eine aktive Nutzung, d.h. ein mehr oder weniger professionelles und planvolles Vorgehen. Es gab insgesamt eine Tendenz zu einem planvolleren Vorgehen. Partizipative Strategien konnten von uns jedoch nicht beobachtet werden, gelegentlich gab es einen Ansatz in dieser Richtung.

Zum Einführungsvorgehen liegen viele Einzelbefunde vor. Zunächst bestätigte sich in der Detailanalyse der Daten die früher schon getroffene Feststellung, daß der gesamte Einführungsprozeß in der Regel teurer wird als kalkuliert und länger dauert als geplant. Softwaremängel sind zu beseitigen, Fehler zu bereinigen. Ebenso wird der Aufwand für die Vorbereitung der CAD-Anwendung unterschätzt, etwa die Erstellung von Algorithmen bei einem automatischen Variantenprogramm, die Standardisierung von Teilen (ohne die ein Variantenprogramm nicht effizient genutzt werden kann), die Entwicklung von Makros usw.. Auch die Einarbeitungszeit für die Anwender selbst wird zu knapp angesetzt. Weitere Befunde, die jeweils Merkposten für einen potentiellen CAD-Anwender darstellen, sind:

- Da sich der Einführungsprozeß aus den o.g. Gründen leicht ausdehnen kann, muß ein "billiges" CAD-Programm oder -System nicht unbedingt zu entsprechend günstigen Einführungskosten führen.

- Die Informationspolitik der Unternehmen gegenüber den späteren Benutzern war in der Mehrzahl - aus welchen Gründen auch immer - von zu wenig Information und zu wenig Strategie beim Informieren gekennzeichnet.
- Insbesondere das Verhalten der Experten gegenüber dem Betriebsrat ist von falschen und übertriebenen Ängsten bestimmt. Umgekehrt vermuten manche Betriebsräte auf seiten der Experten häufig Planungen, wo mehr eine kaschierte Ratlosigkeit vorherrscht. Selbstverständlich wird das Ausbreiten von Informationen bestehende Interessengegensätze nicht aus der Welt schaffen. Das Vorenthalten von Informationen ist jedoch noch weniger geeignet, Gegensätze dort, wo sie bestehen, zu überbrücken.
- Die Bedienungsanweisungen und sonstigen Hilfestellungen, die man den CAD-Benutzern angedeihen ließ, verdienen in kaum einem Fall den Namen Schulung. Das hat verschiedene Gründe. Einer ist die für die Erstinnovationsphase einer Technologie nicht unerwartete, mangelnde Vertrautheit der Experten mit den an die Benutzer gestellten Anforderungen. Unterscheidet man verschiedene Stufen des Könnens, nämlich (a) das Programm bedienen können und damit zurechtkommen, (b) es handhaben können und (c) es versiert und kompetent zu beherrschen, dann ergibt sich für die verschiedenen Aneignungszeiten ein Faktor 2 bis 3. Das bedeutet: wurden für die Phase der Einweisung 4 Tage aufgewendet, so brauchen die Benutzer etwa 2 bis 3 mal soviel Zeit für die Handhabung, d.h. ca. 12 Tage, und für die Beherrschung entsprechend ca. 36 Tage. Natürlich sind Methodik der Unterweisung/Schulung, vorgängige Qualifikation des Benutzers, Anwendungshäufigkeit etc. modifizierende Faktoren. Will man sicher gehen, dann empfiehlt es sich, die Zeit für die Einweisung (die man kennt) nach Tagen zu zählen, die Zeit bis zur Handhabung nach entsprechend vielen Wochen und die Zeit bis zur Beherrschung nach entsprechend vielen Monaten. Selbstverständlich handelt es sich nicht um eine empirisch erhärtete Beziehung; aber man kann den Ansatz als Richtschnur verwenden.
- Die genannte Beziehung wurde sowohl bei den Zeichnungsanwendungen gefunden als auch bei Anwendungen der interaktiv-grafischen Programme. Man sollte beachten, daß bestimmte Berechnungsprogramme, z.B. nach der Finite-Elemente-Methode, ganz andere Zeitspannen erfordern. Bei den zuletzt genannten Programmen gehen Entwickler und Anwender davon aus, daß bei kontinuierlicher Beschäftigung erst nach 1-2 Jahren eine versierte Benutzung erreicht ist.

Insgesamt läßt sich bei den Einführungsprozessen jedoch eine Tendenz zu einem planvolleren Vorgehen feststellen. In zwei unserer Fälle kann man von einer professionellen Einführungsstrategie sprechen, wenn man an Faktoren wie Qualifikation der CAD-Experten, Zeithorizont der Planung, Vorgehen bei der Beseitigung von Schwierigkeiten etc. denkt.

6.9 Wirtschaftlichkeit: Prinzip und Dilemma

Eine der wichtigsten Erkenntnisse zum Komplex Wirtschaftlichkeit (vgl. Abschnitt 3., insbes. 3.2) ist nicht, wie gründlich man mit einer entsprechenden Kalkulation danebenhauen kann oder wie exakt sie sich einhalten läßt, sondern wie schwierig es offenbar für die beteiligten Unternehmen ist, eine angemessene Betrachtungsweise zu entwickeln. Angemessen bedeutet, auf der einen Seite dem Systemcharakter der CAD-Innovation gerecht zu werden, auf der anderen Seite dem vielleicht krämerhaften, gleichwohl nicht überflüssigen Grundsatz des sparsamen Wirtschaftens zu genügen.

Wie ein versierter Handwerker trotz schlechten Werkzeugs brauchbare Resultate erzielen kann, so kann eine Wirtschaftlichkeitsanalyse auch mit einem bescheidenen Kostenvergleichsmodell durchgeführt werden. Das Problem liegt also auf einer Ebene strategischer Einschätzung: Nicht das einzelne Kriterium ist wichtig, sondern die Einsicht in die Tragweite und Brauchbarkeit der Kriterien und Berechnungsmodelle, die man gewählt hat.

Wirtschaftlichkeit ist aber nicht nur eine Folge des sparsamen Wirtschaftens, sondern auch eine Folge der Betrachtungsweise: Man kann CAD - in Übereinstimmung mit dem Systemcharakter - als eine Prozeßinnovation betrachten, die dem gesamten Unternehmen über kurz oder lang zugute kommen wird, weshalb man die Aufwendungen als einen Beitrag zur allgemeinen Infrastruktur verrechnen kann. CAD wäre - wirtschaftlich gesehen - in gleicher Weise erforderlich wie die Verwaltung. Bei dieser Betrachtungsweise unterliegt die CAD-Investition also keinem engen Rentabilitätskalkül.

Im Gegensatz dazu kann man CAD aber auch als Einzelinnovation betrachten, die sich innerhalb einer bestimmten Frist "ausgezahlt" haben muß. Beide Betrachtungsweisen konnten beobachtet werden. Es zeigte sich, daß z.B. Berechnungsprogramme eher einer qualitativen Betrachtung unterzogen werden, und daß - unabhängig von der Programmart - die Kalkulation (nicht der empirische, nachträgliche Wirtschaftlichkeitsnachweis) umso strenger wird, je höher das Investitionsvolumen steigt.

Ob nun CAD einem regelrechten monetären Kalkül unterzogen wird oder nicht, in beiden Fällen ergibt sich ein Dilemma: Je früher mit einer Wirtschaftlichkeitsrechnung eine Investitionsentscheidung gestützt werden soll, desto unzuverlässiger sind die eingesetzten Daten; je länger die eigene Anwendung andauert und Daten für den Nachweis liefern würde, desto weniger ist die getroffene Entscheidung revidierbar. Je genauer der CAD-Experte die Wirtschaftlichkeitsrechnung erstellt, desto besser läßt sich hinterher Erfolg, aber auch Mißerfolg beurteilen.

6.10 Ein ideales CAD-System?

Ein CAD-Arbeitsplatz der Zukunft könnte vielleicht wie folgt aussehen: Der Konstrukteur sitzt alleine in einem leicht abgeschatteten Raum an seinem Terminal, zu dem ein kleiner A/N-Bildschirm gehört, ein großer grafischer Bildschirm, ein Menüfeld und selbstverständlich eine Tastatur. Er hat neben sich einen kleinen Tischplotter, im Rükken steht ein großer Trommelplotter. Das Zeichenbrett hat er aus dem Raum verbannt, seitdem er nur noch solche Aufgaben erhält, die er auf seiner CAD-Station auch bearbeiten kann. Ohne Zeichenbrett und ohne die lange Reihe der Ordner, die er vor kurzem auch noch wegräumte, da er nun alle Daten und Informationen über den Bildschirm erhält, wirkt das Zimmer wie ausgeräumt und etwas kahl. Er hat deshalb einige Ordner wieder aufgestellt, einen Kaufteilekatalog (das Nachschlagen geht häufig doch schneller als der Telefax-Austausch mit dem Lieferanten), verschiedene Normenordner und auch zwei Ordner mit alten Konstruktionsskizzen von ihm. Die Aufträge erhält der Konstrukteur über eine elektronische Hauspost, und er kann an seinem Arbeitsplatz alle notwendigen Schritte durchführen, von der Konzipierung über das Detaillieren bis zum Reinzeichnen, resp. Reinplotten. Da die beiden Stiftplotter immer Schwierigkeiten machten bei Schwankungen der Zimmertemperatur und -luftfeuchtigkeit und ein elektrostatischer Plotter nicht beschafft wurde, hatte man vor kurzem den ganzen Raum an die Klimaanlage angeschlossen. Der Konstrukteur kann an seinem Arbeitsplatz über das Terminal auch Berechnungen durchführen, und bei längeren Rechenläufen kann er auf den Zentralcomputer zugreifen. Arbeitspläne und NC-Steuerlochstreifen erledigt er jetzt auch selbst. Und seitdem er ein Programm benutzt, mit dem er ebenfalls die Maschinenbelegung in der Fertigung vorgeben kann bzw. die NC-Bearbeitungszentren auswählen kann, häufen sich die Besuche der Werkmeister. Auf der einen Seite freut er sich darüber, weil er dann in seiner sonst einsamen Arbeitsklause Besuch und einen Gesprächspartner hat; auf der anderen Seite ärgern ihn diese Vorkommnisse, weil er über die aktuellen Maschinenausfälle nicht prompt informiert wird, so daß er seine Planungen darauf abstellen könnte.

Vermutlich kann auch ein nicht in CAD eingeweihter Leser erkennen, daß die obige Beschreibung zur "science fiction" zu zählen ist. Wie jede Fiktion enthält sie sowohl Merkmale, deren Verwirklichung man wünschen könnte, als auch solche, die man niemanden wünschen würde. Ohne auf Details ergonomischer Gestaltung einzugehen - etliche CAD-Arbeitsplätze fristeten eher ein Hinterzimmer-Dasein - möchte man den heute mit CAD arbeitenden Konstrukteuren und Zeichnerinnen größere Bildschirme wünschen. Wenn man auch mit mancher Grafiksoftware unterschiedliche Maßstäbe für die Bildschirmdarstellung wählen kann, so ist das noch kein Ersatz für ein Zeichenbrett, auf dem eben sehr viel mehr Platz ist. Die Arbeit am Zeichenbrett hat den Vorteil, daß der Konstrukteur mit dem Blick, ohne die Arbeitsebene zu wechseln, von einer Gesamtansicht entlang einer Hilfslinie zu einem Schnitt wandern kann, von hier zu einem anderen, damit zusammenhängenden, von hier weiter zu einer Grobskizze in einer Ecke, und dann wieder zurück usw. Dieses Hin und Her zwischen Teil und Ganzem kennzeichnet in unseren Augen das konventionelle Konstruieren. Diese Arbeitsweise wird durch heute gebräuchliche Bildschirmgrößen empfindlich gestört. Die langfristigen Auswirkungen sind noch kaum abzuschätzen (vgl. hierzu Abschnitt 4.5 und 5.2, insbes. zur Mediatisierung).

Auch die bei o.g. Anordnung notwendige Trennung zwischen Operationsebene und Darstellungs-/Arbeitsebene ist ungünstig, nicht nur aus dem ergonomischen Grund, daß der Blick (u.U. auch der Kopf) zwischen Tastatur und Bildschirm hin und her bewegt werden muß, sondern weil ein Großteil der Aufmerksamkeit dem Arbeitsmittel gewidmet werden muß, der früher der Arbeitsaufgabe selbst zukam. Warum sollte ein guter Konstrukteur bei einem Wechsel zu CAD nur dann seine Qualifikation demonstrieren können, wenn er gut mit einer Tastatur umgehen kann? Die Frage, wie bei CAD die Kompetenz, das Programm zu benutzen, mit der anderen Kompetenz, Aufgaben zu lösen, interagiert, ist noch weithin offen.

In der obigen Beschreibung ist das Zeichenbrett aus dem Arbeitszimmer verbannt worden. Die Entwicklung mag tatsächlich in die Richtung gehen, die Basis- und Anwendungssoftware mit immer weiteren Funktionen zu versehen, so daß das Zeichenbrett als Arbeitsebene nicht mehr gebraucht wird. Es könnte allerdings auch sein, daß wir in einigen Jahren über ein "Zeichenbrett-CAD" verfügen, wenn es gelingen sollte, die Vorteile eines elektronischen Mediums (Speicherung und Veränderung von Daten) mit den Vorteilen des traditionellen Arbeitsmittels des Konstrukteurs (große Arbeits- und Darstellungsfläche, weitgehende Erhaltung der erworbenen Arbeits- und Darstellungstechniken) zu verknüpfen. Ob das häufig propagierte Arbeiten mit einer 3D-Software (die also beliebige Raumdarstellungen auf dem Bildschirm erlaubt) für den Maschinenbau so dringend benötigt wird, steht u.E. dahin. Für Teilprobleme (z.B. Einpassung von Teilen, funktionelle Verträglichkeit von operativen Teilen) mag das zutreffen.

Die in der obigen Beschreibung enthaltene Möglichkeit eines Wechsels von einer z.B. entwerfenden Tätigkeit zu einer Berechnung ist heute mit den gebräuchlichen CAD-Programmen kaum möglich, wäre aber zu wünschen. Wünschenswert wäre ebenfalls eine Vereinheitlichung in der "sprachlichen" Ebene z.B. bei einem Unterprogramm und bei der sonstigen Bedienung. Weder zu erwarten noch zu wünschen ist, daß der Konstrukteur der Zukunft alle möglichen Aufgaben, bis hinein in die Fertigungssteuerung, erledigen wird oder können soll. Freilich berührt CAD das globale Verhältnis zwischen Konstruktion und Fertigung. Ein einheitlicher Trend in der Verschiebung zugunsten eines bestimmten Bereiches ist noch nicht zu erkennen.

Den derzeitigen Entwicklungstrend bei CAD (auch bei Textverarbeitungssystemen) kann man dahin interpretieren, daß möglichst alles vereinfacht werden soll, so daß - etwas überspitzt formuliert - jeder Straßenpassant nach kurzer Anleitung, selbstverständlich durch den Computer selbst, in die Lage versetzt sein soll, mit einem Programm zu arbeiten. So haben die fortgeschrittensten Textverarbeitungssysteme (z.B. XEROX STAR) die Welt des alten Büros mit Aktendeckeln, Notizblöcken, Postkörben usw. wieder eingeholt - selbstverständlich nur in symbolischer Form. Dieses Prinzip des Zurückgehens auf die - jeweils symbolischen Formen von - alten Arbeitstechniken, ist für den

CAD-Bereich insofern zu begrüßen, als man von der Tastatur wegkommt. Doch muß die Frage nach adäquaten Eingabemedien dringlich gestellt werden. Gewiß ist die Arbeitsweise mit Griffel und Menü oder mit "Maus" und Menüfeld auf dem Bildschirm komfortabler als das Tippen von Befehlen oder Eingabekürzeln. Doch darf dies nicht vergessen machen, daß bei allen diesen Formen die ausführende Tätigkeit des Entwerfens, Zeichnens etc. entfallen ist. Um einer Tendenz der sensumotorischen Verarmung der Tätigkeit entgegenzuwirken, könnte man - ganz im Gegensatz zu den heutigen Tendenzen - erwägen, für verschiedene Aufgabenarten verschiedene Eingabemedien bereitzustellen.

Solche Überlegungen laufen auf die Erkenntnis hinaus, daß es den einen idealen CAD-Arbeitsplatz gar nicht geben wird und geben soll. CAD kann das Suchen in einer Datei sein, oder die Zeichnungserstellung oder die Berechnung usw. Warum sollte für alle diese unterschiedlichen Aufgaben ein CAD-Programm oder ein CAD-Arbeitsplatz die richtige Lösung sein? Warum sollte es ein sinnvolles Ideal sein, den Konstrukteur mit allen Tricks ergonomischer Optimierung an seinen Arbeitsplatz zu fesseln?

Neben mehr äußerlichen, bedientechnischen und softwaremäßigen Forderungen sind im Verhältnis des Benutzers zum Programm drei allgemeinere Gesichtspunkte zu beachten, deren erster sich auf die Kooperation im Verlaufe der Programmentwicklung bezieht.

6.11 Kooperation, Transparenz und Privatbereich

Wenn man davon ausgeht, daß sowohl die Programmentwicklung als auch das Konstruieren Tätigkeiten sind, die beide einen vollen Einsatz verlangen, dann muß die Aufgabe, adäquate und in der täglichen Anwendung brauchbare CAD-Programme zu entwickeln, notwendig arbeitsteilig erfüllt werden. Diese Arbeitsteilung kann sich auf diejenige zwischen EDV-Experte bzw. Informatiker und Konstrukteur beziehen oder auf die zwischen dem betrieblichen EDV-Experten und den meist nur eine Tür weiter sitzenden Anwendern. Die Forderung nach einer Kooperation ist selbstverständlich nicht neu. Weshalb ihr Fehlen so häufig beklagt wird, liegt wohl daran, daß es sich bei EDV und Konstruktion zwar nicht um antipodische Elemente wie Feuer und Wasser handelt, aber doch um zwei Welten, deren adäquate Kooperationsform nicht leicht zu finden ist.

Zwei Unternehmen in unserer Untersuchung haben zu einer aktiven Kooperation gefunden, indem beide ihre Konstruktionserfahrungen für jeweilige Programmentwicklungen nutzten. Beidemale handelt es sich - wohl nicht überraschend - um bislang recht erfolgreiche CAD-Programme bzw. -Anwendungen. Die Berücksichtigung von Konstruktionserfahrung läßt sich bei CAD immer dann nicht umgehen, wenn das Programm konstruktionslogische Erkenntnisse aufnehmen soll, z.B. wenn es um die Wahl geeigneter Parameter und deren Zusammenhänge geht, die in verschiedene Algorithmen und Unterprogramme übersetzt werden sollen. Die weitestgehende Form einer diesbezüglichen Kooperation wählte ein Unternehmen, das einen Konstrukteur speziell dafür abstellte, Teile solcher Konstruktionslogiken zu sammeln, auszuarbeiten und sie dem Programmierer, einem Mathematiker, darzustellen und plausibel zu machen.

Wie auch immer die Kooperation wahrgenommen wird, die Beteiligten müssen sich darüber klar werden, daß diese Kooperation ihre Dornen hat. Mit einigen Gesprächen oder gar mit einem kurzen Meinungsaustausch ist es nicht getan. Die Eigenständigkeit der beiden Bereiche, EDV und Konstruktion, ist zu gut fundiert, als daß es gelingen könnte, mit geringer Mühe eine Kommunikationsbrücke zu schlagen. Wie genau man es anstellen könnte oder wieviel Aufwand zu treiben wäre, sprengt den hier gegebenen Rahmen. Vielleicht trägt folgender Hinweis zu einer realistischen Erwartungsbildung bei: Der EDV-Experte sollte <u>nicht</u> davon ausgehen, daß der von ihm befragte Konstrukteur die methodische Struktur seines Handelns in einer klaren und durchgearbeiteten Form präsentieren kann (die Konstruktionswissenschaft beschäftigt sich seit geraumer Zeit mit der Konstruktion und hat eine breit akzeptierte Konstruktionstheorie schließlich auch noch nicht formuliert!). Umgekehrt darf der Konstrukteur nicht erwarten, der EDV-Experte könne die von ihm geäußerten Wünsche mühelos umsetzen. Destruktion ist hier leicht. Wenn dem Konstrukteur an der Kooperation nichts liegt, kann er den EDV-Fachmann leicht damit zur Verzweiflung treiben, daß er immer neue und immer weiterreichende Forderungen aufstellt. Sein Kontrahent nimmt solche Forderungen sehr wahrscheinlich ernst, ist doch sein Bemühen der maschinellen Nachbildung von Konstruktionsleistungen einer der Triebkräfte der gesamten Entwicklung. Ziel solcher Kooperation zwischen Informatikern und Konstrukteuren ist es also nicht, immer größere Vertrautheit und Intimität herzustellen - das kann zu einer "liaison fatale" führen - sondern <u>Übersetzungsleistungen</u> zu entwickeln, um zwei sonst eigenständige Bereiche miteinander zu verbinden.

Wer bei der Erstanwendung eines CAD-Programmes dabei ist oder gar bei der Entwicklung, hat selbstverständlich eine größere Chance, mit seinen Vorschlägen oder auch Bedenken beachtet zu werden als jene Anwender, die fertige Programme übernehmen. Das bedeutet auf der anderen Seite keineswegs, daß den späten oder den frühen Anwendern klar wäre, warum ein Programm so abläuft wie es dann abläuft. Anders formuliert: Ist für den Anwender ein CAD-Programm nicht doch eine "Black Box"? Wie könnte dies verhindert werden? Ist die herrschende Entwicklungsrichtung richtig, immer nur nach den in der Software enthaltenen oder versteckten "Benutzermodellen" zu fragen anstatt nach den Lernprozessen zu forschen, wie sich Benutzer "Systemmodelle" entwickeln? Wir schlagen vor, der zweiten Fragestellung mehr Aufmerksamkeit zu widmen: Wie entwickeln Benutzer ihre eigenen "mentalen" System- und Software-Modelle und wie müssen sie geschult werden, damit sie über geeignete Modelle verfügen? Darüberhinaus hat jeder Benutzer - so eine zweite praktische Forderung - nicht nur Anspruch auf eine wirkliche Schulung mit dem Anwendungsprogramm, die auch Wissen und Erfahrung über die Leistungsgrenzen von EDV-Systemen und Anwendungssoftware bereitstellen muß, sondern ebenso auf die Vermittlung eines allgemeinen Systemwissens über EDV und die Arbeitsweise moderner Computersysteme.

Man könnte diese Forderungen mit dem Hinweis entkräften wollen, daß die Nutzung komplexer technischer Systeme sowieso nach der Art einer Black Box erfolge, ähnlich dem Laienfotografen, der die Spanne zwischen einem Motiv, das er sieht, und der Ablichtung, die er haben will, mit dem Wissen überbrückt, daß dazu ein Fotoapparat nötig ist, der aber ansonsten weder weiß noch sich darum kümmert, wie der Apparat zu der Ablichtung gelangt. Diese Analogie ist deshalb nicht adäquat, weil der Konstrukteur oder die Zeichnerin mit dem CAD-Programm differenziertere Wirkungen erzeugen können muß, und weil gelegentlich, zumal bei Berechnungen, zu entscheiden ist, ob das Objekt - um im Bild zu bleiben - überhaupt abgelichtet, sprich: modelliert werden kann und bis zu welchem Grade. Die Forderung, den Benutzer mit geeigneten Wirkungsmodellen zu versorgen, bleibt deshalb bestehen. Die Frage, wie man Programme gestalten kann, daß der Benutzer die Möglichkeit erhält, "in den Algorithmus hineinzuschauen", d.h. daß er Informationen über die Art der Aufgabenbearbeitung durch das Programm erhält, stellt sich so gesehen zwar erneut. Doch ist zu akzeptieren, daß es eine prinzipielle Grenze der Selbsterklärung gibt. Das Bemühen, gute Programmdokumentationen und Programmerläuterungen in das Programm, nicht nur in das Benutzerhandbuch, aufzunehmen, kann die

Notwendigkeit durchdachter Schulungsmaßnahmen nicht aufheben. Die HELP-Taste ersetzt keine Schulung!

Im Erscheinungsjahr dieses Berichtes mag es als Pflichtübung erscheinen, an Gefährdungen des Privatbereiches auch in jenen Bereichen zu erinnern, die mit Privatsphäre eigentlich nichts zu tun haben. Der Grund, an die Schutzwürdigkeit der persönlichen Arbeitssphäre und der subjektiven Erfahrungen zu erinnern, reicht allerdings tiefer. Denn ein Teil der CAD-Anwendungen ist schon von der Zielsetzung her auf eine Explizierung des Methoden- und Konstruktionswissens angelegt. Bei den interaktiv-grafischen CAD-Paketen, die zunächst kein Konstruktionswissen enthalten, sind einmal erarbeitete Konstruktionen und Pläne im Prinzip für alle zugänglich. Die dem EDV-Medium inhärente Tendenz zur Öffentlichkeit mag einem Konstruktionsleiter verständlicherweise als Vorteil erscheinen, wenn die allgemein gültige Plotter-Software dafür gesorgt hat, daß die individuellen Handschriften der Konstrukteure verschwunden sind. Diese aber mögen vielleicht nicht einmal den Mut haben, solchen Verlust zu beklagen, weil sie befürchten, man könne es ihnen als verletzte Eitelkeit auslegen. Wenn aber nicht nur der Zwang der Verwertung, sondern auch die eingesetzten Arbeitstechniken immer mehr darauf angelegt sind, subjektive Arbeitsanteile und deren diesbezügliche Kennung auszumerzen, dann muß die Entfremdung an irgendeinem Punkt in Sabotage umschlagen. Die Idee, dem Konstrukteur auch im neuen elektronischen Medium seinen persönlichen und privaten Konstruktionsspeicher einzuräumen, wird zuweilen sogar von solchen Experten geäußert, die eines übergroßen Eifers, den Konstrukteur vor den Gefahren moderner Informationstechnologie schützen zu wollen, nicht verdächtig sind.

6.12 CAD-Tätigkeit zwischen subjektiven Ansprüchen und organisatorischen Zwängen

Bei allen Arten der von uns untersuchten CAD-Programme haben wir ein reiches Spektrum organisatorischer Lösungen gefunden, so daß die Meinung, aus einer bestimmten Technologie würde eine bestimmte Organisationsform folgen, auch hier nicht bestätigt wird. Freilich folgt daraus nicht, daß organisatorische Lösungen beliebig gestaltbar seien, um etwa die Probleme der Einführung zu bewältigen oder die Routineanwendung sinnvoll in eine Abteilung einzubetten. Aber gerade weil wir nach unseren Erkenntnissen von einem Modell "CAD am Arbeitsplatz" noch so weit entfernt sind, ist genau auf die Faktoren zu achten, die von diesem Ziel wegführen.

Bestimmte Berechnungsanwendungen führen unweigerlich einen Zwang zur Spezialisierung mit sich, wenn es um besondere, theoretisch hochentwickelte, nicht in der täglichen Praxis vorkommende Modelle geht. Es scheint, als seien in diesen Fällen, abhängig von der gegebenen Qualifikationsstruktur, Spezialisierungen und auch organisatorische Abkapselungen unvermeidbar. Deshalb muß jedoch mit aller Klarheit das sich daraus ergebende Kooperationsproblem gesehen werden (vgl. 4.5.2.2 und 5.2). Zwischen dem Berechnungsspezialisten und dem Konstrukteur, der bei jenem bestimmte Berechnungen in Auftrag gibt, entsteht ein Kooperationsproblem, das in seiner Virulenz nicht minder gefährlich sein kann als die oben gestreifte Frage der Kooperation zwischen Entwickler und Anwender.

Die Gefahr zur Spezialisierung tritt auch bei dedizierten Programmen auf, Programmen also, die in ihrem Anwendungsbereich relativ eng umschrieben sind. Das untersuchte Zeichnungserstellungsprogramm gehört zu dieser Kategorie. In den beobachteten Anwendungen verhinderte die geringe Anwendungshäufigkeit eine zu starke Spezialisierung. Wird aber durch wie immer begründete zusätzliche organisatorische Regelungen dem Benutzer das Changieren zwischen CAD-Tätigkeit und konventioneller Tätigkeit erschwert oder zum Objekt fremder Entscheidungen gemacht, dann ist die Einheit der Tätigkeit endgültig zerstört (vgl. Abschnitt 4.2). Da der Verweis auf künftige Entwicklungen für die Anwender nur ein schwacher Trost ist, muß und kann bei der betrieblichen Implementierung sehr viel stärker auf den thematischen, technischen und organisatorischen Zusammenhang geachtet werden, in den die individuelle Tätigkeit eingebettet wird.

7 Epilog: Zum aktuellen Stand der CAD-Anwendungen

Als die erste Fassung des vorliegenden Berichtes Anfang 1984 fertiggestellt war, mußte die Darstellung der firmenspezifischen Detailinformationen mit den Unternehmen abgestimmt werden, wie dies schon für den Zwischenbericht praktiziert wurde. Hier ergab sich die günstige Gelegenheit, jene Frage zu beantworten, die den Leser nicht weniger interessieren dürfte als uns selbst: Wie ging es mit den CAD-Anwendungen in den Unternehmen weiter, und wie ist der aktuelle Stand? Hierüber geben wir im folgenden einen kurzen Bericht, bitten jedoch um Verständnis dafür, daß diese Darstellung sehr knapp gehalten ist, da in der zur Verfügung stehenden Zeit - die letzten Gespräche in den Unternehmen fanden Ende Juni 1984 statt - eine detaillierte Auswertung der uns von den CAD-Experten wiederum sehr bereitwillig gegebenen Informationen nicht möglich war.

Um zunächst einen Überblick zu vermitteln, wurde die Tabelle 2.5. in Kapitel 2 fortgeschrieben, zusätzlich ergänzt mit einigen Angaben zu laufenden CAD-Planungen, soweit sie uns berichtet wurden. Die neue Tabelle 7.1. zeigt, daß sowohl die Zeichnungsanwendungen als auch die Anwendungen interaktiv-grafischer Systeme für die mechanische und die Elektrokonstruktion einen deutlichen Zuwachs erfahren haben. Dagegen gehörten die Berechnungsanwendungen (häufig firmenspezifische Entwicklungen) schon in der ersten Untersuchungsphase 1980/81 zur Standardausrüstung. Schlüsselt man jedoch die Anwendungsbereiche detaillierter und etwas abweichend von Tabelle 7.1. auf, dann zeigt sich, daß auch auf dem Gebiet der Berechnungen eine Ausweitung des CAD-Einsatzes zu verzeichnen ist. Insbesondere die geplanten Neuimplementationen von Finite-Elemente-Systemen sowie der Ausbau schon vorhandener Systeme mit Moduln zur Netzgenerierung und die Kopplung an interaktiv-grafische CAD-Systeme zeigt, daß solche Systeme ebenfalls bald zur "üblichen" Ausstattung der technischen EDV im Maschinenbau gehören werden.

Tabelle 7.1. Veränderung der Anzahl produktiver CAD-Anwendungen im Verlauf der Untersuchung (Fortschreibung) +)

Art des CAD-Einsatzes	Anzahl produktiver Anwendungen			
	1980/81	1981/82	1984	Planung
Berechnungsprogramme	12	12	12	/
Zeichnungserstellung	3	6 ++)	8 +++)	/
Interaktive Konstruktions-programme für:				
mechanische Konstruktion	1	3	6	6
Elektrokonstruktion	1	2	4	4
Hydraulik-Konstruktion	1	1	1	1

+) Bei vorliegender Tabelle handelt es sich um eine Fortschreibung der Tabelle 2.5.

++) Zu den Zeichnungsanwendungen wurden zwei Anwendungen mit automatischen Variantenprogrammen dazu gerechnet, da hier Werkstattzeichnungen den Programmoutput darstellen. Bei der differenzierteren Aufstellung in Tabelle 7.2. erscheinen diese beiden Anwendungen bei "Parameterkonstruktion".

+++) Zu den Zeichnungsanwendungen drei Anwendungen mit automatischen Variantenprogrammen hinzugenommen. In Tabelle 7.2. getrennt aufgeführt.

Die Kopplung von CAD-Systemen mit der NC-Programmierung wurde deutlich ausgeweitet bzw. die Vorbereitung entsprechender Schnittstellen wird gerade vorbereitet.

Die große Anzahl von Planungen zu interaktiv-grafischen Systemen läßt sich zum großen Teil auf das Anlaufen des Förderprogramms der Bundesregierung ("indirekt-spezifische Förderung") zum Einsatz von CAD/CAM-Systemen für Unternehmen des deutschen Maschinenbaus zurückführen, die als "Ausrüster" am Markt tätig sind. Die maximal erhältliche Fördersumme von 400 TDM für Einführungsvorbereitung und Investition läßt sich nach Möglichkeit kein Unternehmen entgehen.

Der Eindruck, der sich aus den Tabellen 7.1. und 7.2. ergibt, bestätigte sich auch in den Gesprächen mit den CAD-Experten und bei dem häufig fälligen Rundgang zur Besichtigung verschiedener CAD-Arbeitsplätze und Programmdemonstrationen: Insgesamt läßt sich ein zügiger Ausbau der CAD-Anwendungen in den besuchten Unternehmen während der vergangenen zwei Jahre feststellen. Allerdings ist diese allgemeine Charakterisierung mit einigen differenzierenden Anmerkungen zu versehen.

Tabelle 7.2. Veränderung der CAD-Anwendungen in verschiedenen Bereichen

Art des CAD-Einsatzes	Anzahl produktiver Anwendungen			
	1980/81	1981/82	1984	Planung
Technische Berechnung (ohne Finite-Elemente-Programme)	12	12	12	/
Anwendungen der Finite-Elemente-Methode (FEM)	5	5	5	3
FEM-Netzgenerierung	/	/	3	/
Kopplung CAD-FEM	/	/	2	1
Nur Zeichnungserstellung	2	4	5	/
Nur Parameter-/Variantenkonstruktion	1	2	3	/
Interaktiv-grafische CAD-Programme für:				
mechanische Konstruktion	1	3	6	6
Elektrokonstruktion	1	2	4	4
Hydraulik-Konstruktion	1	1	1	1
Kopplung CAD-NC	/	2	4	4
Kopplung CAD-Arbeitsplanerstellung	/	/	1	2
3D-CAD-Programme	/	1	3	3

Der Ausbau der Anwendungen ging in horizontaler Richtung zügiger voran als in vertikaler Richtung, d.h. mehr und mehr Anwendungsbereiche und Produktgruppen wurden durch CAD-Systeme erschlossen, ohne daß CAD in der vertikalen Integration (CAD - Arbeitsplanerstellung, NC-Programmierung) vergleichbar schnell ausgebaut worden wäre. Eine Ausnahme von diesem Trend macht ein Unternehmen, welches in den vergangenen zwei Jahren einen Großteil der Anstrengungen eben dieser CAD-NC-Kopplung gewidmet hatte. Der insgesamt zügige Ausbau darf allerdings nicht den Blick für jene Fälle verstellen, in denen die CAD-Anwendung nicht oder kaum über den alten Stand hinauskam. Dies hat in jedem Fall wieder andere Gründe. So mußte beispielsweise nach den nicht erfreulichen Erfahrungen mit der Erstanwendung von CAD im Unternehmen erst wieder neuer "Kredit" erarbeitet werden, oder die CAD-Mannschaft war von anderen Aufgaben absorbiert worden (z.B. NC-Programmier-System), oder - dies insbesondere bei den kleineren Unternehmen - die Investitionsmittel waren knapper bemessen als in den vergangenen Jahren.

Eine Begleiterscheinung bei dem Ausbau von CAD ist sehr aufschlußreich: Mit dem Vordringen von CAD in die verschiedenen Anwendungsgebiete (z.B. Produktkonstruktion im Gegensatz zu Betriebsmittelkonstruktion) setzt sich auch die Eigenart des jeweiligen Gebietes durch und wird von den Experten anerkannt. Dies läßt sich zumindest in vier Fällen sehr deutlich beobachten. Dabei entsteht in diesen Firmen die Situation, daß sie in absehbarer Zeit bereits das vierte CAD-System haben werden, also vier verschiedene Arten von CAD-Programmen, z.B. ein Programm für die Zeichnungserstellung bestimmter Einzelteile, ein weiteres für die automatische Variantengenerierung, dann ein interaktiv-grafisches Paket und in wenigen Jahren ein weiteres, aufwendigeres CAD-System, weil bei einem neuen Anwendungsbereich Freiformflächen verarbeitet werden müssen. Dabei wird zwar mit der Implementation verschiedenartiger CAD-Programme die Kopplung der Systeme untereinander zum Thema und zum Planungsgegenstand. Diese Kopplung scheint aber keine strikte Voraussetzung für die weitere Systembeschaffung zu sein. Zunächst wird ausgebaut, dann wird überlegt, wie man die Systeme verkoppeln kann. Eine solche Strategie mag für den Außenstehenden riskant erscheinen. Auf der anderen Seite drückt sich hierin die Erkenntnis aus, daß es eben <u>das</u> CAD-System, das für verschiedenartige Aufgaben in <u>gleicher</u> Weise geeignet wäre, nicht gibt. Uns scheint insbesondere diese Beobachtung aufschlußreich, weil wir bei der letzten Erhebung noch in vielen Fällen den Eindruck hatten, daß auf die Eigenart der jeweiligen Aufgaben zu wenig geachtet wurde, das CAD-Programm mehr wie ein Rechen gehandhabt wurde, den man durch die Konstruktion zieht, um zu sehen, welche Aufgaben darin hängen bleiben.

Nach dieser globalen Situationsbeschreibung seien im folgenden in Form knapper Hinweise einige weitere Tendenzen beschrieben, ohne daß dabei auf firmenspezifische Details eingegangen wird.

(1) Nach wie vor wird der <u>Implementationsaufwand</u> für CAD-Programme unterschätzt. Auf diesen Punkt muß mit Nachdruck hingewiesen werden. In jedes CAD-Programm müssen - egal wie komfortabel es ist - die betrieblichen Spezifika eingearbeitet werden. Das kostet meist mehr Zeit und Personal als geplant.

(2) Ließ sich bereits anhand einer Übersicht zu der für CAD-Programme beobachtbaren <u>Hardware-Nutzung</u> (vgl. Tabelle 2.1) eine gewisse Verselbständigung des CAD-Bereiches feststellen, die wir im Kapitel 6

vorsichtig als eine Tendenz ausmachten, so kann nunmehr ein deutlicher Trend ausgerufen werden. Die Entwicklung geht bei den CAD-Programmen, im Verein mit anderen technischen Anwendungen, recht eindeutig weg von den Großrechnern.

Ein CAD-Experte wird mit seinem CAD-Programm demnächst auf einen Mini-Rechner mit 32-Bit-Architektur umsteigen, ein weiterer gab nach etwas insistentem Fragen zu erkennen, daß das ins Auge gefaßte neue CAD-System für die Werkzeugkonstruktion sicher nicht mehr auf dem Großrechner wird laufen können. Etliche CAD-Experten wußten noch beim letzten Gespräch die Vorzüge einer gemeinsamen Nutzung einer zentralen Rechnereinheit darzulegen, doch scheint die Anzahl der "mainframe-Anhänger" stetig zurückzugehen. Damit wird die mit CAD einhergehende Veränderung der betrieblichen Struktur weiter voranschreiten, wenn sich die CAD- und anderen technischen Anwendungen auch organisatorisch verselbständigen. Die in manchen Unternehmen schon mit Beginn der 70er Jahre aus der Konstruktion herausgewachsenen Berechnungsgruppen, die - wenn sie vorhanden waren - in der Regel auch die CAD-Anwendungen unter ihre Fittiche genommen haben, bilden den Kristallisationskern für die Herausbildung von eigenständigen "Technischen Rechenzentren", "CAD-Abteilungen", "CAD-Zentren" oder wie sie immer heißen mögen.

(3) Eine solche Tendenz läßt sich gleichfalls an den CAD-Projektgruppen festmachen. Sie haben sich, mit unserer Erwartung konform, weiter stabilisiert. Dabei müssen mit der weiteren Ausdehnung Aufgaben delegiert werden. Bei den Anwendern in den Fachabteilungen werden zunehmend sog. "CAD-Beauftragte" berufen, die sich mit einem erheblichen Teil ihrer Arbeitszeit der System- und Softwarepflege, der Rekrutierung der CAD-Benutzer und ihrer Schulung und Beratung widmen.

(4) In verschiedenen Teilen unseres Berichtes wurde argumentiert, daß es bei Vorhandensein von Elektroanwendungen in den Unternehmen sinnvoll sein kann, zunächst hier mit einem CAD-Einsatz zu beginnen, und erst danach die Anwendungen in der mechanischen Konstruktion aufzugreifen. Diesen Weg haben zumindest vier Unternehmen der Untersuchung beschritten. Unsere Einschätzung, daß der CAD-Einstieg hier leichter sei, wird zwar durch die neueren Erfahrungen nicht widerlegt, muß aber etwas qualifiziert werden. So zeigte sich bei einem Unternehmen, welches beim letzten Gespräch gerade dabei war, ein interaktiv-grafisches System im Elektrobereich zu implementieren, daß

dieses Vorhaben doch nicht so leicht umzusetzen war wie ursprünglich eingeschätzt. Allerdings ist in diesem Fall zu berücksichtigen, daß die für das CAD-Programm aufbereiteten Daten tief in die Fertigung hineinreichen sollten, bis hin zur Konfektionierung und Verlegung von Kabelbäumen. Ein anderer Anwender,der bereits vor zwei Jahren eine sehr ausgebaute Anwendung im Elektrobereich vorweisen konnte, wies rückblickend darauf hin, daß man damals in der Art der Standardisierung der Schaltungen und Pläne und in der Umsetzung in das CAD-Programm doch eine "glückliche Hand" gehabt habe. Das bedeutet also, daß zwar die Art der Aufgaben im Elektrobereich CAD entgegenkommt, sich aber keineswegs die Einschätzung bilden sollte, der CAD-Einsatz sei hier ein Kinderspiel.

(5) Das im Bericht verschiedentlich kommentierte Wechselspiel zwischen <u>CAD und betrieblichem Kontext bzw. Markt</u> läßt sich gleichfalls mit einigen neueren Erfahrungen belegen. Während der eine Anwender des Zeichnungserstellungsprogramms für rotationssymmetrische Einzelteile auf das inzwischen respektable Volumen von 12 Tausend mit dem Programm gefertigten Zeichnungen zurückblicken kann, haben sich die Erwartungen bei den beiden anderen Anwendern nicht eingelöst. Insgesamt gingen hier die Rotationsteile zurück. In einem Fall sind anstatt der früher angesetzten 300 Zeichnungen p.a. seit 1981 gerade 600 mit dem Programm erstellt worden.

Die von uns im Abschnitt 4.5 herausgestellten kritischen Faktoren für den Einsatz von automatischen Variantenprogrammen haben sich als bedeutsam herausgestellt. Insbesondere ein CAD-Experte eines Unternehmens, welches extensiv und recht erfolgreich mit diesem Programmtyp arbeitet, meinte nun zusammenfassend, daß diese Programme immer "Vergangenheit" seien. Neben der sich weiter entwickelnden Fertigungstechnologie und dem Wartungsaufwand stellt sich die Akzeptanz bei den Konstrukteuren als kritischer Faktor heraus. Diese sträuben sich, ein CAD-Programm zu bedienen, in dessen inneren Ablauf sie nicht mehr eingreifen können. In diesem Unternehmen hat man im übrigen für den weiteren Ausbau von CAD erkannt, daß man eine Standardisierung innerbetrieblich (z.B. Betriebsmittelkonstruktion) leichter betreiben kann als gegenüber Markt und Kunden.

In den nächsten Jahren wird hier die Reduzierung des Zeitaufwandes für die Erstellung von Arbeitsplänen bei geringen Losgrößen zum Thema werden, denn mit verstärkten Einsatz von NC-Maschinen können auch kleine Lösgrößen wirtschaftlich gefertigt werden, wobei sich dann der vorgelagerte Arbeitsplanungsbereich und die NC-Programmierung zum Engpaß entwickeln.

(6) Bei der Beobachtung der CAD-Arbeitsplätze ist leider zu konstatieren, daß sie in vielen Fällen noch arg wie ein Provisorium aussehen. Die Blendung durch Tageslicht und Kunstlicht, die sich auch bei den gelegentlich schon eingesetzten Farbbildschirmen wegen des relativ geringen Kontrastes störend auswirkt, führte teilweise zu kuriosen Abhilfemaßnahmen, die man mit einem Schmunzeln übergehen könnte, wüßte man nicht, daß die CAD-Benutzer hier etliche Stunden am Tag zubringen. Ein Benutzer hatte erst einmal das Fenster mit einer Folie abgeklebt, und weil dies noch nicht ausreichte, bastelte er sich zusätzlich einen Pappkarton-Rahmen über den Bildschirm, so daß sein CAD-Arbeitsplatz mehr einem Guckkasten (laterna magica?) glich als dem Arbeitsplatz eines hochqualifizierten Konstrukteurs. Darauf angesprochen, geben die Gesprächspartner auch sogleich zu, daß diese Situation nicht mehr lange tragbar sei. Uns will aber nicht einleuchten, daß man auf der einen Seite von der Technologie her, auf der anderen Seite von der Gestaltung der Arbeitsplätze her nicht mehr für eine humanere Arbeitssituation tun will.

(7) Die im Gefolge von CAD eintretenden Effekte der Personaleinsparung beginnen sich langsam auch im Konstruktionsbereich abzuzeichnen, wenngleich der Rationalisierungseffekt in den nachgelagerten Bereichen nach wie vor größer scheint. Der Ausdruck "im Gefolge von CAD" ist bewußt gewählt, weil die Zurechnung dieser Wirkungen, wie häufig festgestellt worden ist, schwierig ist. In den zurückliegenden Jahren wurde der durch CAD induzierte personelle Effekt häufig von einem Abbau von Stellen überlagert, der von konjunkturellen Schwankungen ausgelöst wurde. Die Einsparung, die CAD zugerechnet werden kann, zeigt sich jedoch dann, wenn bei besserem Geschäftsgang die Stellen nicht wieder im gleichen Umfang besetzt werden. Gelegentlich sind solche Personalschwankungen zusätzlich von einer Reorganisation des Betriebes überlagert. Diese Schwierigkeiten der Zurechnung sollten u.E. nicht dazu führen, über die mit CAD möglich gewordenen Stelleneinsparungen hinwegzusehen. Daß wir in einigen Fällen gefragt wurden, ob wir nicht einen in CAD erfahrenen Kollegen kennen und empfehlen könnten, ist zwar ein erfreulicher Indikator für einen ebenfalls durch CAD ausgelösten Personalbedarf; doch richtet sich diese Nachfrage auf eine andere Qualifikationsebene als diejenige, in der die meisten CAD-Benutzer angesiedelt sind.

(8) Es konnte beobachtet werden, daß die Erfahrungen mit den Erstanwendungen von CAD in den Unternehmen sehr unterschiedlich für die weiteren Schritte ausgewertet wurden. Ähnliches ist in bezug auf die Schulung festzustellen. Während der größere Teil der CAD-Anwender die Strategie verfolgte, mehr Mitarbeiter für CAD zu schulen als tatsächlich an den CAD-Arbeitsplätzen arbeiten konnten, gab es bzw. droht in einzelnen Fällen eine recht schwierige Situationen, wenn Mitarbeiter, die bisher mit dem CAD-Programm gearbeitet haben, ausscheiden. Es ist sicher richtig, daß ein Mitarbeiter nach der Schulung möglichst umgehend auch produktiv mit dem System arbeiten sollte, weil sonst die Übung verloren geht - ein Effekt, den jeder EDV-Benutzer kennt. Wenn ein Betrieb aber nicht riskieren will, in einen solchen Engpaß zu geraten, mit der Gefahr des Zusammenbruchs der ganzen Anwendung oder einer beträchtlichen Einschränkung, muß durch die Schulung ein gewisser Vorlauf erzeugt werden, auch wenn dies zeitaufwendig und teuer ist.

(9) Die Art, wie der CAD-Einsatz geplant und umgesetzt wird, ist nicht nur eine Frage der vorhandenen finanziellen Mittel und der gesetzten Ziele, sondern auch eine Frage der ökonomisch gar nicht mehr faßbaren Strategie des Personaleinsatzes. Dies zeigt sich deutlich an einem Vergleich der in Punkt (4) beschriebenen CAD-Anwendungen im Elektrobereich. Während das eine Unternehmen den CAD-Einsatz unter der im Betrieb wohl vorherrschenden Perspektive sah, nach Möglichkeit sehr weit von der Konstruktion her in den Fertigungsbereich hineinzuplanen, verließ sich das andere Unternehmen sehr viel mehr auf die Facharbeiterqualifikationen in der Fertigung und kam deshalb auch bei der CAD-Implementation mit einem geringeren Aufwand aus. Dieser Punkt läßt sich ebenso treffend mit einer Anekdote belegen, die u.E. selbst in einem fachorientierten Bericht ihren Platz hat: Als der CAD-Experte in einem Unternehmen einem Besucher, sicher mit einem gewissen Stolz, das gerade implementierte Modul für die Arbeitsplangenerierung vorführte, zeigte sich dieser Besucher keineswegs beeindruckt. Es wies darauf hin, daß sie in ihrem Unternehmen gar keinen eigenen Bereich für die Arbeitsplanung haben. Diese Planung liegt vielmehr in der Hand der Facharbeiter in der Fertigung.

Der Epilog, der notgedrungen knapp ausfallen mußte, soll mit einer Empfehlung zur Strategie der CAD-Einführung abgeschlossen werden, die uns ein CAD-Experte mehr beiläufig darlegte: Es käme darauf an, die "alten", erfahrenen und anerkannten Konstrukteure von CAD zu überzeugen und sie als Erstanwender zu gewinnen. Sei dies gelungen, würden die anderen mitgezogen. Dagegen würde ein junger, frisch eingestellter Mitarbeiter, der vielleicht viel von CAD, nicht so viel vom Konstruieren verstehe, in der Konstruktionsabteilung immer Schwierigkeiten haben, selbst und mit seinem CAD anerkannt zu werden.

8 Literaturverzeichnis

Bainbridge, L.: Ironies of Automation. In: G. Johannsen & J.E. Rijnsdorp (eds.): Preprints of IFAC ... Conference Analysis, Design, and Evaluation of Man-Machine Systems, Baden-Baden 27. - 29. Sept. 1982, S. 151-157

Bechmann, G., Huxdorff, K., Vahrenkamp, R., Werle, R., Wingert, B.: Auswirkungen des Einsatzes informationsverarbeitender Technologien, untersucht am Beispiel von Verfahren des rechnerunterstützten Konstruierens und Fertigens (CAD/CAM). Eine sozial-wissenschaftliche Begleituntersuchung. Ergebnisse der Pilotuntersuchung. Karlsruhe: CAD-Berichte KfK-CAD 114, 1978

Bechmann, G., Vahrenkamp, R., Wingert, B.: Mechanisierung geistiger Arbeit. Eine sozialwissenschaftliche Begleituntersuchung zum Rechnereinsatz in der Konstruktion. Frankfurt a.M.: Campus 1979

Beitz, W.: CAD: Computer Aided Design. Neue Arbeitstechniken beim Konstruieren technischer Produkte. Umschau 1983, Heft 20, S. 600-606

Berger, U., Offe, C.: Das Rationalisierungsdilemma der Angestelltenarbeit. In: J. Kocka (Hrsg.): Angestellte im europäischen Vergleich. Göttingen: Vandenhoeck & Ruprecht 1981, S. 39-58

Brand, H., Glatz, R.: Methoden der technischen Beurteilung von CAD/CAM-Systemen. Forschungsbericht KfK-PFT 61, Karlsruhe: 1983

Bromme, R., Hömberg, E.: Methodische Probleme und Möglichkeiten der Untersuchung sprachlich gefaßter handlungsregulierender Kognitionen. In: Volpert, W. (Hrsg.): Beiträge zur psychologischen Handlungstheorie. Bern, Stuttgart, Wien: Huber 1980, S. 105-120

Brunn, E.: Automation in der Planung: Heuristik statt Algorithmik? In: Inst. f. Städtebau und Wohnungswesen der Dtsch. Akad. f. Städtebau und Landesplanung (Hrsg.): Planung- und Informationssysteme für die Raumplanung. München: 1973

Buschhaus, D., Gerlach, J-R., Goldgräbe, A.: Problemanalyse zur Neuordnung der Berufsbildung für Technische Zeichner, Teil 3, Analyse der beruflichen Tätigkeiten. Bundesinstitut für Berufsbildung Berlin: Berichte zur beruflichen Bildung Heft 28, 1980

Cooley, M.: Computer Aided Design. Sein Wesen und seine Zusammenhänge. Stuttgart: Alektor Verlag 1978

Delvac, J.J.: Users Group - A Necessity for Small and Medium Size Industry CAD Users. In: J.-P. Crestin & J-C. Rault (eds.): MICAD 82 - 2e Conférence Européenne sur la Conception Assistée par Ordinateur (CAO) pour les petites et moyennes Industries. Textes des Conférences Paris 21. - 23. Sept. 1982, S. 441-449

Duus, W., Gulbins, J.: CAD-Systeme. Hardwareaufbau und Einsatz. Berlin u.a.: Springer 1983

Duus, W., Rader, M.: Einführung von CAD ist von Vorsicht geprägt, Computerwoche 16.10.1981, S. 28-29

Duus, W., Rader, M.: The Tightrope Act of Proving Effectiveness - Some Results on CAD. In: E.A. Warman (ed.): Proceedings of the First International Conference on Computer Applications in Production and Engineering, CAPE '83, Amsterdam 25.-28. April 1983. Amsterdam: North-Holland 1983, S. 1019-1029

Ekardt, H-P.: Entwurfsarbeit. Organisations- und handlungstheoretische Ansätze zur soziologischen Analyse der Arbeit von Bauingenieuren im Tragwerksentwurfsbereich. Darmstadt: Dissertation 1978

Ekardt, H-P.: Ist die Arbeit von Bauingenieuren rationalisierbar? - Versuch einer Antwort in arbeitssoziologischer Perspektive. In: ders. (Hrsg.): Bauingenieure und Rationalisierung. Beiträge zum 2. Kasseler Kolloquium zu Problemen des Bauingenieurberufs, 7. - 8. Okt. 1982. Kassel: J. Stauda 1983, S. 133-153

Feigenbaum, E.A.: Expert Systems - looking back and looking ahead. In: R. Wilhelm (Hrsg.): 10. Jahrestagung der GI. Berlin u.a.: Springer 1980, S. 1-14 (Bd. 33 d. Informatik-Fachberichte)

Finne, H.: The Designer and his Job in the Face of Integrated CAD/CAM Systems. In: T. Martin (ed.): Design of Work in Automated Manufacturing Systems. IFAC-Workshop, Karlsruhe, 7. - 9. Nov. 1983. Oxford u.a.: Pergamon 1984, S. 65-70

Fischer, G.: Navigationswerkzeuge in wissensbasierten Systemen. Office Management 31 (1983) Sonderheft, S. 49-52

Forschungskuratorium Maschinenbau e.V. (FKM): Rechnerunterstütztes Entwickeln und Konstruieren im Maschinenbau. Forschungsheft Nr. 28, Frankfurt: 1974

Goldbecker, H.: Die betriebswirtschaftliche Bewertung von CAD-Systemen im Rahmen des Investitionsentscheidungsprozesses. Düsseldorf: VDI 1979

Hacker, W.: Allgemeine Arbeits- und Ingenieurspsychologie. Berlin (Ost): VEB Deutscher Verlag der Wissenschaften 1973 (wiederaufgelegt Huber 1978)

Hacker, W.: Diskussionsbeitrag auf dem 2. Züricher Symposium Arbeitspsychologie, 1982

Hatvany, J.: Dreams, Nightmares and Reality. In: E.A. Warman (ed.): Proceedings of the First International on Computer Applications in Production and Engineering, CAPE '83, Amsterdam 25.- 28. April 1983. Amsterdam: North-Holland 1983, S. 3-10

Hermann, K., Teschner, E.: Taylorisierung geistiger Arbeit? Entwicklungstendenzen der Arbeits- und Berufssituation technischer Angestellter in der Industrie. In: U. Beck, K.M. Hörning, W. Thomssen (Hrsg.): Bildungsexpansion und betriebliche Beschäftigungspolitik. Frankfurt a.M.: Campus 1980, S. 202-209

Hirschmann, K.H.: Optimale Produktentwicklung durch rechnerunterstütztes Auswerten der konstruktiven Erfahrung. In: R. Wilhelm (Hrsg.): CAD-Fachgespräch, 10. Jahrestagung der GI. Berlin u.a.: Springer 1980, S. 134-145

Hügel, H.: Auswirkungen des Einsatzes von Elektronischer Datenverarbeitung auf die Arbeitstätigkeit wissenschaftlich-technischer Angestellter. Dargestellt am Beispiel des "Computer Aided Design". München: Diplomarbeit 1980

IG-Metall Vorstand (Hrsg.): Maschinen wollen sie - uns Menschen nicht. Rationalisierung in der Metallwirtschaft. Frankfurt: Oktober 1983

Kiesow, H., Mihm, H., Rosenbusch, R.: Automatisierung von Entwurf, Konstruktion und Auftragsbearbeitung im Anlagenbau, dargestellt am Beispiel des Wärmetauscherbaus. IBM-Nachrichten 20 (1970), S. 147-153

Kirsch, W.: Auf dem Weg zu einem neuen Taylorismus? IBM-Nachrichten 23 (1973), S. 561-566

Kirsch, W.: Einführung in die Theorie der Entscheidungsprozesse. Wiesbaden: Gabler 1977 (2. ergänzte Auflage)

Kühn, M.: CAD und Arbeitssituation. Berlin u.a.: Springer 1980 (Informatik-Fachberichte Bd. 32)

Kupka, I., Maass, S., Oberquelle, H.: Kommunikation - ein Grundbegriff für die Informatik. Mitteilung Nr. 91 des Fachbereich Informatik, Universität Hamburg, August 1981

Lange, K.: Der Computer im Meinungsspektrum der bundesrepublikanischen Bevölkerung - Materialien zur Einordnung, Differenzierung und Erklärung. Bonn: Gesellschaft für Mathematik und Datenverarbeitung m.b.H., Arbeitspapier Nr. 64, November 1983

Latombe, J-C.: The Artificial Intelligence Approach to Computer-Aided Design. In: J. Encarnacao (ed.): CAD-Fachgespräch, GI-Jahrestagung. Darmstadt: Proceedings 1978

Leyer, A.: Maschinenkonstruktionslehre. Allgemeine Gesichtspunkte. Basel/Stuttgart: Birkhäuser 1963, Heft 1

Luhmann, N.: Zweckbegriff und Systemrationalität. Frankfurt a.M.: Suhrkamp Taschenbuch Verlag 1973

Luhmann, N.: Formen des Helfens im Wandel gesellschaftlicher Bedingungen. In: ders. Soziologische Aufklärung 2. Opladen: Westdeutscher Verlag 1975, S. 134-149

Maver, T.: Democracy in Design Decision-making. CAD Proceedings 1976, S. 313-318

Neisser, U.: Kognition und Wirklichkeit. Stuttgart: Klett-Cotta 1979

Opitz, H. (Hrsg.): Produktplanung - Konstruktion - Arbeitsvorbereitung. Rationalisierungsschwerpunkte bei der Produktentstehung. Essen: Girardet 1971

Pahl, G. u.a.: Programmkonzept und Dialogführung für einen Konstruktions-Arbeitsplatz mit Menüsteuerung und aktivem Zeichenbrett. In: R. Wilhelm (Hrsg.): CAD-Fachgespräch, 10. Jahrestagung der GI. Berlin u.a.: Springer 1980, S. 11-25

Pahl, G. u.a.: Interaktiver Konstruktionsarbeitsplatz (IKA) mit zeichnender und berechnender EDV-Unterstützung. Konstruktion 34 (1982), S. 213-222

Parsons, T.: Some Considerations on the Theory of Social Change. Rural Sociology 26 (1961), S. 219-239

Rader, M.: The Social Effects of Computer-Aided Design - Current Trends and Forecasts for the Future -. In: Bannon, L., Barry, U., Holst, O. (eds.): Information Technology. Impact on the Way of Life. Dublin: Tycooly Int. 1982, S. 166-181

Redtenbacher, F.: Prinzipien der Mechanik und des Maschinenbaus. Mannheim: Bassermann 1852

Riehm, U.: Einige konzeptionelle Mängel der Konstruktionswissenschaft und ihre Auswirkungen auf CAD. Schweizer Maschinenmarkt 83 (1983) Heft 25, S. 27-31

Riehm, U., Rader, M.: Innovationsprobleme neuer Technologien - Die Einführung von CAD im Maschinenbau. KfK-Nachrichten 14 (1982) Heft 2, S. 116-124

Riehm, U., Wingert, B.: Urteile über rechnerunterstütztes Konstruieren. VDI-Nachrichten Nr. 45, 1981, S. 13 und Nr. 46, 1981, S. 19

Riehm, U., Wingert, B.: Technology induced morphogenesis of skills: The case of CAD. In: E.A. Warman (ed.): Proceedings of First International Conference on Computer Applications in Production and Engineering CAPE '83. Amsterdam: North-Holland 1983, S. 207-223

Roth, K.: Modellbildung für die Lösung konstruktiver Aufgabenstellungen mit Rechenanlagen. In: Hubka, V. Andreasen, M. (Hrsg.): Computer Aided Design, Konstruktionsmethoden, Design Methods. Proceedings of ICED 83. Zürich: Heurista 1983, S. 572-584

Roth, S.: Bildungsbaustein CAD/CAM. Seminar-Modell HdA-Referentenleitfaden. Frankfurt a.M.: IG-Metall 1983

Seliger, G.: Produktivität und Arbeit. Entwicklungstendenzen in der Produktionstechnik. In: Universität Bremen (Hrsg.): Analyse und Entwicklungen der Technik und Chancen in der Gestaltung von Arbeit. Bremen: Universität 1983, S. 73-80

Seybold Report on Word Processing, 4 (1981) No. 5

Spur, G., Krause, F-L.: Einordnung von CAD-Systemen. VDI-Berichte Nr. 413, 1981, S. 1-18

Volpert, W.: Handlungsstrukturanalyse als Beitrag zur Qualifikationsforschung. Köln: Pahl-Rugenstein 1974

Volpert, W.: Maschinen-Handlungen und Handlungs-Modelle - ein Plädoyer gegen die Normierung des Handelns. Gestalt Theory 6 (1984), Heft 1, S. 70-100

Westermann, A.: Graphische Datenverarbeitung im Konstruktionsbüro. IBM-Nachrichten 30 (1980), Heft 248

Wingert, B.: Auswirkungen des technischen Wandels auf berufliche Qualifikationen am Beispiel von CAD. In: R. Wilhelm (Hrsg.): CAD-Fachgespräch, 10. Jahrestagung der GI. Berlin u.a.: Springer 1980, S. 146-160

Wingert, B.: CAD-Arbeitsplätze verändern die Tätigkeit. Der Umgang mit symbolischen Modellen macht das Konstruieren abstrakter. VDI-Nachrichten Nr. 29 1981, S. 19

Wingert, B.: Rationalisierung der Konstruktion - Läßt sie der Erfahrung eine Chance? In: H.-P. Ekardt (Hrsg.): Bauingenieure und Rationalisierung. Beiträge zum 2. Kasseler Kolloquium zu Problemen des Bauingenieurberufs 7. - 8. Okt. 1982. Kassel: J. Stauda 1983, S. 107-131

Wingert, B.: Werkzeugerfahrungen und Qualifikationsveränderungen beim CAD. Office Management 31 (1983) Sonderheft, S. 22-25

Wingert, B.: Über einige Schwierigkeiten, arbeitspsychologisch relevante Auswirkungen neuer Technologien zu beschreiben - am Beispiel CAD. Beitrag zur Fortbildungsveranstaltung der Sektion Arbeits- und Betriebspsychologie des BDP, vom 21.-23.5.1984 in Lübeck (erscheint als Kongreßband 1984)

Wingert, B., Duus, W., Rader, M., Riehm, U.: Ergebnisse der Befragung von CAD-Anwendern im Maschinenbau. Unveröffentlichtes Manuskript (Primärbericht), Kernforschungszentrum Karlsruhe, Sept. 1981

Wingert, B., Riehm, U.: Computer als Werkzeug. Anmerkungen zu einem verbreiteten Mißverständnis. Erscheint in: G. Bechmann (Hrsg.): Technologie-Jahrbuch 3. Frankfurt a.M.: Campus 1985

Witte, E.: Das Informationsverhalten in Entscheidungsprozessen. Tübingen: J.C.B. Mohr 1972

Yoshikawa, H.: Automation of Thinking in Design. In: E.A. Warman (ed.): Proceedings of the First International Conference on Computer Applications in Production and Engineering, CAPE '83. Amsterdam: North-Holland 1983, S. 405-417

Yoshikawa, H.: Designer's designing models. In: Hubka, Andreasen (Hrsg.): Computer Aided Design, Konstruktionsmethoden, Design Methods. Proceedings of ICED 83. Zürich: Heurista 1983b, S. 338-344

9 Verzeichnis der Projektpublikationen

Bücher, Monographien:

Bechmann, G., Huxdorff, K., Vahrenkamp, R., Werle, R., Wingert, B.: Auswirkungen des Einsatzes informationsverarbeitender Technologien, untersucht am Beispiel von Verfahren des rechnerunterstützten Konstruierens und Fertigens (CAD/CAM). Eine sozialwissenschaftliche Begleituntersuchung. Ergebnisse der Pilotuntersuchung. Kernforschungszentrum Karlsruhe, KfK-CAD Nr. 114, September 1978 (2. Auflage vergriffen)

Bechmann, G., Vahrenkamp, R., Wingert, B.: Mechanisierung geistiger Arbeit. Eine sozialwissenschaftliche Begleituntersuchung zum Rechnereinsatz in der Konstruktion. Frankfurt a.M.: Campus Verlag 1979

Rader, M., Wingert, B.: Computer Aided Design in Great Britain and the Federal Republic of Germany. Current Trends and Impacts. Kernforschungszentrum Karlsruhe, Abteilung für Angewandte Systemanalyse, KfK 3065, März 1981

Duus, W., Gulbins, J.: CAD-Systeme. Hardwareaufbau und Einsatz. Berlin u.a.: Springer 1983

Zeitschriftenaufsätze, Buchbeiträge, Konferenzbeiträge:

Bechmann, G., Vahrenkamp, R., Wingert, B.: Automation and the Technical Worker. 9. World Congress of Sociology, Uppsala, Sweden, August 14-19, 1978

Bechmann, G., Vahrenkamp, R.: Volkswirtschaftliche und arbeitssoziologische Aspekte neuer Technologien. In: M.E.A. Schmutzer (Hrsg.): Technische Innovation - Soziale Innovation. Wien: Interdisziplinäres Forschungszentrum Technik, Naturwissenschaft und Gesellschaft, 1979, S. 27-56

Werle, R.: Arbeitsmarktentwicklung, Personalbedarf und betrieblicher Einsatz neuer Techniken. Soziale Welt 30 (1979), Heft 4, S. 469-487

Wingert, B.: Auswirkungen des technischen Wandels auf berufliche Qualifikationen am Beispiel von CAD. In: R. Wilhelm (Hrsg.): CAD-Fachgespräch, Gesellschaft für Informatik, 10. Jahrestagung. Berlin, Heidelberg: Springer 1980, S. 146-160 (Band 34 der Informatik-Fachberichte)

Wingert, B., Rader, M., Riehm, U.: Die Veränderung von Arbeitsqualifikationen durch Computereinsatz im Konstruktionsbereich. In: Proceedings First European Conference on Computer Aided Design (CAD) in Medium Sized and Small Industries. MICAD 80. Paris 23. - 26. September 1980

Wingert, B., Rader. M., Riehm, U.: Changes in Working Skills in the Field of Design caused by Use of Computers. In: Mermet (Hrsg.), CAD in Medium Sized and Small Industries. Amsterdam u.a.: North-Holland 1981, S. 177-194

Wingert, B.: CAD-Arbeitsplätze verändern die Tätigkeit. VDI-Nachrichten Nr. 29, 17.7.81, S. 19

Duus, W., Rader, M.: Einführung von CAD ist von Vorsicht geprägt. Computerwoche, 16. Oktober 1981, S. 28-29

Riehm, U., Wingert, B.: Urteile über rechnerunterstütztes Konstruieren. Wie Unternehmen die Anwendung von CAD-Systemen einschätzen. Erster Teil: VDI-Nachrichten Nr. 45, 6.11.1981, S. 13. Zweiter Teil: VDI-Nachrichten Nr. 46, 13.11.1981, S. 19

Rader, M.: The Social Effects of Computer-Aided Design. Current Trends and Forecasts for the Future. In: L. Bannon et al. (eds.): Information Technology-Impact on the Way of Life. A Selection of Papers from the EEC Conference on the Information Society in Dublin, 18. - 20. Nov. 1981. Dublin: Tycooly 1982, S. 166-181

Rader, M.: Managing the Introduction of CAD into the Design Office. In: Texts of the Conferences, 2nd European Conference on Computer Aided Design (CAD) in Small and Medium Size Industries. MICAD 82, Paris 21. - 23. Sept. 1982, S. 552-566

Riehm, U., Rader, M.: Innovationsprobleme neuer Technologien - die Einführung von CAD im Maschinenbau. KfK-Nachrichten 14 (1982), Heft 2, S. 116-124

Wingert, B., Riehm, U., Rader, M.: Technologie und Tätigkeit. Überlegungen zur Erfassung ihrer Wechselwirkung. In: Dürholt, E. u.a.: Qualitative Arbeitsanalyse. Neue Verfahren zur Beurteilung von Tätigkeiten. Frankfurt a.M.:Campus 1983, S. 238-256

Riehm, U.: Konstruktionswissenschaft und Rechnereinsatz in der Konstruktion - Begründungen, Ziele, Wirkungen. In: H.-P. Ekardt (Hrsg.): Bauingenieure und Rationalisierung. Beiträge zum 2. Kasseler Kolloquium zu Problemen des Bauingenieurberufs, 7. - 8. Okt. 1982. Kassel: J. Stauda 1983, S. 83-106

Wingert, B.: Rationalisierung in der Konstruktion - läßt sie der Erfahrung eine Chance? In: H.-P. Ekardt (Hrsg.): Bauingenieure und Rationalisierung. Beiträge zum 2. Kasseler Kolloquium zu Problemen des Bauingenieurberufs, 7. - 8. Okt. 1982. Kassel: J. Stauda 1983, S. 107-131

Wingert, B.: Werkzeugerfahrungen und Qualifikationsveränderung beim CAD. Vortrag auf der Arbeitstagung Mensch-Maschine Kommunikation, 15. - 16.11.1982 in Bad Honnef. Office Management 31 (1983), Sonderheft, S. 22-25

Riehm, U., Wingert, B.: Technology induced morphogenesis of skills: The case of CAD. In: E.A. Warman (ed.): Proceedings of the First International Conference on Computer Applications in Production and Engineering, CAPE '83, Amsterdam 25. - 28. April 1983. Amsterdam: North-Holland 1983, S. 207-223

Duus, W., Rader, M.: The Tightrope Act of Proving Effectiveness - Some Results on CAD. In: E.A. Warman (ed.): Proceedings of the First International Conference on Computer Applications in Production and Engineering, CAPE '83, Amsterdam 25. - 28. April 1983. Amsterdam: North-Holland 1983, S. 1019-1029

Riehm, U.: Einige konzeptuelle Mängel der Konstruktionswissenschaft und ihre Auswirkungen auf CAD. In: V. Hubka, M.M. Andreasen (Hrsg.): Computer Aided Design, Konstruktionsmethoden, Design Methods. Proceedings of ICED 83, Kopenhagen 15. - 18. Aug. 1983. Zürich: Heurista 1983, S. 314-326 (auch in: Schweizer Maschinenmarkt 83 (1983), Heft 25, S. 27-31)

Wingert, B.; Über einige Schwierigkeiten, arbeitspsychologisch relevante Auswirkungen neuer Technologien zu beschreiben - am Beispiel CAD. Beitrag zur Fortbildungsveranstaltung der Sektion Arbeits- und Betriebspsychologie des BDP, vom 21.-23.5.1984 in Lübeck (erscheint als Kongreßband 1984)

Wingert, B., Riehm, U.; Computer als Werkzeug. Anmerkungen zu einem verbreiteten Mißverständnis. Erscheint in; G. Bechmann (Hrsg.); Technologie-Jahrbuch 3. Frankfurt a.M.; Campus 1985

Interne Projektberichte:

Rader, M.: Überlegungen zu einer organisationstheoretischen Konzeption der Auswirkungen des CAD-Einsatzes. Kernforschungszentrum Karlsruhe, Abteilung für Angewandte Systemanalyse, Primärbericht Mai 1980

Riehm, U.: CAD in Entwicklung und Anwendung. Kernforschungszentrum Karlsruhe, Abteilung für Angewandte Systemanalyse, Primärbericht April 1980

Wingert, B., Bechmann, G., Rader, M., Riehm, U., Vahrenkamp, R.: Sozialwissenschaftliche Begleituntersuchung zur Einführung von Verfahren des rechnerunterstützten Konstruierens (CAD). Zwischenbericht über Konzeptentwicklungen und empirische Arbeiten. Kernforschungszentrum Karlsruhe, Abteilung für Angewandte Systemanalyse, Primärbericht Dez. 1980

Wingert, B., Duus, W., Rader, M., Riehm, U.: Ergebnisse der Befragung von CAD-Anwendern im Maschinenbau. Kernforschungszentrum Karlsruhe, Abteilung für Angewandte Systemanalyse, Primärbericht Sept. 1981

Wingert, B., Duus, W., Rader, M., Riehm, U.: Untersuchungsbericht zur Befragung von CAD-Anwendern im Maschinenbau. Kernforschungszentrum Karlsruhe, Abteilung für Angewandte Systemanalyse, Primärbericht Dez. 1981

Riehm, U.: Der Beitrag der Konstruktionswissenschaft zum Einsatz des Rechners in der Konstruktion. Kernforschungszentrum Karlsruhe, Abteilung für Angewandte Systemanalyse, Primärbericht Okt. 1982

10 Sachverzeichnis

GPSR Compliance

The European Union's (EU) General Product Safety Regulation (GPSR) is a set of rules that requires consumer products to be safe and our obligations to ensure this.

If you have any concerns about our products, you can contact us on ProductSafety@springernature.com

In case Publisher is established outside the EU, the EU authorized representative is:

Springer Nature Customer Service Center GmbH
Europaplatz 3
69115 Heidelberg, Germany

Batch number: 10844827

Printed by Printforce, the Netherlands